普通高等教育"十三五"规划教材

现代测绘技术及应用

（第2版）

周国树　李振　主编

中国水利水电出版社
www.waterpub.com.cn
·北京·

内 容 提 要

本教材面向土木工程类学生，较全面地介绍了现代测绘技术的内容，包括现代测绘科学的形成与发展、现代测绘仪器、卫星定位测量技术、数字化测图、遥感技术、地理信息系统等，着重介绍了精密水准仪及其使用、全站仪及其使用、卫星定位测量、大比例尺数字测图、测绘新技术在工程中的应用。

本教材可作为土木工程类各专业开设“测绘新技术”课程的教材，也可供相关行业工程技术人员参考或用作继续教育的教材。

图书在版编目（CIP）数据

现代测绘技术及应用 / 周国树，李振主编. -- 2版
. -- 北京 : 中国水利水电出版社，2019.12
普通高等教育“十三五”规划教材
ISBN 978-7-5170-8289-7

Ⅰ. ①现… Ⅱ. ①周… ②李… Ⅲ. ①测绘学－高等学校－教材 Ⅳ. ①P2

中国版本图书馆CIP数据核字(2019)第288651号

书　名	普通高等教育“十三五”规划教材 **现代测绘技术及应用（第2版）** XIANDAI CEHUI JISHU JI YINGYONG
作　者	周国树　李振　主编
出版发行	中国水利水电出版社 （北京市海淀区玉渊潭南路1号D座　100038） 网址：www.waterpub.com.cn E-mail：sales@waterpub.com.cn 电话：(010) 68367658（营销中心）
经　售	北京科水图书销售中心（零售） 电话：(010) 88383994、63202643、68545874 全国各地新华书店和相关出版物销售网点
排　版	中国水利水电出版社微机排版中心
印　刷	北京瑞斯通印务发展有限公司
规　格	184mm×260mm　16开本　13印张　316千字
版　次	2009年5月第1版第1次印刷 2019年12月第2版　2019年12月第1次印刷
印　数	0001—2000册
定　价	**35.00元**

第 2 版前言

本教材的修订是在第 1 版的基础上进行的，保持了第 1 版的体系和风格，即面向非测绘专业开设“测绘新技术”课程，教材的内容既涉及较宽的面，又着重突出几项实用技术，呈“⊥”形结构。为力图反映测绘科技的最新发展，对一些章节进行了增减、补充或重编：删除了 DJ_2 型光学经纬仪和 DS_1 型光学水准仪的内容；加强了电子水准仪的介绍；补充了基于无人机摄影系统的大比例尺地形图测绘；对卫星定位测量从体例到内容均进行了重新编写，强化 GNSS 测量意识，加强了 RTK 测量技术。

本次修订由周国树和李振完成，其中第 6 章和第 7 章由李振修订，其他各章由周国树修订，全书由周国树统稿。

本教材的编写参考和引用了的一些专著、教材和技术文献，在书末的参考文献中都尽量注明，但难免有遗漏，在此谨向所有原作者表示衷心感谢。

由于编者水平所限，书中难免存在各种各样问题，敬请专家和广大读者批评指正。

编者

2019 年 8 月

第 1 版前言

测绘新技术对现代土木工程建设的影响愈来愈大，因此，高校培养的土木类专业的学生应该掌握一定的现代测绘技术，然而，仅依靠学时有限的“普通测量学”课程来实现是非常困难的，为此，尝试开设“现代测绘技术及应用”课程，并编写了这本《现代测绘技术及应用》教材。

面向非测绘专业开设的“现代测绘技术与应用”课程，它既不同于“普通测量学”，应该充分体现“新”与“现代”；但也不同于“测绘学概论”，着重对一些实用测绘新技术进行详细介绍；还有别于测绘专业的“控制测量”“工程测量”等课程，不可能也无必要阐述得那么深入；它应该是基本反映当代测绘科技的发展状况，但阐述这些新理论和新技术是重点突出、深度恰当、易于学生接受和掌握。所以，本教材的内容既涉及较宽的面，又着重突出几项实用新技术，呈“⊥”形结构。涉及的面包括现代测绘科学的形成与发展、现代测绘仪器、卫星定位技术、数字化测图、遥感技术、地理信息系统等。着重突出的几项实用新技术包括全站仪及其使用、GPS 测量、大比例尺数字测图、测绘新技术在工程中的应用。

本教材重在论述基本原理、基本方法，简化数学模型的推导，着重介绍应用，力求在有限的篇幅内，适应面较广、应用性较强。本教材可供土木工程类各专业开设“现代测绘技术及应用”课程使用。

本教材由周国树主编，孔明明和秦菊芳参加编写。第一稿完成于 2003 年，其中第 2 章由秦菊芳执笔，第 5 章由孔明明执笔，其他各章由周国树执笔，全书由周国树统稿。2005 年对第一稿进行了修订，其中第 5 章由孔明明执笔修订，其余均由周国树进行修订。2008 年由周国树对全书再一次进行修订。

本教材的编写得到扬州大学教学改革研究课题“土木工程类‘测量学’课程教学改革研究”基金的资助。

本教材的编写参考和引用了一些专著、教材及有关的仪器说明书的内容，这些资料均列于参考文献中，特此对引用资料的作者表示衷心的感谢。

由于编者水平所限，书中难免存在各种各样问题，诚挚希望读者批评指正。

编者

2009 年 1 月

目 录

第1章 绪 论

1.1 测绘学科的起源及历史沿革

测绘科学和技术（简称测绘学）是一门具有悠久历史和不断发展的学科，其内容包括测定、描述地球的形状、大小、重力场、地表形态以及它们的各种变化，确定自然和人工物体、人工设施的空间位置及属性，制成各种地图和建立有关信息系统。《中华人民共和国测绘法》将测绘描述为“对自然地理要素或者地表人工设施的形状、大小、空间位置及其属性等进行测定、采集、表述以及对获取的数据、信息、成果进行处理和提供的活动”。

测绘学古老而年轻，说其古老，是因为测绘技术是人类在长期的生产实践中逐步发展起来的，是人类与大自然作斗争的一种手段；说其年轻，是科学技术的发展对测绘学科的影响而形成了现代测绘科学。当我们打开人类文明的历史画卷时，我们的祖先在测绘学方面所表现出来的智慧让我们惊叹，古今中外，概莫能外。测绘学的历史源远流长，早在公元前27世纪埃及大金字塔的建设，其形状与方向都很准确，这说明当时已有放样的工具和方法。公元前14世纪，在幼发拉底河与尼罗河流域，曾进行过土地边界的测定。我国早在4000多年前的夏代，为了治水就开始了实际的测量工作。对此，史学家司马迁在《史记》中对夏禹治水有这样的描述：“陆行乘车，水行乘船，泥行乘橇，山行乘撵，左准绳，右规矩，载四时，以开九州，通九道，陂九泽，度九山。”其中“准”是古代用的水准器；“绳”是一种测量距离、引画直线和定平用的工具，是最早的长度度量及定平工具之一；“规”是校正圆形的工具；“矩”是古代画方形的用具，也就是曲尺。这里所记录的就是当时勘测的情景。在山东嘉祥县汉代武梁祠石室造像中，有拿着“矩”的伏羲和拿着“规”的女娲的图像，说明我国在西汉以前，“规”和“矩”是用得很普遍的测量仪器。早期的水利工程多为对河道的疏导，以利防洪和灌溉，其主要的测量工作是确定水位和堤坝的高度。秦代李冰开凿的都江堰水利枢纽工程，用一个石头人来标定水位。当水位超过石头人的肩时，预示下游将受到洪水的威胁；当水位低于石头人的脚背时，预示下游将出现干旱。这种标定水位的办法，如同现今的水尺，是我国水利工程测量发展的标志。北宋的科学家沈括主持进行的八百多里水准测量，测得京师（今开封）的地面比泗州高出十九丈四尺八寸六分，达到了厘米级的精度。1973年长沙马王堆汉墓出土的三幅帛地图（地形图、驻军图和城邑图），是轰动世界的惊人发现，它是目前世界上发现的最早的古代地图，无论是从地图的内容、精度，还是其艺术水平，都是罕有可比的，表明了我国在2100多年前的汉代，地图制图学就已有了蓬勃的发展。再如，我国的地籍最早出现在原始社会崩溃、奴隶社会形成的时候。那时，土地已变成私有财产，因此产生了调查和统计土地数量的需要。从秦、汉到唐朝，人口、土地和赋税都登记在一起，并以户籍登记为主。到了明清两代，对全国土地进行了大清查，编制了鱼鳞图册，与现今的地籍调查和地籍测量非常相似。

矿山测量是测绘学科发展的又一成就。在国外，发现和保存有许多古代的矿山测量成果，如：公元前15世纪的金矿巷道图，公元前13世纪埃及按比例缩小的巷道图，公元前1世纪希腊学者格罗·亚里山德里斯基对地下测量和定向进行的叙述等。1556年，德国人格·阿格里柯拉出版了《采矿与冶金》一书，该书专门论述了用罗盘测量井下巷道问题和解决在开采过程中所发生的一些几何问题。我国的采矿业是世界上发展最早的，在公元前2000多年的黄帝时代就已经开始应用金属（如铜等）。到了周代金属工具已普遍应用，这说明当时采矿业已很发达。据《周礼》记载，在周代已设立了专门的采矿部门，而且在开采时还重视矿体形状，并使用矿产地质图以辨别矿产的分布，这说明当时我国的矿山测量已经有相当的技术。

战争也促进了测绘学的发展。如：中国战国时期修筑的午道，公元前210年秦始皇修建的“堑山堙谷，千八百里”的直道，古罗马构筑的兵道，以及公元前218年欧洲修建的通向意大利的“汉尼拨通道”等，都是著名的军用道路，修建中都要应用测量工具进行地形勘测、定线和隧道测量。唐代李筌指出“以水佐攻者强……先设水平测其高下，可以漂城，灌军，浸营，败将也”，说明了测量地势的高低对军事成败的作用。还有我们中华民族的象征——万里长城，修建于秦汉时期，对于这样规模巨大的防护工程，从整体布局到修筑，必定要进行详细的勘察测量工作。

测绘作为一门学科，主要是从17世纪初开始逐步发展起来的，17世纪初望远镜开始应用于各种测量仪器，1617年三角测量方法开始应用。1683年法国人进行了弧度测量，证明地球确是两极略扁的椭球体。此后，测绘学科无论在测量理论、测量方法还是测绘仪器各方面都有不少创造发明，如德国人高斯于1794年提出了最小二乘法理论，以后又提出了横圆柱投影学说，这些理论经后人改进后至今仍在应用。1899年摄影测量的理论研究得到发展，以及1903年飞机的发明，促进了航空摄影测量学的发展，从而使测图工作部分地由野外转移到室内，不仅减轻了劳动强度，而且提高了生产效率。

20世纪，科学技术得到了快速发展，特别是电子学、信息学、电子计算机科学和空间科学等，推动了测绘技术和仪器的变革和进步。20世纪40年代，自动安平水准仪的问世，标志着水准测量自动化的开端。近年来，数字水准仪的诞生，又使水准测量中的自动记录，自动传输、存储和处理数据成为现实。1947年，光波测距仪问世，60年代激光器作为光源用于电磁波测距，使长期以来艰苦的测距工作发生了根本性的变革，彻底改变了测量工作中以测角换算距离的状况，使测距工作向着自动化方向发展。如今，电磁波测距已普遍应用于测绘生产，而且向长测程、高精度、小体积方向发展。测角仪器的发展也十分迅速，伴随着电子技术、微处理机技术的广泛应用，经纬仪已使用电子度盘和电子读数，且能自动显示、自动记录，完成了自动化测角的进程。电子经纬仪与测距仪结合，形成了电子速测仪（全站仪），其体积小，重量轻，功能全，自动化程度高。智能全站仪，连瞄准目标也可自动化。20世纪70年代，除了用飞机进行航空摄影测量测绘地形图外，还通过人造卫星拍摄地球的照片，监测自然现象的变化，并利用遥感技术测绘地图。由于计算机技术的发展，用数字摄影测量技术进行摄影测量工作，不仅使摄影测量的成果更加稳定、可靠，而且自动化程度高。20 世纪 80 年代，采用卫星直接进行空间点的三维定位，引起了测绘工作的重大变革。由于卫星定位具有全球、全天候、快速、高精度和无需建立高标等优点，被广泛应用于大地测量、工程测量、地形测量、军事及民用的导航、定位等，开创了测绘科学技术的新时代。20 世纪 90 年代以来，随着测量精度和测量自动化程度的提高，测量的技术和方法还在大型设备安装、航空航天工业以及汽车、船舶制造业中得到了广泛的应用，出现了工业测量学科方向。大型工程建筑物的建设，使安全监测、变形分析和预报成为测绘学科研究的又一主要方向之一。随着人类科学技术不断向着宏观宇宙和微观粒子世界延伸，测量的对象也随之向地下、水域、空间和宇宙深入。

生产的需要始终是推动一切科学发展的动力，测绘学也不例外。测绘学的历史沿革经历了一条从简单到复杂、从手工操作到测量生产的自动化、从常规精度到精密测量的发展道路，其发展始终与生产力发展水平相同步，并且能够满足人们在建设中对测量的需要。

1.2 现代测绘科学的形成与发展趋势

1.2.1 现代测绘科学的形成

电子技术、计算机技术、卫星定位技术的发展，导致了现代测绘科学的形成。现代测绘科学的特点体现在测绘仪器的发展和测绘理论的发展两个方面。

测绘仪器的发展不胜枚举，这里仅列出 20 世纪以来对测绘仪器设备影响最大的几个方面。首当其冲的应该是电子技术与计算机技术，其次是激光技术、卫星定位测量技术、遥感技术、计算机辅助设计（CAD）技术、地理信息系统（GIS）技术、数据库技术、计算技术、无线电通信技术、网络技术等。由此导致了包括光电测距仪、电子经纬仪、全站仪、各种激光测绘仪器、数字水准仪、全球卫星定位测量设备、机助制图系统等现代测绘仪器设备的设计与制造。正是由于这些现代测绘仪器的发展，使古老的测绘学科发生了深刻的变革。

测绘理论的发展主要体现在 3 个方面：①测量平差理论的发展；②控制网优化设计理论和方法；③变形测量数据处理方法。

测量平差理论的发展主要包括：平差函数模型误差、随机模型误差的鉴别或诊断；模型误差对参数估计的影响，对参数和残差统计性质的影响；病态方程与控制网及其观测方案设计的关系。由于监测网参考点稳定性检验的需要，导致了自由网平差和拟稳平差的出现和发展。对观测值粗差的研究促进了控制网可靠性理论以及变形监测网变形和观测值粗差的可区分理论的研究和发展。针对观测值存在粗差的客观实际，出现了稳健估计（或称抗差估计）；针对法方程系数矩阵存在病态的可能，发展了有偏估计。

控制网优化设计从 20 世纪 60—70 年代开始研究，到 80 年代形成研究高潮。目前，控制网的优化设计方法主要有解析法和模拟法两种。解析法是基于优化设计理论构造目标函数和约束条件，求解目标函数的极大值或极小值。一般将网的质量指标作为目标函数或约束条件。网的质量指标主要有精度、可靠性和费用，对于变形监测网还包括网的灵敏度或可区分性。模拟法是根据设计资料和地图资料在图上选点布网，获取网点近似坐标，根据仪器确定观测值精度，模拟观测值，计算网的各种质量指标如精度、可靠性、灵敏度等。

变形观测数据处理理论包括：根据变形观测数据建立变形与影响因子之间的模型关系、变形几何分析与物理解释、变形预报。变形分析与预报传统上多采用回归分析的方法，以后又有灰色系统理论、时间序列分析理论、傅里叶变换方法、人工神经网络方法等。尤其需要提出的是，系统论方法用于变形观测的分析已为人们重视和研究，系统论方法涉及到许多非线性科学的知识，如系统论、控制论、信息论、突变论、协同论、分形理论、混沌理论、耗散结构等。

1.2.2 现代测绘技术在工程中的应用

1. 控制测量

控制测量为测量工作提供骨架和参考基准，因此控制测量首当其冲地得益于现代测绘技术的发展。空间技术特别是卫星定位技术的突破性发展导致了控制测量的根本性变革。目前，差分GPS测量、实时动态GPS测量（RTK）技术已经成熟，并成为进行各级平面控制的主要方法。传统的三角测量、三边测量、边角测量、导线测量等技术手段正在被卫星定位测量所替代。变革导致了控制测量成果质量的进一步稳定可靠和作业效率的大幅度提高。

几何水准测量一直是高程控制测量的经典方法，但这种方法耗时费力、作业效率低，20世纪60—70年代以来，随着电子测距技术的发展，产生了电磁波测距（EDM）三角高程测量。目前EDM三角高程测量在一些特殊场合已可以替代三等、四等甚至二等水准测量，国内一些规范也进行了相应的规定。此外，数字水准仪的面世，使古老的水准测量正在向智能化和自动化方向迈进。卫星定位高程测量受到广泛关注，卫星定位技术在高程控制测量中的应用潜力巨大，前景广阔。

总之，应用卫星定位技术、全站仪及数字水准仪快速建立三维控制网，发展先进实用的测量数据处理方法，大力提高控制测量的成果质量和作业效率，已成为控制测量的发展方向。

2. 地形图测绘

工程的地形现状测绘包括两种情形：一种是工程规划、勘测设计阶段的测绘，另一种是工程竣工后的测绘，两者在技术手段上没有明显差别，都可以应用数字测图技术测绘数字线划图（DLG），并根据需要采集生成数字高程模型（DEM）。对于大型工程建设场地，还可以利用遥感影像数据制作数字正射影像图（DOM）。

在各种工程测量数字测图技术中，基于全站仪的数字测图方法被广泛采用。目前基于全站仪的测图系统主要有两种类型：一种是全站仪采集数据，利用电子手簿或人工记录数据，再传输到成图系统中经处理生成数字图；另一种是全站仪与便携式计算机组合成的电子平板系统，在数据采集的同时实时生成数字图，实现“所见即所测、所见即所得”。

野外数据采集的更先进的趋势是多传感器技术的集成应用，已经发展了基于全站仪、卫星定位系统、数码相机等多种传感器的内外业一体化数据采集与制图系统，一种所谓的“移动测绘系统”得到研制，并应用于高速公路、建筑物和公用设施的测绘中。

对于大型工程建设场地，如大型水利水电枢纽、港口、机场建设，铁路、公路、高压远距离输电线路的选线与建设以及城镇规划建设等，运用了航射影像、高分辨率卫星遥感影像或实用轻型飞行器（如无人机）摄取的影像，使用数字摄影测量或遥感图像处理系统生成大比例尺DLG、DOM、DEM及三维景观模型，为工程勘测设计及竣工建档提供高质量、多形式的空间信息资料。

水下地形测量是地形测绘的一个特殊的方面。目前，将卫星定位设备与回声测深仪组合已成为水下地形测绘的基本方法和手段，利用相关的软件，能够得到等深线形式的水下地形图，也可以得到三维水下地形模型。近年来，又发展了多波束测深仪也称声呐阵列测深系统，能实现测区全范围无遗漏扫测，对水下地形地貌进行大范围全覆盖的测量及实时声呐图像显示，可现场直观地看出水下细微的地形变化。

3. 工程建筑物的放样、检测与变形观测

随着大型和复杂工程建筑物（如大型桥梁、大型水利工程建筑、高耸建筑物构筑物、大型剧院、大型体育场馆等）的不断增加，迫切需要技术先进、快速、准确、有效的放样测设技术。基于智能化全站仪、激光、遥测、遥控和通信等技术的集成式空间放样测设技术应运而生。

智能全站仪具有较大的数据存储器、丰富的内置软件并可以与计算机进行数据通信。许多全站仪都有几种作业方式，即使用协作目标（棱镜或反射片）和不使用协作目标。目前，全站仪已成为工程施工放样、检测及变形观测的最主要仪器设备。

除了全站仪，卫星定位设备也被广泛应用于放样测设和监理检测工作，尤其是卫星定位RTK技术，运用于施工放样和监理检测具有省时省力、功效高的明显特点。

现代测绘技术在工程中应用，不仅是工程建设的需要，也是对测绘技术不断发展的促进，因此，应积极跟踪测绘新技术的发展，关注各种工程应用的需求，并通过研究开发、学校教育、职业培训、技术交流等多种方式，将测绘的新技术新手段运用到工程中去。

1.2.3 现代测绘科学的发展趋势

随着传统测绘技术走向数字化和信息化测绘技术，测量的服务面不断拓宽，与其他学科的互相渗透和交叉不断加强，新技术、新理论的引进和应用更加深入。现代测绘科学总的发展趋势为：测量数据采集和处理向一体化、实时化、数字化方向发展；测量仪器和技术向精密、自动化、智能化、信息化方向发展；测量产品向多样化、网络化、社会化方向发展。具体表现在以下几个方面。

1. 测（成）图数字化

地形图的测绘是测量的重要内容和任务之一。工程建设规模扩大、城市迅速发展以及土地利用、地籍测量的紧迫要求，都希望缩短成图周期和实现成图自动化。

数字成图首先是测图，即野外数据采集、处理到绘图的数字化系统，整个系统形成一个数据流，而且是双向的，包括全站型仪器、卫星定位设备、计算机和数控绘图仪。数字成图的广义概念除了测图方面外，还包括形成各种专门用途的数字化图件，实际上是一个组合式的系统，包括测图系统和工程软件两部分。前者主要是获得原始地形资料，而后者可以生成单色或彩色的各种图件，如地形图、等高线图、带状平面图、立体透视图、纵横断面图、剖面图、地籍图、竣工图、地下管网图等，可以进行工程量计算，如计算模型面积、体积及填挖方量等，还可进行土地规划及工程设计。

2. 工业测量系统

现代工业生产对于流水线安装、生产过程控制、产品检查等，需要进行位置和形状的精准测定，并给出工件或复杂形体的三维数学模型，这是传统的光学、机械等工业测量方法所无法完成的，所以测绘学科的工业测量系统便应运而生。工业测量系统是指以全站仪、数码相机等为传感器，在计算机的控制下，完成工件的非接触实时三维坐标测量，并在现场进行测量数据的处理、分析和管理的系统。目前工业测量系统有全站仪坐标测量系统、激光跟踪测量系统和数字摄影测量系统等。与传统的工业测量方法相比较，工业测量系统在实时性、非接触性、机动性和与CAD/CAM联接等方面具有突出的优点，因此在工业界得到了广泛的应用。随着全站仪向高精度和自动化方向的发展以及激光干涉测量技术和数字摄影测量技术的应用，出现了诸多商用的工业三维坐标测量系统，它们在航空航天工业、汽车工业、造船工业、电力工业、机械工业和核工业等行业和部门得到了极大的推广和应用。

3. 施工测量自动化和智能化

施工测量工作量大，现场条件复杂，所以施工测量的自动化、智能化是人们期盼已久的目标。由卫星定位设备和智能全站仪构成的自动测量和控制系统在施工测量自动化方面已得到广泛应用，例如我国自行开发的利用多台自动目标照准全站仪构成的顶管自动引导测量系统，已在地下顶管施工中发挥了巨大的作用。该系统利用4台自动目标照准全站仪，在计算机的控制下按自动导线测量方式，实时测出机头的位置并与设计坐标进行比较，从而在不影响顶管施工的情况下实时引导机头走向正确的位置。

4. 工程测量仪器和专用仪器向自动化方向发展

精密角度测量仪器，发展到用光电测角代替光学测角。光电测角能够实现数据的自动获取、改正、显示、存储和传输，测角精度与光学仪器相当并有超过，测角精度达到0.5″，马达驱动和目标自动识别功能实现了目标的自动照准。

精密工程安装、放样仪器，以全站仪的发展最为迅速。全站仪不仅具有测角和测距的功能，而且包含了丰富的软件，具有自动记录、存储和运算能力，可实现地面控制测量、施工放样和大比例尺图测绘碎部测量的一体化，有很高的作业效率。

精密距离测量仪器，其精度及自动化程度愈来愈高。干涉法测距精度很高，例如，欧洲核子中心（CERN）在美国HP5526A激光干涉仪基础上，设计了有伺服回路控制的自准直反射器系统，施测60m以内距离误差小于0.01mm；瑞士与英国联合生产的ME5000电磁波测距仪，采用He-Ne红色激光束，单镜测程达5km，精度为$\pm 0.2\text{mm}+(0.1\sim 0.2)\times 10^{-6}D$。

高精度定向仪器，即陀螺经纬仪在自动化观测方法上有了较大进步。采用电子计时法，定向精度从±20″提高到±4″。新型陀螺经纬仪由微处理器控制，可以自动观测陀螺连续摆，并能补偿外部干扰，因此定向时间短、精度高。目前，陀螺经纬仪正在向高精度和激光可见定向发展。

精密高程测量仪器，采用数字水准仪实现了高程测量的自动化。全自动数字式水准仪配合条码水准标尺，利用图像匹配原理实现自动读取视线高和距离，测量精度最高可达到每公里往返测高差均值的标准差为0.2mm，测量速度比常规水准测量快30%。记录式精密补偿器水准仪和激光扫平仪实现了几何水准测量的自动安平、自动读数和记录、自动检核，为高程测量和放样提供了极大的方便。

用于应变测量、准直测量和倾斜测量等需要的专用仪器。应变测量仪器有直接使用的各种传感器，以及采用机械法和激光干涉法的精密测量应变的仪器，如欧洲核子中心研制的 Distinvar 是精密机械法测距的装置，精度达 0.05mm。激光干涉仪测量精度达 10^{-7} 以上，可用于直接变形测量，还可检核其他仪器。用于地面或高大建筑物倾斜测量的倾斜仪，一类是根据“长基线”做成的静力水准仪，精度高达 0.001″，另一类采用垂直摆或水平气泡作为参考线，通过机械法或电学法测量倾斜度，精度为 0.01″。遥测倾斜仪，用于监测滑坡、地面沉陷、地壳形变等方面。波带板激光准直系统，其精度在大气中为 10^{-4}～10^{-3}，在真空中可达 10^{-7}，已成功地用于精密轨道安装和加速器磁块的定位、大坝变形观测等。

5. 特种精密工程测量

为了保证各种大型建设工程的顺利进行，需要进行特种精密工程测量。特种精密工程测量的特点是把现代大地测量学和计量学结合起来，使用精密测量和计量仪器，达到 10^{-6} 以上的相对精度。

大型精密工程不仅结构复杂，而且对测量精度有很高要求，例如研究基本粒子结构和性质的高能粒子加速器工程，要求安装两相邻电磁铁的相对径向误差不超过±(0.1～0.2)mm。在直线加速器中漂移管的横向精度为 0.05～0.3mm。要达到这样高的精度，就要开展一系列的研究工作，包括选择最优布网方案，埋设最稳定标志，研制专用的测量仪器，采用合理的测量方法，进行严密的数据处理和建立数据库等。

6. 工程测量数据处理自动化

随着测量仪器的发展，一方面由于仪器精度的提高，使许多一般性的工程测量问题变得简单，而另一方面又因所获得的信息量很大，对数据动态处理和解释的要求提高，从而对结果的可靠性和精度要求也大大提高。特别是大型建筑和工业设备的施工、安装、检校、质量控制以及变形测量等，要求测量工作者除了具有丰富的经验外，还应在测量技术方案设计、仪器方法选择等方面，与相邻学科如地球物理、工程地质和水文地质的专业技术人员密切合作，在研究和制定恰当的数据处理方法及计算机软件等方面，应具有丰富的专业知识和独立的工作能力。

随着计算机技术的发展，测量数据处理正在逐步走向自动化，主要表现在对各种控制网的整体平差、控制网的最优化设计和变形观测的数据处理和分析等方面。测量工作者更好地使用和管理海量测量信息的最有效途径是建立测量数据库或与 GIS 技术结合，建立各种工程信息系统。目前，测量部门已经建立了各种用途的数据库和信息系统，如控制测量数据库、地下管网数据库、道路数据库、营房数据库、土地资源信息系统、城市基础地理信息系统、军事工程信息系统等，为管理部门进行信息、数据检索与使用管理的科学化、实时化和现代化创造了条件。

7. 摄影测量和遥感技术

摄影测量是用量测相机或非量测相机对目标摄影，解析出空间坐标，它是通过直接线性变换法而获得的，不必进行常规的相片内、外方位定向。根据这些点位的空间坐标，绘出目标的等值线图及其状态。摄影测量的应用范围非常广泛，可应用于文物、考古、园林、环境保护、医学等。例如，园林部门借助测绘单位的技术力量和设备，测绘了大量园林古建筑图，得到了建筑学家和文物专家的认可，认为采用近景摄影测量技术进行文物古迹和古建筑测绘是高效、优质的好方法。

近景摄影测量发展的趋势，重点是发展非量测摄影机和数码相机，因为其使用方便且价钱便宜。量测摄影机则向全能自动化方向发展。实时摄影测量是利用面阵列摄影机直接数字化影像，通过模数转换器和数字图像处理器的数字摄影测量技术，将它应用于近景摄影测量有独特的优点，如图像稳定性强、处理周期短、获取物方空间坐标快、价格便宜等，在制造工业、医学、天文学和机器人制造中获得广泛应用。

8. 卫星定位测量

卫星定位测量有许多优点：精度高，作业时间短，不受时间、气候条件和点间通视的限制，可在统一坐标系中提供三维坐标信息等。因此在测量中卫星定位测量有着极广的应用，如在城市控制网和工程控制网的建立与改造中已普遍地应用卫星定位测量技术，在石油勘探、公路铁路、通信线路、地下铁路、隧道贯通、建筑变形、大坝监测、山体滑坡、地壳形变监测等方面也已广泛应用卫星定位测量技术。

随着卫星定位差分技术和实时动态技术（RTK）的发展，出现了卫星定位全站仪的概念，可以利用RTK进行施工放样和碎部点测量，并在动态测量中有着极为广泛的应用，从而进一步拓宽了卫星定位技术在测量中的应用前景。卫星定位设备与其他传感器（如CCD相机）或测量系统的组合解决了定位、测量和通信的一体化问题，已成功地应用于快速地形测绘。高精度卫星定位实时动态监测系统实现了大坝变形监测的全天候、高频率、高精度和自动化，是大坝外部变形观测的一个发展方向。

9. 三维激光扫描技术

三维激光扫描技术，也称为三维激光成图系统，主要由三维激光扫描仪和系统软件组成，能够快速、方便、准确地获取近距离静态物体的空间三维坐标并建立模型，利用软件对模型进行进一步的分析和数据处理。三维激光扫描技术是近十年来发展起来的一项新兴的测量技术，具有精度高、测量方式灵活方便的特点，特别适合于建筑物的三维建模、大型工业设备的三维模型建立以及小范围数字地面模型的建立等，其应用前景非常广泛。

1.3 测绘学科的地位及作用

1.3.1 测绘学科的地位及其与其他学科的关系

测绘学科的发展，与现代科学技术的发展水平和速度、与人类社会改善生活和工作环境所进行的生产活动、与现代战争的要求和军事活动密切相关。测绘学的发展已经突破原来的为土木工程服务的狭窄概念，而向着更广义的方向发展，是研究并提供地表上、下及周围空间建筑和非建筑工程几何物理信息和图形信息的应用技术学科。几乎一切高科技发展的成就，都可以用来解决精密复杂的测量课题。因此它不是一个单一的学科，而是与许多学科互相渗透、互相补充、互相促进的技术学科。一方面它需要应用摄影与遥感、地图绘制、地理学、环境科学、建筑学、力学、计算机科学、人工智能、自动化理论、计量技术、电子工程和网络技术等新技术新理论解决测量中的难题，丰富其内容；另一方面通过在测量中的应用，也使这些新的科学成就更富有生命力。例如：空间定位技术在工程建设部门获得极为广泛的应用；地理信息系统和遥感技术应用于工程勘探、资源开发、城市和区域专用信息管理系统及工程管理信息数据库；固态摄影机使“立体视觉系统”迅速发展，应用到三维工业测量系统中；机器人技术应用于施工测量自动化；传感器技术和激光技术、计算机技术促进了测量仪器的自动化；等等。由此可见，这些新技术新理论不断充实了测绘学科，成为测绘学不可缺少的内容，同时也促进了这些学科本身的发展和应用。

1.3.2 测绘学科在国家经济建设和发展中的作用

测绘在国家经济建设和发展的各个领域中发挥着重要作用，例如：

（1）城乡规划和发展离不开测绘。我国城乡面貌正在发生日新月异的变化，城市和村镇的建设与发展，迫切需要加强规划与指导，而做好城乡建设规划，首先要有现势性好的地形图，提供城市和村镇面貌的动态信息，以促进城乡建设的协调发展。

（2）资源勘察与开发离不开测绘。地球蕴藏着丰富的自然资源，需要人们去开发。勘探人员在野外工作，从确定勘探地域到最后绘制地质图、地貌图、矿藏分布图等，都需要用测绘技术手段。随着技术的发展，重力测量还可以直接用于资源勘探，如根据测量取得的地球重力场数据可以分析地下是否存在矿藏以及分类。

（3）交通运输、水利建设离不开测绘。铁路公路的建设从选线、勘测设计到施工建设都离不开测绘。大、中型水利工程也是先在地形图上选定河流渠道和水库的位置，划定流域范围计算面积，再测得更详细的地形图作为河渠布设、水库及坝址选择、库容计算和工程设计的依据。中华人民共和国成立以来，我国修筑了无数条公路、铁路，建造了数不清的隧道，架设了万千座桥梁。如川藏公路、兰新铁路、成昆铁路、京九铁路、青藏铁路等，都是巨大而艰难的工程。为了保证工程建设的顺利进行，测绘工作者进行了线路测量、曲线放样、桥梁测量、隧道控制测量和贯通测量等精密而细致的测量工作。水利建设方面，在祖国无数条大小河流上建设了成千上万座水库、水坝、引水隧洞、水电站工程。例如，举世瞩目的长江三峡工程、长江葛洲坝工程、黄河小浪底工程以及刘家峡、万家寨工程等，都是大型的拦洪蓄水、发电、灌溉的水利枢纽工程。这些工程不仅在清理坝基、浇灌基础、树立模板、开凿隧洞、建设厂房与设备安装中进行多种测量，而且建成后还要进行长期的变形观测，监视大坝的安全。

（4）国土资源调查、土地利用和土壤改良离不开测绘。建设现代化的农业，首先要进行土地资源调查，摸清土地“家底”，而且还要充分认识各地区的具体条件，进而制定出切实可行的发展规划，测绘为这些工作提供有效的保障。地形图，反映地表的各种形态特征、发育过程、发育程度等，对土地资源的开发利用具有重要的参考价值；土壤图，表示各类土壤及其在地表的分布特征，为土地资源评价和估算、土壤改良、农业区划提供科学依据。

（5）科学试验、高科技发展离不开测绘。发展空间技术是一项庞大的系统工程，要成功地发射一颗人造地球卫星，首先要精心设计、制造、安装、调试、计算轨道，再进行发射。如果没有测绘保障，就很难确定人造卫星的发射坐标点和发射方向，以及地球引力场对卫星飞行的影响等，因而也就不能将人造卫星准确地送入预定轨道。高能物理电子对撞机是重大高科技项目，例如要求磁铁安装误差要小于 0.1mm，直线加速器真空管的准直

精度要求达到 $10^{-7}\sim10^{-6}$，世界上只有极少数国家能够完成。1989年我国首次建设电子对撞机就实现一次对撞成功，如果没有高精度的测量，要实现电子对撞成功也是不可能的。

测绘学科对国家建设和国民经济发展非常重要，其服务领域在不断地拓展，除了传统的工程建设三阶段的测量工作及土地资源调查外，地震观测、海底探测、大型工业设备安装与荷载试验、采矿、军事、医学、考古、环境、体育运动、罪证调查和科学研究等，都在应用测绘学科的理论、技术和方法。

思考题与习题

1. 测绘学科的发展（历史沿革和学科内涵）是怎样的？
2. 促生现代测绘技术形成与发展的因素是什么？
3. 现代测绘科学（技术）的发展趋势是什么？
4. 现代测绘学科与其他学科是怎样的关系？
5. 测绘科学（技术）在国民经济建设中的作用有哪些？

第2章 精密水准测量

水准测量分为一等水准测量、二等水准测量、三等水准测量、四等水准测量和普通（等外）水准测量，其中一、二等水准测量即为精密水准测量。精密水准测量必须使用精密水准仪，本章结合精密水准仪的构造和使用，介绍一、二等水准测量的方法。

2.1 精密水准仪及其使用

2.1.1 精密水准仪

精密水准仪是指标称精度优于1.0mm/km的水准仪，即仪器所能达到的每公里往返测高差中数的中误差优于1mm。精密水准仪与普通水准仪的不同主要表现在：水准管的分划值较小，通常为10″/2mm，整平精度高；望远镜光学性能好，放大倍率大，照准精度高；仪器结构稳固，望远镜视准轴与水准管轴之间的联系保持稳定；仪器上装有测微器，测微器上最小分划值不大于0.1mm，读数精度高；配套使用精密水准尺。总体上，精密水准仪有光学水准仪和电子水准仪两大类。

2.1.1.1 精密光学水准仪

1. 精密光学水准仪

精密光学水准仪有DS_1型、DS_{05}型和DS_{03}型几种。精密光学水准仪有多种品牌，按产生水平视线的方式分为微倾式精密光学水准仪和自动安平精密光学水准仪，如图2.1和图2.2所示。

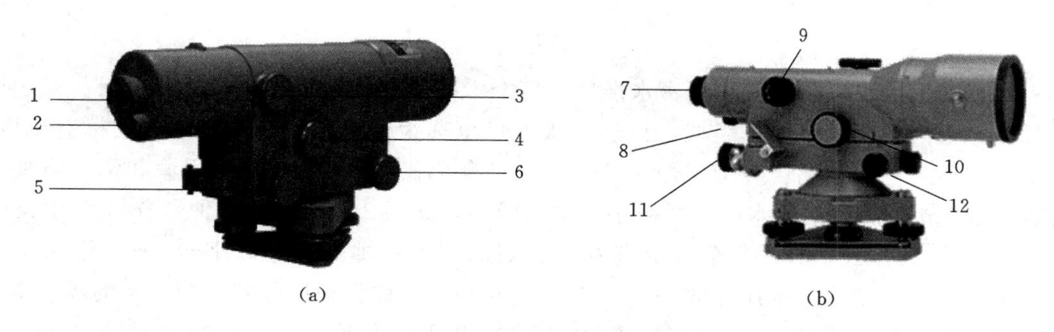

图2.1 微倾式精密光学水准仪

1—目镜；2、8—测微尺读数目镜；3、9—物镜对光螺旋；4、10—测微轮；5、11—微倾螺旋；6、12—微动螺旋；7—目镜

精密光学水准仪上设有光学测微器，其工作原理如图2.3所示。它由平行玻璃板、传动杆、测微轮和测微分划尺等部件组成。平行玻璃板P装置在望远镜物镜前，其旋转轴

图2.2 自动安平精密光学水准仪

A 与平行玻璃板的两个平面相平行，并与望远镜的视准轴成正交。平行玻璃板通过传动杆与测微尺相连。测微尺上有100个分格，它与水准尺上一个分格（1cm或5mm）相对应，所以测微时能直接读到0.1mm（或0.05mm）。当平行玻璃板与视线正交时，视线将不受平行玻璃板的影响，对准水准尺上 B 处，读数为148cm+a。转动测微轮带动传动杆，使平行玻璃板绕 A 轴俯仰一个小角，这时视线不再与平行玻璃板面垂直，而受平行玻璃板折射影响，使得视线上下平移。当视线下移对准水准尺上148cm分划时，从测微分划尺上可读出 a 的数值。

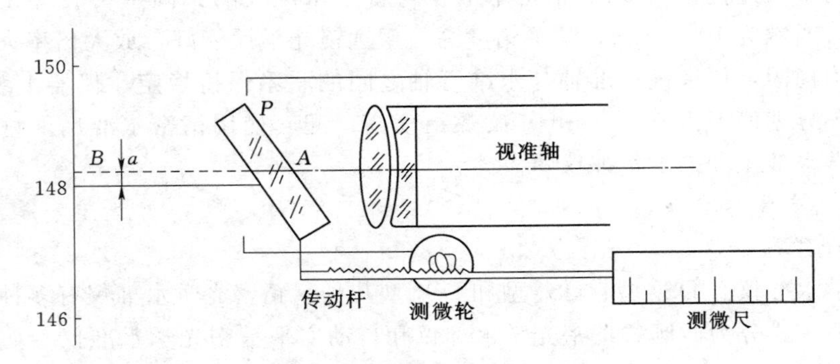

图2.3 精密水准仪光学测微器工作原理

2. 精密水准尺

精密光学水准仪配套使用精密水准尺。精密水准尺是由木质或合金材料的尺身及引张在尺身凹槽内的铟瓦合金带组成，故这种水准尺也称为铟瓦尺。铟瓦合金带上标有刻画，数字注在尺身上。铟瓦合金带一般为3m长，尺身全长约3.2m，为了运输和携带方便也有制造成2m长的。精密水准尺的数字注记有两种，如图2.4所示。一种是分划值为1cm，如图2.4（a）所示，铟瓦合金带上有两排分划，右边一排的注记数字自0cm至300cm，称为基本分划；左边一排注记数字自300cm至600cm，称为辅助分划。同一高度线基本分划和辅助分划的差数为3.01550m，称为基辅差即尺常数 K。另一种精密水准尺分划为0.5cm，该尺只有基本分划而无辅助分划，如图2.4（b）所示。左面一排分划为奇数值，右面一排分划为偶数值；右边注记为米数，左边注记为分米数，小三角形表示半分米处，长三角形表示分米的起始线；厘米分划的实际间隔为5mm，尺面值为实际长度的2倍，所以，用此水准尺观测的读数高差，须除以2才是实际高差值。

2.1.1.2 电子水准仪

电子水准仪是集电子、光学、图像处理、计算技术于一体的当代最先进的水准测量仪器。它具有测量速度快、精度高、使用方便、外业劳动强度轻、便于用电子手簿记录、实现内外业一体化等优点。电子水准仪也有多种品牌，如徕卡、天宝、索佳、拓普康等，如图 2.5 所示。下面对电子水准仪的基本原理、功能特点作简要介绍。

1. 电子水准仪的测量原理

电子水准仪也称作数字水准仪，其测量原理可以概括为：由望远镜获取条码尺的一段图像传输到图像传感器上，计算机对该图像段进行处理后，得到仪器视准轴在条码尺上的位置即视线高（尺底至视准轴在条码尺上位置的间距）及条码尺与仪器之间的距离（视距），这个整体称为数字水准仪测量系统。

数字水准仪测量系统由主机、条码尺及数据处理软件 3 部分组成。其中条码尺由宽度相等或不等的条码按某种编码规则进行有序排列而成；主机则是在自动安平水准仪的基础上发展起来的，由望远镜系统、补偿器、分光棱镜、目镜系统、图像传感器、计算机、键盘等组成；数据处理软件对图像传感器获取的图像进行处理，得到视距及视线高。

电子水准仪配套使用的条形码标尺，由 3 种独立的互相嵌套在一起的信号码编码，如图 2.6 所示。这 3 种独立信息为参考码 R 和信息码 A 与信息码 B。参考码 R 为三道等宽的黑色码条，以中间码条的中线为准，每隔 3cm 就有一组 R 码。信息码 A 与信息码 B 位于两组 R 码之间，间隔 1cm。A 码与 B 码宽度按正弦规律改变，其信号波长分别为 33cm 和 30cm，最窄码条宽度不到 1mm，3 种信号的频率和相位可以通过快速傅里叶变换（FFT）获得。当标尺影像通过望远镜成像在十字丝平面上，经过处理器译释、对比、数字化后，在显示屏上显示中丝在标尺上的读数和视距。

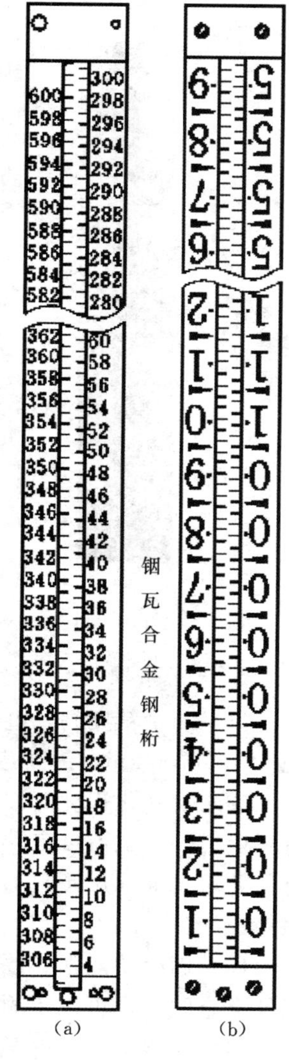

(a) (b)

图 2.4 精密水准尺

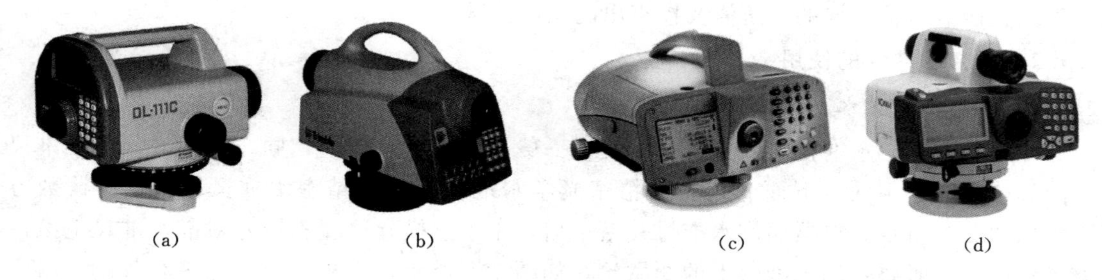

(a) (b) (c) (d)

图 2.5 电子水准仪

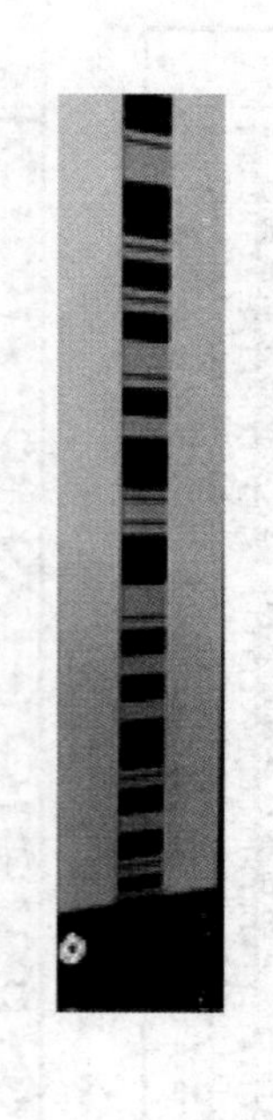

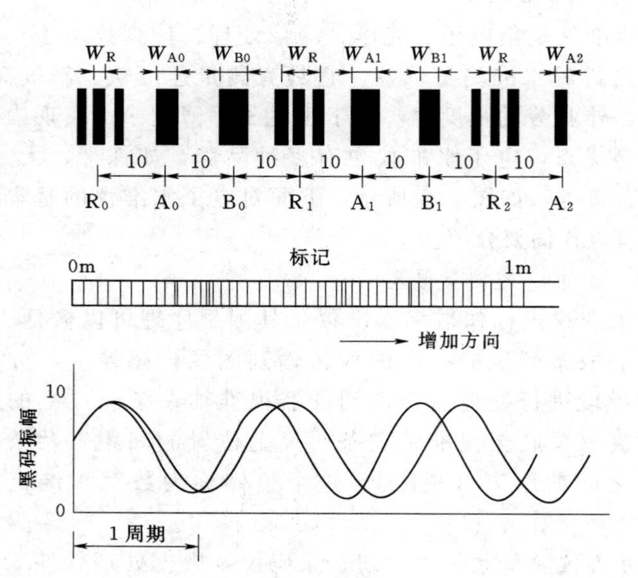

图 2.6　条形码标尺及其工作原理

2. 电子水准仪功能特点

（1）测量精度高。电子水准仪的标称测量精度（每公里往返高差中数中误差）一般都优于 1.0mm/km，最高达 0.2mm/km，观测读数最小显示为 0.01mm，测量精度高。

（2）自动化程度高。具有多次测量、自动求平均值和统计测量误差的功能。当给定测量限差值时，仪器可自动判别测量误差是否超限，超限时会提示重测，能自动计算线路闭合差。若水准标尺倾斜，读数显示窗将不显示读数，从而避免因标尺倾斜而引起的系统误差。

（3）储存功能强。数据可以储存在仪器内部或存储卡上。保存的数据和测量结果可在仪器上查阅，也可以传输到微机或打印机上。

（4）功能丰富。电子水准仪不仅可以测量高差，也可以进行高程放样和测量水准支点；还可以较精确地测量距离（一般显示到 1cm）、概略测定水平角（一般精确到 1°）；如果遇到光线太暗、遮挡太多的情况致使测量键不起作用时，可按人工测量模式测量高差和平距；可倒置标尺，适合于天花板、地下水准测量等；按仪器内置程序可进行 i 角检验与核正，直接显示检验出的 i 角值及校正出的正确读数。

2.1.2　精密水准仪的使用

2.1.2.1　精密光学水准仪的使用

使用精密光学水准仪的操作方法与使用一般光学水准仪基本相同，不同之处是水准尺不同和读数方法不同，下面介绍使用精密光学水准仪（配套精密水准尺）测量的读数方法。如图 2.7 所示，仪器照准水准尺并精平后，十字丝横丝往往不恰好对准水准尺上某一整分划线，这时要转动水准仪上的测微轮，如图 2.8 所示，使视线上、下平行移动，将十字丝横丝的楔形丝正好夹住一个整分划线，如图 2.9 所示。

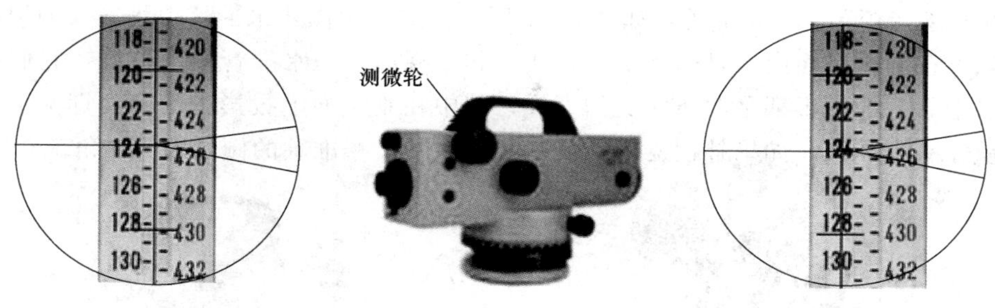

图 2.7 照准水准尺　　图 2.8 水准仪测微轮　　图 2.9 夹准水准尺分划线

读数时，在水准尺上读出分划线数值，再用光学测微器测出不足一个分格的数值。如图 2.10 所示，楔形丝夹住的分划线读数为 1.24m，视线在对准整分划过程中平移的距离显示在目镜旁的测微尺读数窗内，读数为 5.69mm，所以水准尺的全读数为 1.24＋0.00569＝1.24569m。若读数精确到 0.1mm，则测微尺读数窗内的读数取舍为 5.7mm，则水准尺的全读数即为 1.24＋0.0057＝1.2457m。

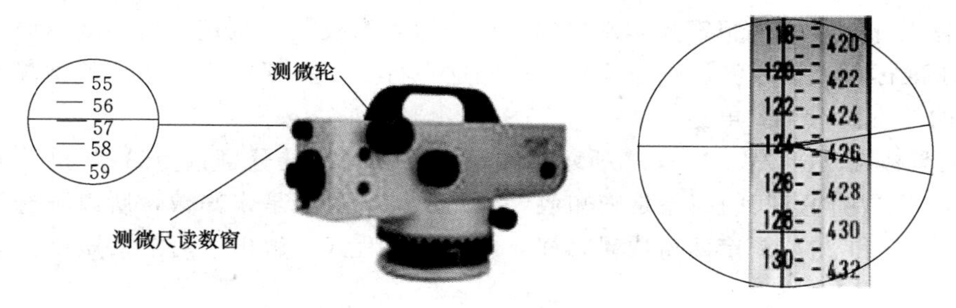

图 2.10 精密水准尺读数

2.1.2.2 电子水准仪的使用

电子水准仪的读数十分方便，只要将望远镜瞄准标尺并调焦后，按测量键，即显示中丝读数，再按测距键，即显示视距，按存储键可把数据存入内储存器，仪器进行自动检核和高差计算，数据也可以记录到储存卡等数据存储介质中。

2.1.3 精密水准仪的检验

国家水准测量规范规定，精密水准仪应进行以下各项检验：

（1）水准仪的检视。

（2）望远镜光学性能的检验。

（3）圆水准器（概略整平用的水准器）安置正确性的检验校正。

（4）符合水准器分划值、符合精度的测定及符合水准器质量的检验。

（5）微倾螺旋效用正确性和分划值的测定。

（6）十字丝的检查及视距丝上下丝不对称差与视距常数的测定。

（7）光学测微器效用正确性和分划值的测定。

（8）调焦透镜运行正确性的检验。

（9）视准轴与水准轴相互关系（交叉误差与 i 角）的检验与校正。

上述各项检验的方法与步骤可以参看国家水准测量规范的有关条款，这里仅介绍水准

仪 i 角的检验与校正。所谓 i 角，如图2.11所示，对于微倾式水准仪，水准仪的视准轴与水准管轴不在同一平面内，是两条空间直线，如果视准轴与水准管轴不平行，它们在垂直面上和水平面上的投影都是两条相交的直线，其中在垂直面上投影的交角，即为 i 角；而对于自动安平水准仪，如果补偿器不能使视准轴水平，视准轴的倾角即为 i 角。

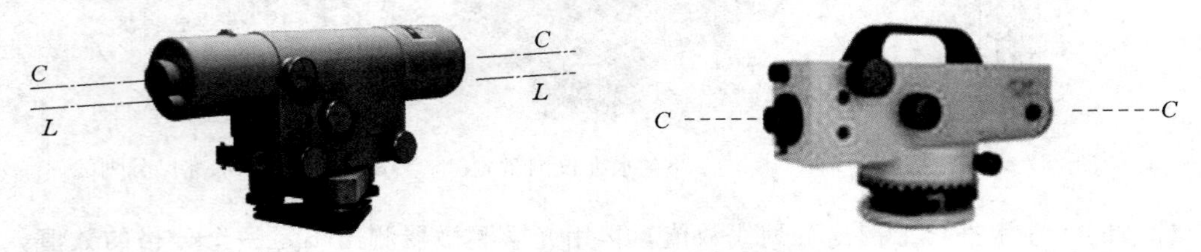

图2.11 水准仪 i 角

在测量学或普通工程测量课程中已经介绍，水准测量的基本原理是根据水准仪提供的水平视线在水准标尺上的读数，从而求得点间的高差，而水平视线的建立，对于微倾式水准仪是借助于水准管气泡居中来实现，对于自动安平水准仪则是借助补偿器来实现。

下面首先介绍微倾式精密光学水准仪 i 角的检验与校正。测定 i 角的基本原理，是利用 i 角对水准标尺上读数的影响与距离成比例这一特点，根据在不同距离的情况下水准标尺上读数的差别而求出 i 角。

i 角的具体测定方法如图2.12所示，距仪器 S 和 $2S$ 处分别选定 A 点和 B 点，竖立水准标尺，A、B 两点间的高差是未知数，要测定的 i 角也是未知数，所以要选定两个安置仪器的点 J_1 和 J_2，测定两份成果，建立相应的方程式，解出这两个未知数。

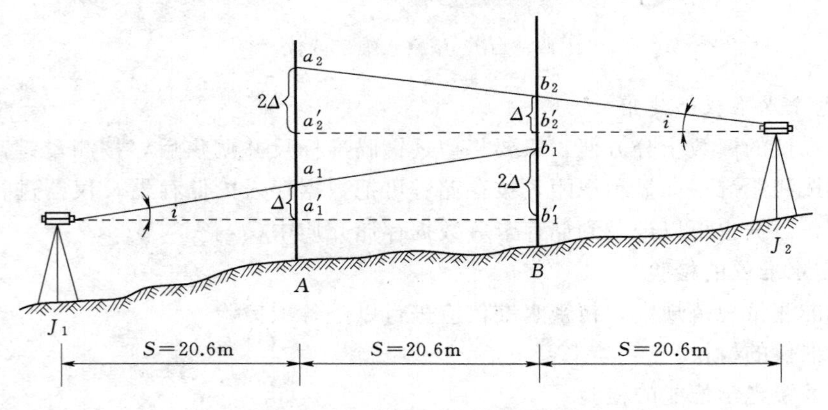

图2.12 水准仪 i 角具体测定方法

在 J_1 测站上，照准水准尺 A 和 B，读数为 a_1 和 b_1，当 $i=0$ 时，水平视线在水准尺上的正确读数为 a_1' 和 b_1'，由 i 角引起的误差分别为 Δ 和 2Δ。同样，在 J_2 测站上，照准水准尺 A 和 B，读数为 a_2 和 b_2，当 $i=0$ 时，水平视线在水准尺上的正确读数为 a_2' 和 b_2'，由 i 角引起的误差分别为 2Δ 和 Δ。

在测站 J_1 和 J_2 上得到 A、B 两点的正确高差分别为

$$
\begin{aligned}
h_1' &= a_1' - b_1' = (a_1 - \Delta) - (b_1 - 2\Delta) = a_1 - b_1 + \Delta \\
h_2' &= a_2' - b_2' = (a_2 - 2\Delta) - (b_2 - \Delta) = a_2 - b_2 - \Delta
\end{aligned}
\tag{2.1}
$$

如果不顾及其他误差的影响，应 $h_1'=h_2'$，则由式（2.1）可得

$$2\Delta=(a_2-b_2)-(a_1-b_1)$$

上式中（a_2-b_2）和（a_1-b_1）是仪器存在 i 角时分别在测站 J_2 和 J_1 测得的 A 和 B 两点间的观测高差，以 h_2 和 h_1 表示，则上式可写为

$$2\Delta=h_2-h_1$$

$$\Delta=\frac{1}{2}(h_2-h_1)$$

又

$$\Delta=iS=\frac{i''}{\rho''}S$$

故

$$i''=\frac{\Delta}{S}\rho'' \tag{2.2}$$

为了简化计算，测定时使 $S=20.6\text{m}$，则

$$i''=10\Delta \tag{2.3}$$

式（2.3）中，Δ 以 mm 为单位。表 2.1 为某精密水准仪 i 角的检验结果。

表 2.1　　精密水准仪 i 角检验

测站	观测次序	水准尺读数/m		高差/m	i 角计算
		A 尺读数 a	B 尺读数 b		
J_1	1	1.58712	1.79140		A、B 标尺间距离 $S=20.6\text{m}$ $2\Delta=(a_2-b_2)-(a_1-b_1)$ $=h_2-h_1=+4.90\text{mm}$ $\Delta=2.45\text{mm}$ $i''=10\Delta=+24.5''$ 校正后 A、B 标尺上的正确读数为 $a_2'=a_2-2\Delta=1.65962$ $b_2'=b_2-\Delta=1.86155$
	2	1.58704	1.79142		
	3	1.58708	1.79154		
	4	1.58708	1.79150		
	中数	1.58708	1.79146	−0.20438	
J_2	1	1.66458	1.86394		
	2	1.66446	1.86410		
	3	1.66450	1.86396		
	4	1.66454	1.86400		
	中数	1.66452	1.86400	−0.19948	

测定 i 角时，必须尽量保证在整个检验过程中 i 角不应有变化，也不应有其他误差影响，但实际上由于温度的变化，i 角可能发生变化，所以最好在阴天测定。有时也需要在不同条件下测定 i 角，以分析仪器 i 角的变化规律。另外转动调焦螺旋时对水准标尺上读数可能有影响，所以，严格地讲，应该在调焦透镜运行正确的情况下，才能用此法测定 i 角。

水准测量规范规定，用于精密水准测量的仪器，如果 $i>15''$则需要进行校正。校正在 J_2 测站上进行，先求出水准标尺 A 上的正确读数：

$$a_2'=a_2-2\Delta \tag{2.4}$$

将正确读数的后 3 位数字（即表 2.1 中的 9.62mm）设置在测微器上，转动倾斜螺旋，使楔形丝夹准水准标尺上一个分划，这个分划的注记等于正确读数的前 3 位数字（即表 2.1 中的 1.65m），此时水准管气泡影像分离，校正水准管上的上、下改正螺丝，使气

泡两端影像恢复符合为止，然后检查另一水准尺 B 上的读数是否正确（其正确读数为：$b_2-\Delta$），否则还应反复进行检查校正。在校正时应先松开一个改正螺丝，再拧紧另一改正螺丝，不可将上、下两个改正螺丝同时拧紧或同时松开。

对自动安平水准仪 i 角的检验与上述方法相同，但校正较为复杂，通常是由专业的仪器维修人员或仪器制造厂家进行校正。

对于电子水准仪，仪器内置程序可进行 i 角检验与核正，直接显示检验出的 i 角值及校正出的正确读数，下面简要介绍其方法和操作。如图 2.13 所示，A、B 两水准尺相距约 50m，距 B 尺和 A 尺各 1/3 处设置测站 J_1 和 J_2。首先将仪器安置在 J_1，如图 2.13（a）所示，仪器整平后开机，通过主菜单进入“检校模式”，照准 A 尺读数并确认，再照准 B 尺读数并确认；然后将仪器安置在 J_2，如图 2.13（b）所示，照准 A 尺读数并确认，再照准 B 尺读数并确认。根据仪器的提示操作，仪器计算并显示 i 角和 B 尺的校准值。拆下目镜护罩，用拨针旋转目镜下方的十字丝校正螺钉，瞄准标尺进行人工读数，上下移动十字丝，直至读数与仪器计算的正确读数一致。电子水准仪的检校，通常也是由专业的仪器维修人员或仪器制造厂家进行。

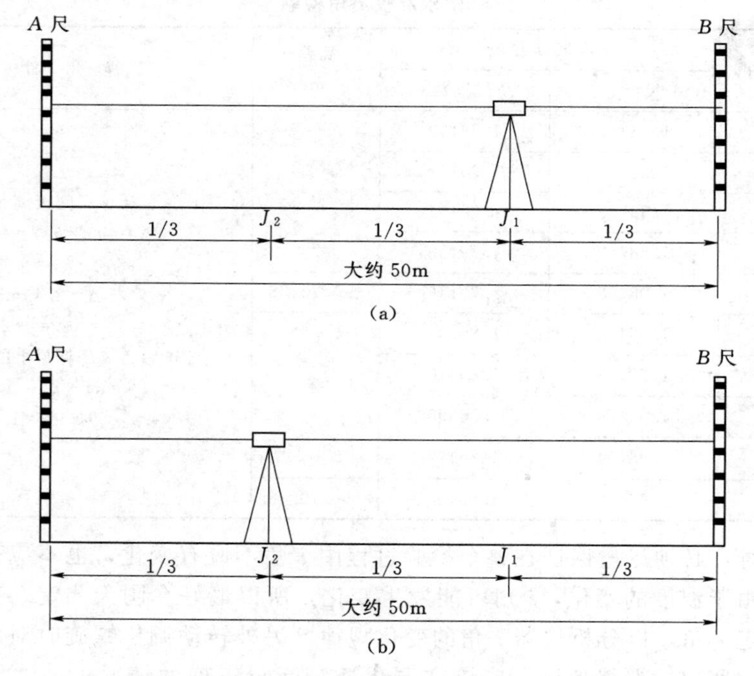

图 2.13 电子水准仪视准线误差 i 角的校验

2.2 精密水准测量的实施

2.2.1 精密水准测量作业的一般规定

（1）一个测站上，仪器距前、后视水准标尺的距离应尽量相等，其差应小于规定的限值，这样可以消除或减弱与距离有关的各种误差对观测高差的影响，如 i 角误差和大气垂直折光影响等。

(2) 在两相邻测站上，应按奇、偶数测站的观测程序进行观测，分别按“后前前后”和“前后后前”的观测程序在相邻测站上交替进行，这样可以消除或减弱与时间成比例均匀变化的误差对观测高差的影响，如 i 角的变化和仪器的垂直位移（脚架下沉）等影响。

(3) 在一测段的水准路线上，测站的数目应安排成偶数，这样可以消除或减弱两水准标尺零点差和交叉误差在仪器垂直轴倾斜时对观测高差的影响。

(4) 每一测段的水准路线上，应进行往、返测，这样可以消除或减弱性质相同、正负号也相同的误差影响，如水准标尺垂直位移（尺垫下沉）的误差影响，在往、返测高差平均值中可以得到消减。

(5) 一个测段的水准路线的往、返观测应在不同的气象条件下进行（如分别在上午和下午）。

对于观测时间、视距长度和视线离地面的高度也都有相应的规定，观测应在成像稳定清晰的条件下进行。这些规定的主要作用，是为了消除或减弱复杂的大气折光对观测高差的影响。此外，还有一些更详细而具体的作业规定，现将使用精密光学水准仪进行一等、二等水准测量的有关技术要求列于表 2.2，若使用电子水准仪可以参照执行。

表 2.2　　精密水准测量的技术要求

等级	项目										
	视线长度		前后视距差/m	前后视距差积累/m	视线高度/m		基、辅分划读数之差/mm	基、辅所得高差之差/mm	上下丝读数均值与中丝读数之差/mm	检测间歇点高差之差/mm	水准路线往返测高差不符值/mm
	仪器类型	视距/m			视线大于 20m	视线小于 20m					
一	S05	≤35	≤0.5	≤1.5	≥0.8	≥0.5	≤0.3	≤0.5	≤3.0	≤0.7	$\pm 2\sqrt{K}$
二	S1	≤50	≤1.0	≤3.0	≥0.5	≥0.3	≤0.5	≤0.7	≤3.0	≤1.0	$\pm 4\sqrt{K}$
	S05	≤60									

2.2.2 精密水准测量的观测

1. 观测程序

往测奇数测站的观测顺序：后视基本分划、前视基本分划、前视辅助分划、后视辅助分划。

往测偶数测站的观测顺序：前视基本分划、后视基本分划、后视辅助分划、前视辅助分划。

返测时，奇数测站与偶数测站的观测程序与往测时相反，奇数测站由前视开始，偶数测站由后视开始。

2. 操作步骤

下面以使用光学水准仪往测奇数测站为例来说明在一个测站上的具体观测步骤，对于使用电子水准仪可以参照进行。

(1) 利用脚螺旋整平仪器，要求望远镜在任何方向时，对于微倾式水准仪符合水准气泡两端影像的分离不超过 1cm，对自动安平水准仪保证补偿器能正常起作用。

(2) 将望远镜对准后视水准标尺，对于微倾式水准仪，调微倾螺旋使符合水准气泡两端的影像重合，对自动安平水准仪使仪器保持静止几秒钟，分别用上、下丝照准水准标尺基本分划进行视距读数，记入记录手簿的①格和②格，见表 2.3，其中视距丝读数的第四位由测微器直接读得。然后，对于微倾式水准仪进行检查，使得符合水准气泡两端的影像精确符合、对于自动安平水准仪检查确认十字丝稳定不晃动，转动测微螺旋用楔形丝照准水准标尺基本分划，并读取水准标尺基本分划和测微器读数，记入手簿的③格。

表 2.3　　精密水准测量观测记录表

测站编号	测点	后尺 上丝/m 下丝/m 后距/m 视距差 d/m	前尺 上丝/m 下丝/m 前距/m $\sum d$/m	方向及尺号	标尺读数/m 基本分划	标尺读数/m 辅助分划	基＋K－辅/0.1mm	备注
奇		①	⑤	后	③	⑧	⑭	
		②	⑥	前	④	⑦	⑬	
		⑨	⑩	后－前	⑮	⑯	⑰	
		⑪	⑫	h	⑱			
1		2.406	1.809	后 1	2.1983	5.2138	0	
		1.986	1.391	前 2	1.6005	4.6163	－3	
		42.0	41.8	后－前	＋0.5978	＋0.5975	＋3	
		＋0.2	＋0.2	h	＋0.59765			
2		1.800	1.639	后 2	1.5740	4.5895	0	
		1.351	1.189	前 1	1.4140	4.4292	＋3	
		44.9	45.0	后－前	＋0.1600	＋0.1603	－3	
		－0.1	＋0.1	h	＋0.16015			尺常数 K＝3.0155m
3		1.825	1.962	后 1	1.6032	4.6188	－1	
		1.383	1.523	前 2	1.7427	4.7582	0	
		44.2	43.9	后－前	－0.1395	－0.1394	－1	
		＋0.3	＋0.4	h	－0.13945			
4		1.728	1.884	后 2	1.5081	4.5236	0	
		1.285	1.439	前 1	1.6619	4.6774	0	
		44.3	44.5	后－前	－0.1538	－0.1538	0	
		－0.2	＋0.2	h	－0.15380			
检查计算		175.4	175.2		6.8836	18.9457		
		175.4＋175.2＝350.6			6.4191	18.4811		
		175.4－175.2＝＋0.2			＋0.4645	＋0.4646		
		末站 $\sum d$＝＋0.2			(0.4645＋0.4646)/2＝0.46455＝$\sum h$			

(3) 旋转望远镜照准前视水准标尺，对于微倾式水准仪，调微倾螺旋使符合水准气泡两端的影像精确重合，对于自动安平水准仪使仪器保持静止几秒钟，用楔形丝照准水准标尺基本分划，读取基本分划和测微器读数，记入手簿④格。然后用上、下丝照准基本分划

进行视距读数，记入手簿的⑤格和⑥格。

（4）用水平微动螺旋转动望远镜，照准前视水准标尺的辅助分划，并检查使仪器仍处于精平状态，进行辅助分划和测微器读数，记入手簿⑦格中。

（5）旋转望远镜照准后视水准标尺辅助分划，对于微倾式水准仪，调微倾螺旋使符合水准气泡两端的影像精确重合，对于自动安平水准仪使仪器保持静止几秒钟，使仪器处于精平状态，进行辅助分划和测微器读数，记入手簿⑧格中。

以上就是一个测站上全部操作与观测过程。表中第⑨至第⑱格的计算方法类似于测量学或普通工程测量课程中介绍的三、四等水准测量的计算方法，注意精密水准尺的尺常数为 3.0155m。

2.2.3　精密水准测量的精度评定

精密水准测量按规定要进行往返观测，而后取往、返测的高差平均值作为高差结果，水准测量外业结束，要对高差观测值的精度进行评定。精密水准测量的精度用每公里高差的偶然中误差和水准网观测的全中误差来衡量，下面列出计算公式。

（1）每公里单程高差的偶然中误差计算公式。

$$\mu=\pm\sqrt{\frac{\frac{1}{2}\left[\frac{\Delta\Delta}{R}\right]}{n}} \tag{2.5}$$

（2）往返高差中数的每公里高差的偶然中误差计算公式。

$$M_{\Delta}=\frac{1}{\sqrt{2}}\mu=\pm\sqrt{\frac{1}{4n}\left[\frac{\Delta\Delta}{R}\right]} \tag{2.6}$$

（3）往返测高差中数的每公里高差的全中误差计算公式。

$$M_{W}=\pm\sqrt{\frac{1}{N}\left[\frac{WW}{F}\right]} \tag{2.7}$$

式中　Δ——测段往返测高差不符值，mm；

R——测段的长度，km；

n——测段的个数；

W——环水准路线的环高差闭合差或附合水准路线的高差闭合差，mm；

F——环水准路线或附合水准路线的水准路线长度，km；

N——环水准路线及附合水准路线的个数。

规范规定，对于一等水准测量，要求 $M_{\Delta}\leqslant\pm0.5$mm，$M_{W}\leqslant\pm1.0$mm；对于二等水准测量，要求 $M_{\Delta}\leqslant\pm1.0$mm，$M_{W}\leqslant\pm2.0$mm。

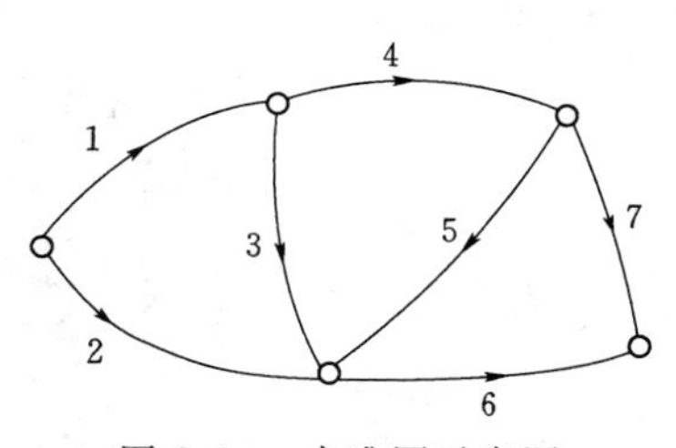

图 2.14　水准网示意图

【例 2.1】　如图 2.14 所示，水准网各测段的水准路线长度及往返测高差列于表 2.4 中，试计算每公里单程高差的偶然中误差、往返高差平均值的每公里高差的偶然中误差和往返测高差中数的每公里高差的全中误差。

表 2.4 精密水准测量观测成果

测段编号	水准路线长/km	观测高差/mm	
		往测	返测
1	1.65	−1.3410	+1.3393
2	2.74	−0.4485	+0.4463
3	1.81	+0.8894	−0.8879
4	1.73	−1.0122	+1.0140
5	2.26	+1.9005	−1.9024
6	2.01	−1.3362	+1.3338
7	1.44	+0.5617	−0.5634

解：(1) 每公里单程高差的偶然中误差：

$$\mu=\pm\sqrt{\frac{\frac{1}{2}\left[\frac{\Delta\Delta}{R}\right]}{n}}$$

由表 2.4 成果：$\Delta_1=1.7$，$R_1=1.65$；$\Delta_2=2.2$，$R_2=2.74$；$\Delta_3=1.5$，$R_3=1.81$；$\Delta_4=1.8$，$R_4=1.73$；$\Delta_5=1.9$，$R_5=2.26$；$\Delta_6=2.4$，$R_6=2.01$；$\Delta_7=1.7$，$R_7=1.44$；$n=7$。

代入公式计算得

$$\mu=\pm\sqrt{\frac{\frac{1}{2}\left[\frac{\Delta\Delta}{R}\right]}{n}}=\pm\sqrt{\frac{\frac{1}{2}\left(\frac{\Delta_1\Delta_1}{R_1}+\cdots+\frac{\Delta_7\Delta_7}{R_7}\right)}{n}}\approx\pm1.0\text{mm}$$

(2) 往返高差中数的每公里高差的偶然中误差：

$$M_\Delta=\frac{1}{\sqrt{2}}\mu=\pm\sqrt{\frac{1}{4n}\left[\frac{\Delta\Delta}{R}\right]}=\pm0.7\text{mm}$$

(3) 往返测高差中数的每公里高差的全中误差：

$$M_W=\pm\sqrt{\frac{1}{N}\left[\frac{WW}{F}\right]}$$

由表 2.4 成果：$W_1=\overline{h}_1+\overline{h}_3-\overline{h}_2=-4.2$，$F_1=R_1+R_2+R_3=6.2$；$W_2=\overline{h}_3-\overline{h}_5-\overline{h}_4=+0.3$，$F_2=R_3+R_4+R_5=5.8$；$W_3=\overline{h}_5+\overline{h}_6-\overline{h}_7=+3.8$；$F_3=R_5+R_6+R_7=5.7$；$N=3$。

代入公式计算得

$$M_W=\pm\sqrt{\frac{1}{N}\left[\frac{WW}{F}\right]}=\pm\sqrt{\frac{1}{N}\left(\frac{W_1W_1}{F_1}+\frac{W_2W_2}{F_2}+\frac{W_3W_3}{F_3}\right)}=\pm1.3\text{mm}$$

思 考 题 与 习 题

1. 水准测量的等级如何划分？哪些属于精密水准测量？

2. 精密水准仪的特点是什么？电子水准仪的特点是什么？

3. 什么是精密水准尺的尺常数？精密水准尺的尺常数是多少？

4. 使用光学精密水准仪进行水准测量，如何使用测微轮，旋转测微轮会否改变视线水平状况？

5. 精密水准测量，要求每测段总测站个数安排成偶数，是为了消除什么误差？前后视距尽量相等，是为了消除什么误差？

6. 二等水准测量测站观测技术要求有哪些？

7. 写出每公里单程高差的中误差、往返高差中数的每公里高差中误差和往返高差中数的每公里高差全中误差公式，说明公式中符号的含义？

8. 如图 2.15 所示的水准网，各测段的水准路线长度及往返测高差列于表 2.5 中，试计算每公里单程高差的中误差、往返高差中数的每公里高差中误差和往返测高差中数的每公里高差全中误差。

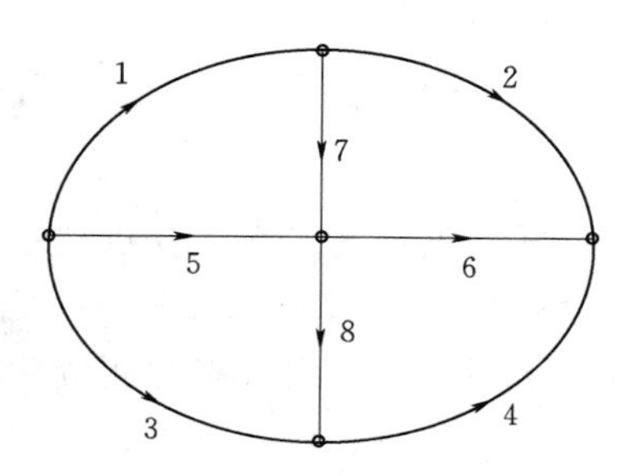

图 2.15 水准网示意图

表 2.5 精密水准测量观测成果

测段编号	水准路线长度/km	观测高差/m	
		往测	返测
1	2.5	+2.359	−2.356
2	2.7	−0.363	+0.360
3	2.3	+3.009	−3.014
4	1.9	−1.012	+1.014
5	1.6	+8.230	+8.228
6	1.5	−6.230	+6.233
7	1.8	+5.874	−5.871
8	1.3	−5.211	+5.216

9. 分别就微倾式水准仪和自动安平水准仪加以说明水准仪的 i 角。用于精密水准测量的仪器，i 角大于多少需要进行校正？

10. 对某精密水准仪的 i 角检验数据见表 2.6，试计算该水准仪的 i 角？

表 2.6 精密水准仪的 i 角检验

<table>
<tr><th rowspan="2">测站</th><th rowspan="2">观测次序</th><th colspan="2">水准尺读数/mm</th><th rowspan="2">高差/mm</th><th rowspan="9">示意图：
S=20.6m　S=20.6m　S=20.6m

i 角计算：</th></tr>
<tr><th>A 尺读数</th><th>B 尺读数</th></tr>
<tr><td rowspan="3">J₁</td><td>第一次</td><td>1.7912</td><td>1.6656</td><td></td></tr>
<tr><td>第二次</td><td>1.8536</td><td>1.7268</td><td></td></tr>
<tr><td colspan="3">平均高差</td><td></td></tr>
<tr><td rowspan="3">J₂</td><td>第一次</td><td>2.0373</td><td>1.9075</td><td></td></tr>
<tr><td>第二次</td><td>2.1448</td><td>2.0156</td><td></td></tr>
<tr><td colspan="3">平均高差</td><td></td></tr>
</table>

第3章 全站仪及其使用

3.1 全站仪概述

随着电子技术和计算机技术的发展，一种新型的测量仪器——全站型电子速测仪，简称全站仪（total station）——问世。全站仪的基本功能是测量水平角、竖直角和斜距，借助于机载程序，组成多种测量功能，如显示平距、高差及观测点的三维坐标，进行偏心测量、悬高测量、对边测量、面积计算等。

3.1.1 全站仪的构造

全站仪是由光电测角系统、光电测距系统、微处理器组成的智能光电测量仪器，其构造框图如图3.1所示。

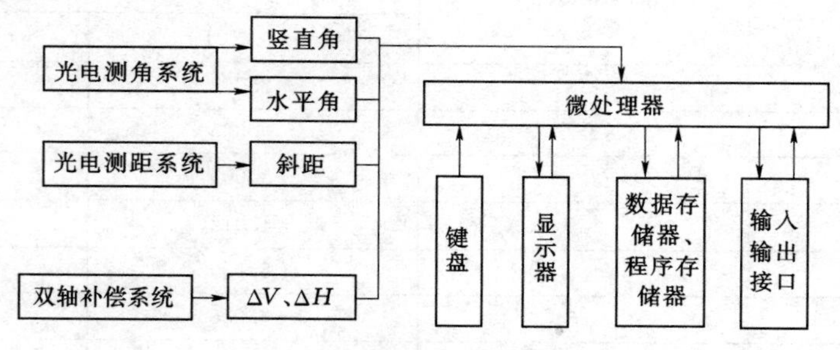

图3.1 全站仪的基本结构框图

微处理器是全站仪的核心部件，由寄存器（缓冲寄存器、数据寄存器、指令寄存器）、运算器和控制器组成。微处理器的主要功能是根据键盘指令启动仪器进行测量工作，执行测量过程中的检核和数据传输、处理、显示、储存等工作，保证整个光电测量工作有条不紊地进行。

3.1.2 全站仪的分类

全站仪按测量功能划分可分成5类。

1. 经典型全站仪（Classical Total Station）

经典型全站仪也称为常规全站仪，它具备全站仪电子测角、电子测距和数据自动记录以及基于机载程序组成的多种测量功能，有的还可以运行用户自主开发的测量程序。

2. 机动型全站仪（Motorized Total Station）

在经典全站仪的基础上安装轴系步进电机，可自动驱动全站仪照准部和望远镜的旋转。在计算机的在线控制下，机动型系列全站仪可按计算机给定的方向值自动照准目标，并可实现自动正、倒镜测量。

3. 无合作目标型全站仪（Reflectorless Total Station）

无合作目标型全站仪是指在无反射棱镜的条件下，可对一般的目标直接测距的全站仪。对于不便安置反射棱镜的目标进行测量，无合作目标型全站仪具有明显优势。

4. 智能型全站仪（Robotic Total Station）

在自动化全站仪的基础上，仪器增设自动目标识别与照准的新功能。因此在自动化的进程中，进一步克服了需要人工照准目标的缺陷，实现了全站仪的智能化。在相关软件的控制下，智能型全站仪在无人干预的条件下，可自动完成多个目标的识别、照准与测量。智能型全站仪又被称为“测量机器人”。

5. 超站仪（Super Station Instrument）

将全站仪与卫星定位设备结合成一体，集合全站仪测角、测距功能和卫星信号接收设备定位功能，不受时间地域限制，不依靠控制网，无须设基准站，没有作业半径限制，单人单机即可完成全部测绘作业流程的一体化的测绘仪器，被称为“超站仪”。

3.1.3 电子测角与光电测距原理

3.1.3.1 电子测角原理

电子测角采用的测角系统有编码度盘测角系统、光栅度盘测角系统和动态测角系统。

编码度盘测角是在度盘上刻数道同心圆，等间隔地设置透光区和不透光区，用透光和不透光分别代表二进制中的“0”和“1”，如图 3.2 所示。在码盘下方设置数个接收元件，测角时度盘随照准部旋转到某目标不动后，由该处的导电与不导电得到其电信号状态，然后通过译码器将其转换为方向值，并在显示屏上显示，可以在任意方向位置上直接读取度、分、秒值。编码测角又称为绝对式测角。

均匀地刻有许多等间隔狭缝的圆盘称为光栅度盘，如图 3.3 所示。光栅的基本参数是刻线密度（每毫米的刻线条数）和栅距（相邻两栅之间的距离）。光栅的线条处为不透光区，缝隙处为透光区。

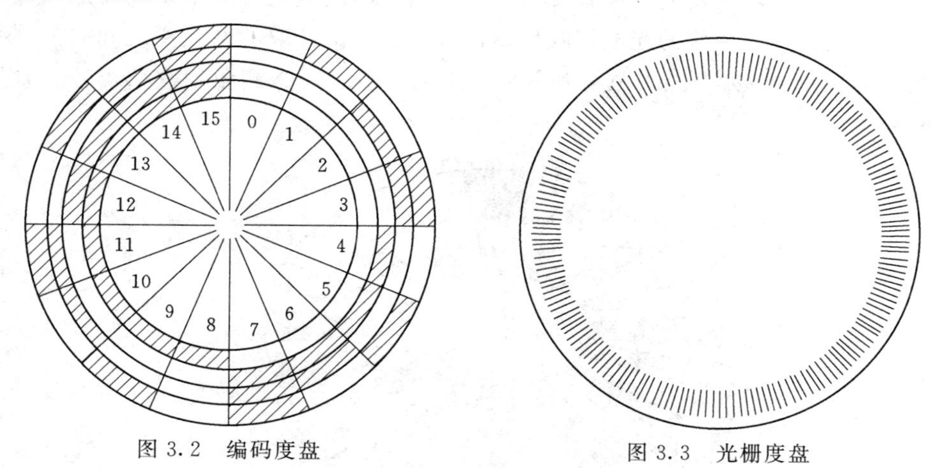

图 3.2 编码度盘

图 3.3 光栅度盘

光栅度盘测角系统是将两个栅距相同的光栅圆盘重叠起来，并使它们的刻线相互交成一个小角 θ，光线通过时，将形成明暗相间的莫尔条纹，两个暗条纹的宽度称为纹距，用 ω 表示，如图 3.4（a）所示。莫尔条纹的纹距与 θ 角有关，$\omega = d/\theta$，d 为栅距。在光栅盘上下对应位置分别安置一个发光二极管和一个光电接收传感器，如图 3.4（b）所示，指示光栅、发光二极管、光电转换器和接收二极管固定，光栅度盘随照准部一起旋转。发光管发出的光信号通过莫尔条纹就落到光电接收管上，度盘每转动一栅距 d，莫尔条纹移动一个周期 ω。所以，当望远镜从一个方向转动到另一个方向时，流过光电管的光信号，就是两方向间的光栅数，通过自动数据处理，即可求得两方向间的夹角。

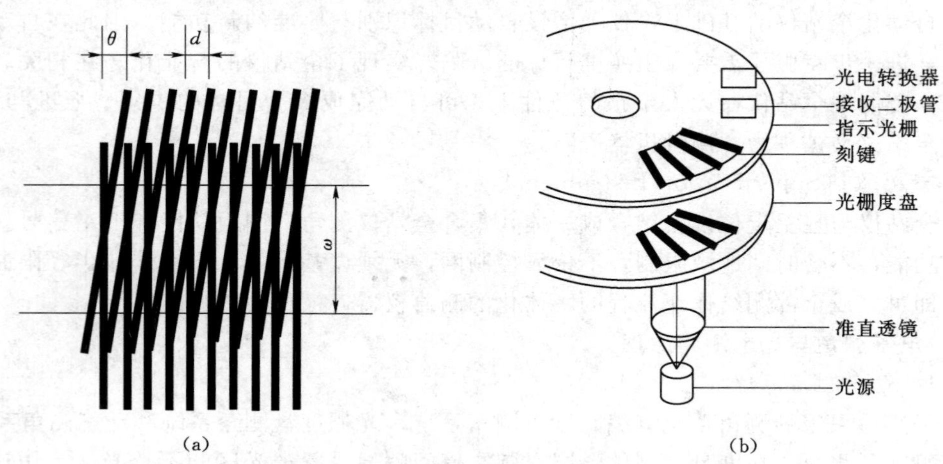

图 3.4　光栅度盘原理

动态测角原理如图 3.5 所示，度盘由等间隔的明暗分划线构成，明的透光，暗的不透光，相当于栅线和缝隙，其间隔角为 ϕ_0。在度盘的内外边缘各设一个光栏，设在外边缘的固定，称为固定光栏 L_S，相当于光学度盘的 0°刻划线。设在内边缘的随照准部一起转动，称为活动光栏 L_R，相当于光学度盘的读数指标线，它们之间的夹角即为要测的角度值。在光栏上装有发光二极管和光电接收传感器，且分别位于度盘的上、下侧。测角时，微型马达带动度盘旋转。发光二极管发射红外光线，因度盘上的明暗条纹而形成透光亮度的不断变化，被设在另一侧的光电接收传感器接收，则由计取的两光栏之间的分划数，求得所测的角度值 $\phi=n\varphi_0+\Delta\phi$，$\Delta\phi$ 为不足整周期的值。动态测角记数结构较为复杂，但测角精度较高。

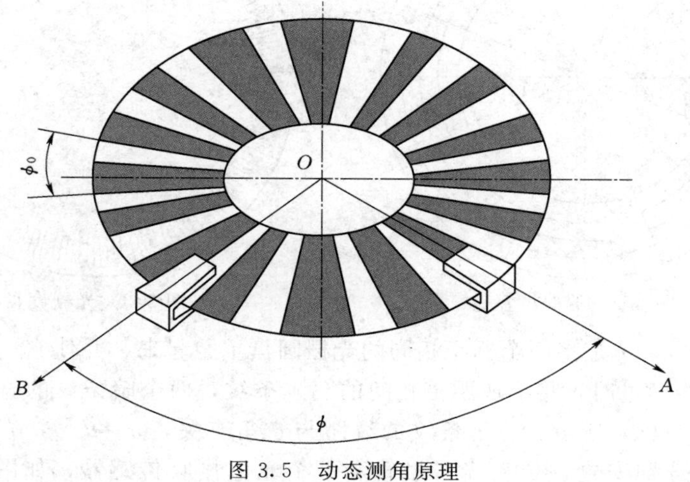

图 3.5　动态测角原理

3.1.3.2　光电测距原理

光电测距也称电磁波测距（Electro－magnetic Distance Measuring，EDM），是用电磁波（光波或微波）作为载波测距信号，测量点间的距离。如图3.6所示，通过测量光波在待测距离D上往、返传播所需要的时间t_{2D}，依式（3.1）计算待测距离D。

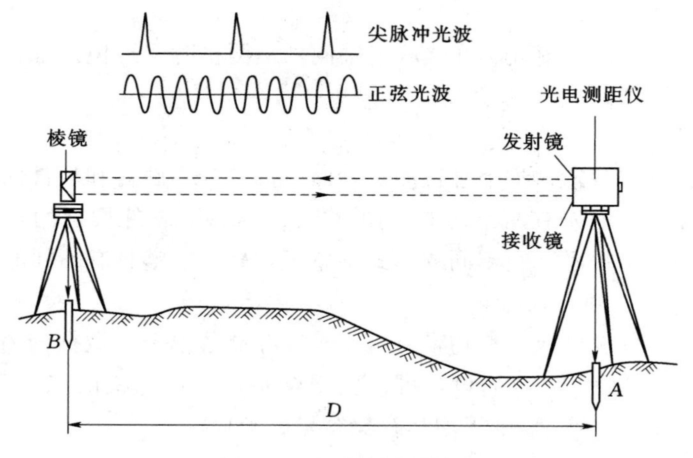

图3.6　电磁波测距原理

$$D=\frac{1}{2}Ct_{2D} \tag{3.1}$$

$$C=C_0/n$$

式中　C_0——光在大气中的传播速度；

n——大气折射率（$n\geqslant1$），它是光的波长λ、大气温度t和大气气压p的函数，即$n=f(\lambda,t,p)$。

根据测量光波在待测距离D上往、返一次传播时间t_{2D}方法的不同，电磁波测距分为脉冲式和相位式两种。脉冲式是将发射光波的光强调制成一定频率的尖脉冲，通过测量发射的尖脉冲在待测距离上往返传播的时间来计算距离；相位式是将发射光波的光强调制成正弦波的形式，通过测量正弦光波在待测距离上往返传播的相位移来解算距离。

3.1.3.3　全站仪的标称精度

全站仪的标称精度含测角标称精度和测距标称精度。

测角标称精度即一测回方向的中误差，单位秒，如2″、1″、0.5″等。

测距标称精度用$m_D=\pm(a+bD)$表示，其中a为固定误差，单位mm；b为比例误差系数；ppm为10^{-6}；D为测距长度，单位（km·10^6），如标称精度为$m_D=\pm$(2mm+2ppm·D)、$m_D=\pm$(0.5mm+1ppm·D）等。例：某全站仪的测距标称精度为$m_D=\pm$(2mm+2ppm·D)，用其测量了一段长约500m的距离，则该距离测量值的精度为

$$m_D=\pm(2\text{mm}+2\times10^{-6}\times0.5\times10^6\text{mm})=\pm3\text{mm}$$

3.1.4　全站仪的特点

全站仪由电子测角部分、光电测距部分和内置微处理器组成。根据仪器的外观结构，全站仪可分为“组合式”和“整体式”两类。“组合式”全站仪是将电子测角部分、光电

测距部分和微处理器通过一定的连接器构成一体，可分可合，故又称为半站仪，是全站仪的早期产品。“整体式”全站仪则是在一个仪器外壳内包含了电子测角部分、光电测距部分和微处理器，仪器各部分构成一个整体，不能分离。目前国内外生产的全站仪多为“整体式”全站仪，即通常所说的全站仪。“整体式”全站仪具有如下特点。

1. 三同轴望远镜

望远镜视准轴、测距发射光轴和接收光轴同轴，测量时望远镜照准目标，就能同时测定水平角、竖直角和斜距。

2. 操作键盘化

通过操作面板的按键输入指令进行测量，面板按键分为硬件和软件两种。每个硬件按键有一个固定功能，有的兼有两个功能，如数字/字母键。软件按键的功能通过显示窗最下一行对应位置的字符提示，在不同的模式菜单下，软件按键具有不同的功能。

3. 具有数据存储与通信功能

各种品牌、型号的全站仪一般均带有可以至少存储数千个点数据的内存，仪器上设有标准的 RS232 通信接口及 USB 插口，可以实现全站仪与计算机的双向数据传输。此外，大多仪器还装配有 PC 卡或 SD 卡等增加存储容量的卡口。

4. 具有电子补偿功能

各种品牌、型号的全站仪一般都设置有电子补偿功能，当补偿器处于打开状态时，仪器能自动测定仪器的横轴误差、竖轴误差和视准轴误差，并对角度观测值进行补偿和改正。

全站仪的品牌型号很多，保守估计，迄今为止，世界各国、地区生产的全站仪应该有几十个品牌甚至更多，图 3.7 所示为部分品牌全站仪的图片。

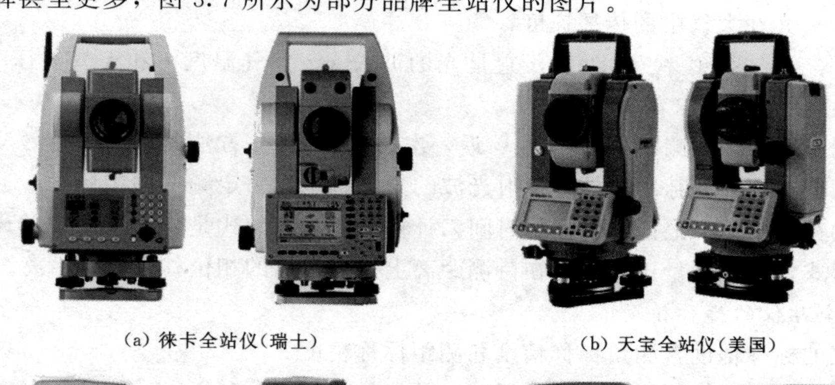

(a) 徕卡全站仪(瑞士)　　(b) 天宝全站仪(美国)

(c) 托普康全站仪(日本)

(d) 南方全站仪(中国)

图 3.7　部分品牌全站仪

3.2 全站仪使用

不同品牌和型号的全站仪，其使用方法不尽相同，但其基本思路相差不大，主要包括：安置仪器（对中，整平）；参数设置（输入棱镜常数，输入环境气象元素，选择测角和测距单位，选择测距模式等）；测站设置（输入仪器高、棱镜高、测站点的三维坐标）；后视定向（输入后视点的坐标或后视方向的方位角，观测后视点并确认无误）；测量（根据测量目的，启动相应的功能进行测量）。下面对国产 NTS 系列全站仪和 RTS 系列全站仪作较为详细的介绍，通过对一到两个品牌仪器的使用介绍，让读者领会全站仪的功能，掌握使用仪器的操作方法，从而起到触类旁通的作用。

3.2.1 NTS 系列全站仪及其使用

3.2.1.1 NTS 系列全站仪简介

中国南方测绘仪器公司生产的 NTS 系列全站仪，外观及各部件名称如图 3.8 所示。

NTS 系列全站仪除具备基本测量模式（角度测量、距离测量、坐标测量）之外，还具有多种测量程序，可进行悬高测量、偏心测量、对边测量、距离放样、坐标放样、设置新点、后方交会、面积计算等，功能相当丰富，可满足各种测量工作。此外，仪器还具有如下特点。

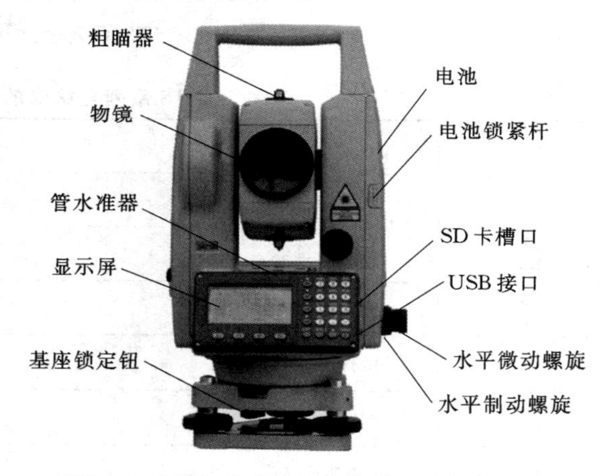

图 3.8　NTS 系列全站仪的外观及部件名称

1. 方便的数字键盘操作

按键采用软键和数字键盘结合的方式，操作方便、快速、易学易用。

2. 强大的存储管理

内存模块及外插的 SD 存储卡，使存储容量无限扩展，并可以方便地进行内存管理，可对数据进行增加、删除、修改、传输。

3. 自动化数据采集

野外自动化的数据采集程序，可以自动记录测量数据和坐标数据，配置的 USB 接口，可直接向计算机传输数据，极大地方便了采集数据的传输。

4. 中文界面和菜单

采用中文界面，字体清晰、美观，用户使用直观亲切，便于操作。

3.2.1.2 NTS 系列全站仪键盘按键及屏幕显示符号

NTS 系列全站仪的屏幕和操作键如图 3.9 所示，各操作键的功能见表 3.1，屏幕显示符号内容意义见表 3.2。

注意，表 3.2 中，V 为垂直角、HR 和 HL 为水平角，这是仪器说明书（操作手册）的表达。确切应该是：V、HR 和 HL 均为方向值即观测方向对应的度盘读数，V 为竖直度盘读数，HR 和 HL 为水平度盘读数，其中水平角（右角）和水平角（左角），分别为角度的起始方向至终了方向为右向（顺时针方向）旋转和左向（逆时针方向）旋转。另外，表 3.2 中的 *VD* 和 *SD* 系指全站仪横轴（望远镜旋转轴）与反射点（如照准棱镜中心）之间的高差和斜距，而非仪器安置点与目标安置点之间的高差和斜距。下面的有关内容，对 *V*、*HR*、*HL*、*VD*、*SD* 的意义，不再刻意说明。

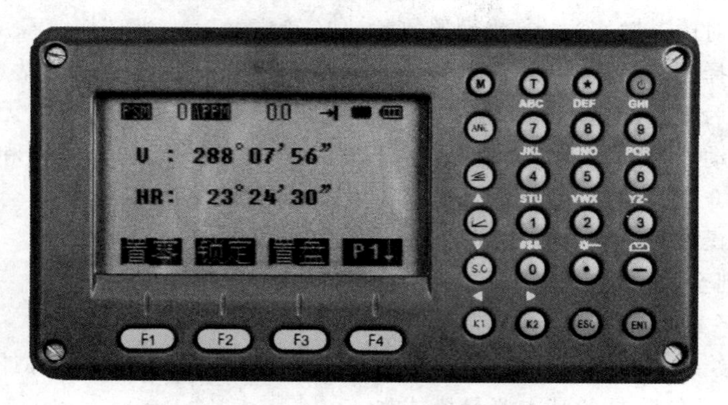

图 3.9 NTS 系列全站仪的屏幕和操作键

表 3.1　NTS 系列全站仪的操作键功能

按键	名称	功　能
ANG	角度测量键	进入角度测量模式
⊿	距离测量键	进入距离测量模式
∠	坐标测量键	进入坐标测量模式（▲上移键）
S. O	坐标放样键	进入坐标放样模式（▼下移键）
K1	快捷键 1	用户自定义快捷键 1（◀左移键）
K2	快捷键 2	用户自定义快捷键 2（▶右移键）
ESC	退出键	返回上一级状态或返回测量模式
ENT	回车键	对所做操作进行确认
M	菜单键	进入菜单模式
T	转换键	测距模式转换
★	星键	进入星键模式或直接开启背景光
⏻	电源开关键	电源开关
F1～F4	软件（功能键）	对应于显示的软件信息
0～9	数字字母键	键入数字和字母
—	负号键	输入负号，开启电子气泡功能（适用 P 系列）
·	点号键	输入小数点，开启或关闭激光指向功能

表 3.2　NTS 系列全站仪屏幕显示符号内容意义

显示符号	内　　容	显示符号	内　　容
V	垂直角	Z	高程
V%	垂直角（坡度显示）	m	以米为距离单位
HR	水平角（右角）	ft	以英尺为距离单位
HL	水平角（左角）	dms	以度分秒为角度单位
HD	水平距离	gon	以哥恩为角度单位
VD	高差	mil	以密为角度单位
SD	斜距	PSM	棱镜常数（以 mm 为单位）
N	北向坐标	PPM	大气改正值
E	东向坐标	PT	点名

3.2.1.3 NTS 系列全站仪的使用

1. 测量准备

（1）开机。确认仪器已经整平，打开电源开关，确认显示窗中有足够的电池电量。

（2）对比度调节。调节显示屏对比度（可利用★键），为了在关机后保存设置值，按 F4（回车）键确认。

（3）初始设置。

1）设置气象改正，将测站周围的温度和气压值输入仪器，也可以测定温度和气压后从大气改正图上或根据改正公式求得大气改正值（PPM）并输入。

2）设置反射棱镜常数。NTS 系列全站仪的棱镜常数出厂设置为－30。若使用棱镜常数不是－30 的棱镜，则必须设置相应的棱镜常数。一旦设置了棱镜常数，则关机后该常数仍被保存。

3）设置角度和距离的最小读数，一般为“1″”和“1mm”。有些型号（高精度）的仪器，也可以设置为“0.1″”和“0.1mm”。

4）设置自动关机。如果 30min 内无按键操作或无正在进行的测量工作，则仪器自动关机，以节省用电。

5）设置垂直角倾斜改正。当倾斜传感器工作时，由于仪器整平误差引起的垂直角自动改正数显示出来。为了确保角度测量的精度，倾斜传感器应选择“开”，其显示可以用来更好地整平仪器，若出现“补偿超限”，则表明仪器超出自动补偿的范围，必须人工整平。

6）设置仪器常数。注意，仪器的常数在出厂时经严格测定并设置好，用户一般情况下不要做此项设置，仅当用户经严格的测定（如在标准基线场由专业检测单位测定）确需要改变原设置时，才可做此项设置。

2. 测量

完成了测量准备工作，即可进行各种测量工作，下面以图解的方式进行介绍。

（1）水平角和竖直角测量，见表 3.3。

表 3.3　**水平角和竖直角测量**

操作过程	操作	显示
1. 照准第一个目标 A	照准 A	V：　82°09′30″ HR：　90°09′30″ 置零　锁定　置盘　P1↓ [F1]　[F2]　[F3]　[F4]
2. 设置目标 A 的水平角为 0°00′00″，按 [F1]（置零）键和 [F3]（是）键	按 [F1]	水平角置角 ＞OK? —　—　［是］［否］ [F1]　[F2]　[F3]　[F4]
	按 [F3]	V：　82°09′30″ HR：　0°00′00″ 置零　锁定　置盘　P1↓ [F1]　[F2]　[F3]　[F4]
3. 照准第二个目标 B，显示目标 B 的 V 和 HR 值	照准目标 B	V：　92°09′30″ HR：　67°09′30″ 置零　锁定　置盘　P1↓ [F1]　[F2]　[F3]　[F4]

（2）水平角的设置。水平角设置可以通过锁定角度值和通过键盘输入两种方法实现。

通过锁定角度值进行设置（确认处于角度测量模式）的操作见表 3.4。

表 3.4　**通过锁定角度值进行设置**

操作过程	操作	显示
1. 用水平微动螺旋转到所需的水平角	显示角度	V：　122°09′30″ HR：　90°09′30″ 置零　锁定　置盘　P1↓ [F1]　[F2]　[F3]　[F4]
2. 按 [F2]（锁定）键	按 [F2]	水平角锁定 HR：　90°09′30″ ＞设置　？ —　—　［是］［否］ [F1]　[F2]　[F3]　[F4]

续表

操作过程	操作	显示
3. 照准目标	照准	
4. 按 F3 （是）键完成水平角设置*，显示窗变为正常的角度测量模式	按 F3	V: 122°09′30″ HR: 90°09′30″ 置零 锁定 置盘 P1↓ F1 F2 F3 F4

*若要返回上一个模式，按 F4 （否）键。

通过键盘输入进行设置（确认处于角度测量模式）的操作见表 3.5。

表 3.5　通过键盘输入进行设置

操作过程	操作	显示
1. 照准目标	照准	V: 122°09′30″ HR: 90°09′30″ 置零 锁定 置盘 P1↓ F1 F2 F3 F4
2. 按 F3 （置盘）键	按 F3	水平角设置 HR: 输入 — — [回车] F1 F2 F3 F4
3. 通过键盘输入所要求的水平角，如：150°10′20″	按 F1 输入 150.1020 按 F4	V: 122°09′30″ HR: 150°10′20″ 置零 锁定 置盘 P1↓ F1 F2 F3 F4

随后即可从所要求的水平角进行正常的测量。

(3) 距离测量。距离连续测量（确认处于测角模式）的操作见表 3.6。

表 3.6　距离连续测量模式

操作过程	操作	显示
1. 照准棱镜中心	照准	V: 90°10′20″ HR: 170°30′20″ H-蜂鸣 R/L 竖角 P3↓ F1 F2 F3 F4

续表

操作过程	操作	显示
2. 按[◢]键，距离测量开始	按[◢]	HR： 170°30′20″ HD＊[r] ≪m VD： m 测量 模式 S/A P1↓ [F1] [F2] [F3] [F4] HR： 170°30′20″ HD＊ 235.343m VD： 36.551m 测量 模式 S/A P1↓ [F1] [F2] [F3] [F4]
3. 显示测量的距离； 再次按[◢]键，显示变为水平角 *HR*、垂直角 *V* 和斜距 *SD*	按[◢]	V： 90°10′20″ HR： 170°30′20″ SD＊ 241.551m 测量 模式 S/A P1↓ [F1] [F2] [F3] [F4]

注 1. 当光电测距（EDM）正在工作时，“＊”标志就会出现在显示窗。
2. 将测距模式从精测转换到跟踪。
3. 距离的单位表示为：“m”（米）或“ft”（英尺），并随着蜂鸣声在每次距离数据更新时出现。
4. 如果测量结果受到大气抖动的影响，仪器可以自动重复测量工作。
5. 要从距离测量模式返回正常的角度测量模式，按[ANG]键。
6. 对于距离测量，初始模式可以选择显示顺序（*HR*，*HD*，*VD*）或（*V*，*HR*，*SD*）。

N 次测量/单次测量：当输入测量次数后，仪器就会按设置的次数进行测量，并显示出距离平均值；输入测量次数为1，因为是单次测量，仪器不显示距离平均值，见表3.7。

表3.7 **N 次测量模式**

操作过程	操作	显示
1. 照准棱镜中心	照准	V： 122°09′30″ HR： 90°09′30″ 置零 锁定 置盘 P1↓ [F1] [F2] [F3] [F4]
2. 按[◢]键，连续测量开始	按[◢]	HR： 170°30′20″ HD＊[r] ≪m VD： m 测量 模式 S/A P1↓ [F1] [F2] [F3] [F4]

续表

操作过程	操作	显示
3. 当连续测量不再需要时，可按[F1]（测量）键，测量模式为 N 次测量模式。当光电测距（EDM）正在工作时，再按[F1]（测量）键，模式转变为连续测量模式	按[F1]	HR：170°30′20″ HD＊[n] ≪m VD： m 测量 模式 S/A P1↓ [F1] [F2] [F3] [F4] HR：170°30′20″ HD：566.346m VD：89.678m 测量 模式 S/A P1↓ [F1] [F2] [F3] [F4]

注 在仪器开机时，测量模式可设置为 N 次测量模式或者连续测量模式。

（4）标准测量。标准测量即坐标测量，其操作可以概括为如下的过程：

1）输入测站点坐标、仪器高、棱镜高。

2）输入后视方向的方位角或后视点坐标，照准后视点进行定向并检核确保无误。

3）照准待测点棱镜按“坐标测量”键，屏幕上显示被观测点的坐标。

首先设置测站。可利用内存中的坐标数据设定或直接由键盘输入。

利用内存中的坐标数据设置测站的步骤见表 3.8。

表 3.8　利用内存中的坐标数据设置测站

操作过程	操作	显示
1. 由数据采集菜单 1/2，按[F1]（输入测站点）键，即显示原有数据	按[F1]	点号 ―>PT－01 标识符：＿＿＿＿ 仪高：0.000 m 输入 查找 记录 测站 [F1] [F2] [F3] [F4]
2. 按[F4]（测站）键	按[F4]	测站点 点号：PT－01 输入 调用 坐标 回车 [F1] [F2] [F3] [F4]
3. 按[F1]（输入）键	按[F1]	测站点 点号：PT－01 回退 空格 数字 回车 [F1] [F2] [F3] [F4]

续表

操作过程	操作	显示
4. 输入点号，按F4键	输入点号 按F4	点号　—>PT-11 标识符： 仪高：　0.000　m 输入　查找　记录　测站 F1　F2　F3　F4
5. 输入标识符、仪高	输入标识符 输入仪高	点号　—>PT-11 标识符： 仪高：　1.235　m 输入　查找　记录　测站 F1　F2　F3　F4
6. 按F3（记录）键	按F3	点号　—>PT-11 标识符： 仪高—>　1.235　m 输入　查找　记录　测站 F1　F2　F3　F4
7. 按F3（是）键，显示屏返回数据采集菜单 1/3	按F3	数据采集　1/2 F1：输入测站点 F2：输入后视点 F3：测量　P↓ F1　F2　F3　F4

设置后视点：通过输入点号设置后视点，将后视定向角数据寄存在仪器内，见表 3.9。

表 3.9　　通过输入点号设置后视点

操作过程	操作	显示
1. 由数据采集菜单 1/2，按F2（后视）键，即显示原有数据	按F2	后视点　—> 编码： 镜高：　0.000　m 输入　置零　测量　后视 F1　F2　F3　F4
2. 按F4（后视）键	按F4	后视 点号—> 输入　调用　NE/AZ　[回车] F1　F2　F3　F4

续表

操作过程	操作	显示
3. 按[F1]（输入）键	按[F1]	后视 点号： 回退 空格 数字 回车 [F1] [F2] [F3] [F4]
4. 输入点号，按[F4]（ENT）键；按同样方法，输入点编码，反射镜高	输入 PT# 按[F4]	后视点 −>PT-22 编码： 镜高： 0.000 m 输入 置零 测量 后视 [F1] [F2] [F3] [F4]
5. 按[F3]（测量）键	按[F3]	后视点 −>PT-22 编码： 镜高： 0.000 m 角度 斜距 坐标 — [F1] [F2] [F3] [F4]
6. 照准后视点。 选择一种测量模式并按相应的软键，例：按[F2]（斜距）键，进行斜距测量，根据定向角计算结果设置水平度盘读数测量结果被寄存，显示屏返回到数据采集菜单 1/2	照准 按[F2]	V： 90°00′00″ HR： 0°00′00″ SD* <<< m >测量... [F1] [F2] [F3] [F4] 数据采集 1/2 F1：输入测站点 F2：输入后视点 F3：测量 P↓ [F1] [F2] [F3] [F4]

注 1. 每次按[F3]键，输入方法就在坐标值、设置角和坐标点之间交替交换。

2. 如果在内存中找不到给定的点，则在显示屏上就会显示“该点不存在”。

碎部测量见表 3.10。

表 3.10　碎部测量

操作过程	操作	显示
1. 由数据采集菜单 1/2，按[F3]（测量）键	按[F3]	数据采集 1/2 F1：测站点输入 F2：输入后视 F3：测量 P↓ [F1] [F2] [F3] [F4]

续表

操作过程	操作	显示
2. 按[F1]（输入）键，输入点号后，按[F4]键确认	按[F1] 输入点号 按[F4]	点号　＝PT-01 编码： 镜高：　0.000　m 回退　空格　数字　回车 [F1]　[F2]　[F3]　[F4]
3. 按同样方法输入编码，棱镜高	输入编码 按[F4] 输入镜高 按[F4]	点号：　PT-01 编码　->　SOUTH 镜高：　1.200　m 输入　查找　测量　同前 [F1]　[F2]　[F3]　[F4]
4. 照准目标点，按[F3]（测量）键	照准目标点 按[F3]	点号：　PT-01 编码　->　SOUTH 镜高：　1.200　m 角度　斜距　坐标　偏心 [F1]　[F2]　[F3]　[F4]
5. 按[F1]到[F3]中的一个键，例：按[F2]（坐标）键，开始测量，按[F4]键数据被存储，显示屏变换到下一个镜点	按[F3] 开始测量 按[F4] 存储数据	N：　1236.265m E：　1015.308m Z：　17.145m [ ]　[ ]　[ ]　[记录] [F1]　[F2]　[F3]　[F4]

注　点编码可以通过输入编码库中的登记号来输入，可按[F2]（查找）键，也可手工输入，若未知编码可直接跳过。

（5）对边测量。如图 3.10 所示，对边测量功能有两个模式：MLM-1（$A-B$，$A-C$），测量 $A-B$，$A-C$，$A-D$，…；MLM-2（$A-B$，$B-C$），测量 $A-B$，$B-C$，$C-D$，…。

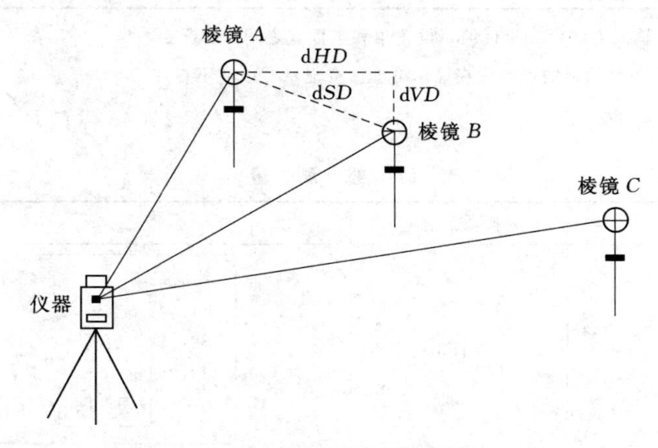

图 3.10　全站仪对边测量模式示意图

对边测量 MLM－1（$A-B$，$A-C$）的操作见表 3.11。

表 3.11　　对边测量 MLM－1（$A-B$，$A-C$）模式

操作过程	操作	显示
1. 按菜单键[M]，再按[F4]键（P↓），进入第 2 页菜单	按[M] 按[F4]	菜单　　2/3 F1：程序 F2：格网因子 F3：照明　　P1↓ [F1] [F2] [F3] [F4]
2. 按[F1]键，进入程序	按[F1]	菜单　　1/2 F1：悬高测量 F2：对边测量 F3：Z 坐标　　P1↓ [F1] [F2] [F3] [F4]
3. 按[F2]（对边测量）键	按[F2]	对边测量 F1：使用文件 F2：不使用文件 [F1] [F2] [F3] [F4]
4. 按[F1]或[F2]键，选择是否使用坐标文件，例：按[F2]键选择不使用坐标文件	按[F2]	格网因子 F1：使用格网因子 F2：不使用格网因子 [F1] [F2] [F3] [F4]
5. 按[F1]或[F2]键，选择是否使用坐标格网因子	按[F2]	对边测量 F1：MLM－1（A－B，A－C） F2：MLM－2（A－B，B－C） [F1] [F2] [F3] [F4]
6. 按[F1]键	按[F1]	MLM－1（A－B，A－C） ＜第一步＞ HD：　　m 测量　镜高　坐标　设置 [F1] [F2] [F3] [F4]

续表

操作过程	操作	显示
7. 照准棱镜 *A*，按[F1]（测量）键，显示仪器至棱镜 *A* 之间的平距 *HD*	照准 *A* 按[F1]	MLM－1（A－B，A－C） <第一步> HD＊[n]　　<<　m 测量　镜高　坐标　设置 [F1]　[F2]　[F3]　[F4] MLM－1（A－B，A－C） <第一步> HD＊　　287.882　m 测量　镜高　坐标　设置 [F1]　[F2]　[F3]　[F4]
8. 测量完毕，棱镜的位置被确定	按[F4]	MLM－1（A－B，A－C） <第二步> HD：　　　　　m 测量　镜高　坐标　设置 [F1]　[F2]　[F3]　[F4]
9. 照准棱镜 *B*，按[F1]（测量）键，显示仪器到棱镜 *B* 的平距 *HD*	照准 *B* 按[F1]	MLM－1（A－B，A－C） <第二步> HD＊　　<<　m 测量　镜高　坐标　设置 [F1]　[F2]　[F3]　[F4] MLM－1（A－B，A－C） <第二步> HD＊　　223.846　m 测量　镜高　坐标　设置 [F1]　[F2]　[F3]　[F4]
10. 测量完毕，显示棱镜 *A* 与 *B* 之间的平距 d*HD* 和高差 d*VD*	按[F4]	MLM－1（A－B，A－C） dHD：　　21.416　m dVD：　　1.256　m —　—　平距　— [F1]　[F2]　[F3]　[F4]
11. 按[◢]键，可显示斜距 d*SD*	按[◢]	MLM－1（A－B，A－C） dSD：　　263.376　m HR：　　10°09′30″ —　—　平距　— [F1]　[F2]　[F3]　[F4]

续表

操作过程	操作	显示
12. 测量 $A-C$ 之间的距离，按[F3]（平距）键	按[F3]	MLM-1（A-B，A-C） <第二步> HD： m 测量 镜高 坐标 设置 [F1] [F2] [F3] [F4]
13. 照准棱镜 C，按[F1]（测量）键，显示仪器到棱镜 C 的平距 HD	照准棱镜 C 按[F1]	MLM-1（A-B，A-C） <第二步> HD： <<m 测量 镜高 坐标 设置 [F1] [F2] [F3] [F4]
14. 测量完毕，显示棱镜 A 与 C 之间的平距 dHD、高差 dVD	按[F4]	MLM-1（A-B，A-C） dHD： 3.846 m dVD： 12.256 m — — 平距 — [F1] [F2] [F3] [F4]
15. 测量 $A-D$ 之间的距离，重复操作步骤 12～14		

注 MLM-2（$A-B$，$B-C$）模式的测量过程与 MLM-1 模式完成相同。

（6）悬高测量。欲获得不能放置棱镜的目标点高度，只需将棱镜架设于目标点所在铅垂线上的任一点，然后进行悬高测量即可，如图 3.11 所示。

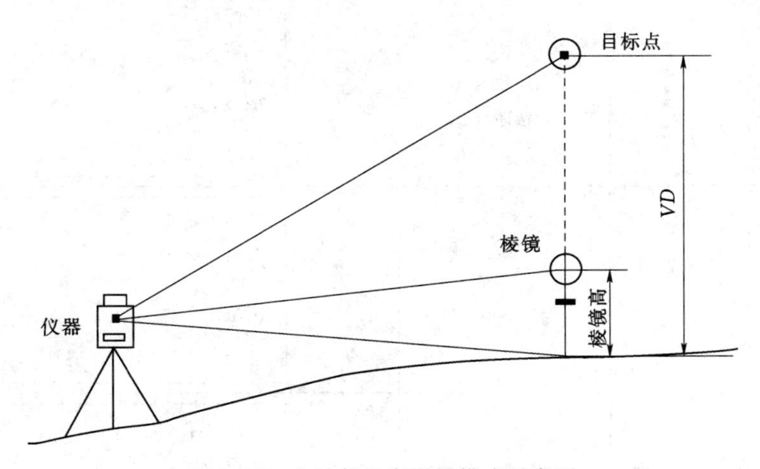

图 3.11 全站仪悬高测量模式示意图

悬高测量分为有棱镜高输入和无棱镜高输入两种情形。有棱镜高输入情形（设棱镜高 $h=1.3$m）的操作见表 3.12，无棱镜高输入情形的操作见表 3.13。

表 3.12 **有棱镜高输入的悬高测量**

操作过程	操作	显示
1. 按菜单键M，再按F4（P↓）键，进入第2页菜单	按M 按F4	菜单 2/3 F1：程序 F2：格网因子 F3：照明 P1↓ F1 F2 F3 F4
2. 按F1键，进入程序	按F1	程序 1/2 F1：悬高测量 F2：对边测量 F3：Z坐标 F1 F2 F3 F4
3. 按F1（悬高测量）键	按F1	悬高测量 F1：输入镜高 F2：无需镜高 F1 F2 F3 F4
4. 按F1键	按F1	悬高测量-1 ＜第一步＞ 镜高： 0.000m 输入 — — 回车 F1 F2 F3 F4
5. 输入棱镜高	按F1 输入棱镜高1.3 按F4	悬高测量-1 ＜第二步＞ HD： m 测量 — — 设置 F1 F2 F3 F4
6. 照准棱镜	照准 *P*	悬高测量-1 ＜第二步＞ HD* ＜＜m 测量 F1 F2 F3 F4
7. 按F1（测量）键测量；显示仪器至棱镜之间的水平距离 *HD*	按F1	悬高测量-1 ＜第二步＞ HD* 123.342 m 测量 设置 F1 F2 F3 F4

续表

操作过程	操作	显示
8. 测量完毕，棱镜的位置被确定	按 F4	悬高测量-1 VD： 3.435 m — 镜高 平距 — F1 F2 F3 F4
9. 照准目标 K，显示垂直距离 VD	照准 K	悬高测量-1 VD： 24.287 m — 镜高 平距 — F1 F2 F3 F4

表 3.13　　无棱镜高输入的悬高测量

操作过程	操作	显示
1. 按菜单键 M，再按 F4 键，进入第 2 页菜单	按 M 按 F4	菜单 2/3 F1：程序 F2：格网因子 F3：照明 P1↓ F1 F2 F3 F4
2. 按 F1 键，进入特殊测量程序	按 F1	菜单 F1：悬高测量 F2：对边测量 F3：Z 坐标 P1↓ F1 F2 F3 F4
3. 按 F1 键，进入悬高测量	按 F1	悬高测量 1/2 F1：输入镜高 F2：无需镜高 F1 F2 F3 F4
4. 按 F2 键，选择无棱镜模式	按 F2	悬高测量-2 <第一步> HD： m 测量 — — 设置 F1 F2 F3 F4

续表

操作过程	操作	显示
5. 照准棱镜	照准 P	悬高测量-2 <第一步> HD＊　<<　m 测量　—　—　设置 F1　F2　F3　F4
6. 按 F1（测量）键测量，显示仪器至棱镜之间的水平距离	按 F1	悬高测量-2 <第一步> HD＊　287.567　m 测量　—　—　— F1　F2　F3　F4
7. 测量完毕，棱镜的位置被确定	按 F4	悬高测量-2 <第二步> V：　80°09′30″ —　—　—　设置 F1　F2　F3　F4
8. 照准地面点 G	照准 G	悬高测量-2 <第二步> V：　122°09′30″ —　—　—　设置 F1　F2　F3　F4
9. 按 F4（设置）键，G 点的位置即被确定	按 F4	悬高测量-2 VD：　0.000　m —　垂直角　平距　— F1　F2　F3　F4
10. 照准目标点 K，显示高差 VD	照准 K	悬高测量-2 VD：　10.224　m —　垂直角　平距　— F1　F2　F3　F4

注　按 F3（HD）键，返回步骤5；按 F2（V）键，返回步骤8；按 ESC 键，返回程序菜单。

（7）点放样。点放样同点坐标测量，也需要先进行测站设置和后视定向。

第一步，设置测站，见表3.14。

表 3.14 点放样测站点坐标设置

操作过程	操作	显示
1. 由放样菜单 1/2 按 F1 (测站点号输入) 键，显示原有数据	按 F1	测站点 点号： 输入 调用 坐标 回车 F1 F2 F3 F4
2. 按 F3 (坐标) 键	按 F3	N： 0.000 m E： 0.000 m Z： 0.000 m 输入 — 点号 回车 F1 F2 F3 F4
3. 按 F1 (输入) 键，输入坐标值，按 F4 (ENT) 键确认	按 F1 输入坐标 按 F4	N： 10.000 m E： 25.000 m Z： 63.000 m 输入 — 点号 回车 F1 F2 F3 F4
4. 按同样方法输入仪器高，显示屏返回到放样菜单 1/2	按 F1 输入仪高 按 F4	仪器高 输入 仪高： 0.000 m 输入 — — 回车 F1 F2 F3 F4
5. 返回放样菜单	按 F1 输入 按 F4	放样 1/2 F1：输入测站点 F2：输入后视点 F3：输入放样点 P↓ F1 F2 F3 F4

注 可以事先将坐标值存入仪器。

第二步，设置后视点，见表 3.15。

表 3.15 点放样后视点设置

操作过程	操作	显示
1. 由放样菜单 1/2 按 F2 (后视) 键，显示原有数据	按 F2	后视 点号 =： 输入 调用 NE/AZ 回车 F1 F2 F3 F4

续表

操作过程	操作	显示
2. 按F3（NE/AZ）键	按F3	N－＞　0.000 m E：　0.000 m 输入　—　点号　回车 F1　F2　F3　F4
3. 按F1（输入）键，输入坐标值，按F4（回车）键	按F1 输入坐标 按F4	后视 H(B)＝　120°30′20″ ＞照准？　［是］［否］ F1　F2　F3　F4
4. 照准后视点	照准后视点	
5. 按F3（是）键，显示屏返回到放样菜单 1/2	照准后视点 按F3	放样　1/2 F1：输入测站点 F2：输入后视点 F3：输入放样点　P↓ F1　F2　F3　F4

第三步，实施放样。被放样点的坐标，可通过点号调用内存中的坐标值（如果事先已储存），或直接键入坐标值。

调用内存中坐标值的操作见表 3.16。

表 3.16　点放样后（调用内存中的坐标值）

操作过程	操作	显示
1. 由放样菜单 1/2 按F3（放样）键	按F3	放样　1/2 F1：输入测站点 F2：输入后视点 F3：输入放样点　P↓ F1　F2　F3　F4 放样 点号：＿＿＿＿ 输入　调用　坐标　回车 F1　F2　F3　F4

续表

操作过程	操作	显示
2. 按[F1]（输入）键，输入点号，按[F4]（ENT）键确认	按[F1] 输入点号 按[F4]	镜高 输入 镜高： 0.000 m 输入 — — 回车 [F1] [F2] [F3] [F4]
3. 按同样方法输入反射镜高，当放样点设定后，仪器就进行放样元素的计算。*HR*：放样点的水平角计算值。*HD*：仪器到放样点的水平距离计算值	按[F1] 输入镜高 按[F4]	计算 HR： 122°09′30″ HD： 245.777 m 角度 距离 — — [F1] [F2] [F3] [F4]
4. 照准棱镜，按[F1]角度键，点号：放样点。*HR*：实际测量的水平角。d*HR*：对准放样点仪器应转动的水平角＝实际水平角－计算的水平角，当 d*HR*＝0°00′00″时，即表明放样方向正确	照准 按[F1]	点号： LP－100 HR： 2°09′30″ dHR： 22°39′30″ 距离 — 坐标 — [F1] [F2] [F3] [F4]
5. 按[F1]（距离）键，*HD*：实测的水平距离。d*HD*：对准放样点水平距离＝实测距离－计算距离。d*Z*：对准放样高差＝实测高差－计算高差	按[F1]	HD＊[r] <m dHD： m dZ： m 模式 角度 坐标 继续 [F1] [F2] [F3] [F4] HD＊ 245.777m dHD： －3.223m dZ： －0.067m 模式 角度 坐标 继续 [F1] [F2] [F3] [F4]
6. 按[F1]（模式）键进行精测	按[F1]	HD＊[r] <m dHD： m dZ： m 模式 角度 坐标 继续 [F1] [F2] [F3] [F4] HD＊ 244.789m dHD： －3.213m dZ： －0.047m 模式 角度 坐标 继续 [F1] [F2] [F3] [F4]

续表

操作过程	操作	显示
7. 当显示值 d*HR*、d*HD* 和 d*Z* 均为 0 时，则放样点的测设即可完成		
8. 按 F3（坐标）键，显示坐标值	按 F3	N：12.322m E：34.286m Z：1.5772m 模式 角度 — 继续 F1 F2 F3 F4
9. 按 F4（继续）键，进入下一个放样点的测设	按 F4	放样 点号：______ 输入 调用 坐标 回车 F1 F2 F3 F4

（8）距离放样。该功能可显示出测量的距离与输入的放样距离之差：

显示值＝测量距离－放样距离

放样时可选择平距 *HD*、高差 *VD* 和斜距 *SD* 中的任意一种放样模式，见表 3.17。

表 3.17 距离放样

操作过程	操作	显示
1. 在距离测量模式下按 F4（↓）键，进入第 2 页功能	按 F4	HR：170°30′20″ HD：566.346m VD：89.678m 测量 模式 S/A P1↓ F1 F2 F3 F4 偏心 放样 m/f/i P2↓ F1 F2 F3 F4
2. 按 F2（放样）键，显示上次设置的数据	按 F2	放样 HD：0.000 m 平距 高差 斜距 — F1 F2 F3 F4
3. 通过按 F1～F3 键选择测量模式，F1：平距。F2：高差。F3：斜距。 例：按 F1 平距键	按 F1	放样 HD：0.000 m 输入 — — 回车 F1 F2 F3 F4

续表

操作过程	操作	显示
4. 输入放样距离，如 350m	按[F1] 输入 350 按[F4]	放样 HD： 350.000m 输入 — — 回车 [F1] [F2] [F3] [F4]
5. 照准目标（棱镜）测量开始，显示测量距离与放样距离之差	照准 *P*	HR： 120°30′20″ dHD*[r] <<m VD： m 输入 — — 回车 [F1] [F2] [F3] [F4]
6. 移动目标棱镜，直至距离差等于 0m 为止		HR： 120°30′20″ dHD*[r] 25.688m VD： 2.876m 测量 模式 S/A P1↓ [F1] [F2] [F3] [F4]

注 若要返回到正常的距离测量模式，可设置放样距离为 0m 或关闭电源。

（9）面积计算。该模式用于计算闭合图形的面积。面积计算有两种方法：用坐标数据文件计算面积或用测量数据计算面积。

注意：如果图形边界线相互交叉，则面积不能正确计算；不能混合使用文件数据和测量数据进行计算；面积计算所用的点数没有限制，但所计算的面积不能超过 200000m^2 或 2000000 ft^2。

用坐标数据文件计算面积的操作见表 3.18。

表 3.18　全站仪计算面积（用坐标数据文件）

操作过程	操作	显示
1. 按菜单键[M]，再按[F4]（P↓）键显示主菜单 2/3	按[M] 按[F4]	菜单 2/3 F1：程序 F2：格网因子 F3：照明 P1↓ [F1] [F2] [F3] [F4]
2. 按[F1]键，进入程序	按[F1]	程序 1/2 F1：悬高测量 F2：对边测量 F3：Z 坐标 P1↓ [F1] [F2] [F3] [F4]

续表

操作过程	操作	显示
3. 按[F4]（P1↓）键	按[F4]	程序　2/2 F1：面积 F2：点到线测量 P1↓ [F1] [F2] [F3] [F4]
4. 按[F1]（面积）键	按[F1]	面积 F1：文件数据 F2：测量 [F1] [F2] [F3] [F4]
5. 按[F1]（文件数据）键	按[F1]	选择文件 FN：________ 输入　调用　—　回车 [F1] [F2] [F3] [F4]
6. 按[F1]（输入）键，输入文件名，按[F4]键确认，显示初始面积计算屏	按[F1] 输入 FN 按[F4]	面积　0000 m. sq 下点：DATA－01 点号　调用　单位　下点 [F1] [F2] [F3] [F4]
7. 按[F4]键（下点），文件中第1个点号数据（DATA－01）被设置，第2个点号被显示； 按[F1]（点号）键，可设置所需的点号； 按[F2]（调用）键，可显示坐标文件中的数据表	按[F4]	面积 0000　m. sq 下点：DATA－02 点号　调用　单位　下点 [F1] [F2] [F3] [F4]
8. 重复按[F4]（下点）键，设置所需要的点号，当设置3个点以上时，这些点所包围的面积就被计算，结果显示在屏幕上	按[F4]	面积 0000 156.144m. sq 下点：DATA－12 点号　调用　单位　下点 [F1] [F2] [F3] [F4]

用测量数据计算面积的操作见表3.19。

表 3.19　　全站仪计算面积（用测量数据）

操作过程	操作	显示
1. 按菜单键[M]，再按[F4]（P↓）键显示主菜单 2/3	按[M] 按[F4]	菜单　　2/3 F1：程序 F2：格网因子 F3：照明　　P1↓ [F1] [F2] [F3] [F4]
2. 按[F1]键，进入程序	按[F1]	程序　　1/2 F1：悬高测量 F2：对边测量 F3：Z 坐标　　P1↓ [F1] [F2] [F3] [F4]
3. 按[F4]（P1↓）键	按[F4]	程序　　2/2 F1：面积 F2：点到线测量 P1↓ [F1] [F2] [F3] [F4]
4. 按[F1]（面积）键	按[F1]	面积 F1：文件数据 F2：测量 [F1] [F2] [F3] [F4]
5. 按[F2]（测量）键	按[F2]	面积 F1：使用格网因子 F2：不使用格网因子 [F1] [F2] [F3] [F4]
6. 按[F1]或[F2]键，选择是否使用坐标格网因子，如选择[F2]键不使用格网因子	按[F2]	面积 0000 m. sq 测量　—　单位　— [F1] [F2] [F3] [F4]
7. 照准棱镜，按[F1]（测量）键，进行测量	照准 *P* 按[F1]	N * [n]　<<　m E：　m Z：　m >测量...... [F1] [F2] [F3] [F4]

续表

操作过程	操作	显示
8. 照准下一个点，按 [F1]（测量）键，测 3 个点以后显示出面积	照准 按 [F1]	面积 0003 11.144m. sq 测量 — 单位 — [F1] [F2] [F3] [F4]

3. 数据转换

数据转换即指由全站仪发送测量数据或由全站仪接收数据。NTS 系列全站仪的数据转换，可以通过 RS－232 或 USB 进行，也可以通过 SD 卡进行。

（1）通过 RS－232 或 USB 进行数据转换。全站仪发送测量数据，见表 3.20。全站仪接收坐标数据，见表 3.21。

表 3.20 通过 RS－232 或 USB 发送测量数据

操作过程	操作	显示
1. 在菜单界面按 [F3] 内存管理键，按▼键两次跳转到第三页	按 [M] 按 [F3] ▼	内存管理 (3/3) F1：数据传输 F2：文件创造 F3：初始化 ▲ [F1] [F2] [F3] [F4]
2. 按 [F1] 数据传输键，再按 [F1] 发送数据	[F1]	数据传输 F1：发送数据 F2：接收数据 F3：通信参数 [F1] [F2] [F3] [F4]
3. 按 [F1] 键测量数据，输入待发送的数据文件名，按 [ENT] 键回车确认	[F1] [ENT]	选择一个文件 FN：FN01 回退 调用 数字 [F1] [F2] [F3] [F4]
4. 按 [F4]（是）键发送数据，发送完成后显示屏返回到菜单	[F4]	发送测量数据 9 ＜发送数据＞ 停止 [F1] [F2] [F3] [F4]

表 3.21　　通过 RS-232 或 USB 接收坐标数据

操作过程	操作	显示
1. 在菜单界面按[F3]内存管理键，按▼键两次跳转到第三页	[M] [F3] ▼	内存管理　(3/3) F1：数据传输 F2：文件创造 F3：初始化 ▲ [F1] [F2] [F3] [F4]
2. 按[F1]数据传输键，再按[F1]发送数据	[F1]	数据传输 F1：发送数据 F2：接收数据 F3：通信参数 [F1] [F2] [F3] [F4]
3. 按[F1]测量数据键，输入待接收的数据文件名，按[ENT]键回车确认	[F1] [ENT]	接收数据 F1：坐标数据 F2：编码数据 F3：水平定线数据 F4：垂直定线数据 [F1] [F2] [F3] [F4]
4. 按[F4]（是）键确认接收，接收完成后显示屏返回到菜单界面	[F4]	接收坐标数据 >OK?　[否] [是] [F1] [F2] [F3] [F4]

（2）通过 SD 卡进行数据转换。从 SD 卡导入数据到全站仪内存，见表 3.22。从全站仪内存导入数据到 SD 卡，见表 3.23。

表 3.22　　通过 SD 卡导入数据到内存

操作过程	操作	显示
1. 在菜单界面按[F3]内存管理键，按▼键两次跳转到第三页	[M] [F3] ▼	内存管理　(3/3) F1：数据传输 F2：文件创造 F3：初始化 ▲ [F1] [F2] [F3] [F4]

续表

操作过程	操作	显示
2. 按[F2]文件操作键，再按[F1]键进入导入界面	[F2] [F1]	文件操作 F1：SD卡→内存 F2：内存→SD卡 [F1] [F2] [F3] [F4]
3. 在SD卡中选择一个文件后，按[ENT]键回车确认	[F1] [ENT]	选择一个文件 →FN01 FN02 FN03 上页 下页 [F1] [F2] [F3] [F4]
4. 为导入的文件输入文件名，按[ENT]键确认后完成导入	文件名 [ENT]	选择一个文件 FN：FN01 回退 调用 字母 [F1] [F2] [F3] [F4]

表3.23　从内存导入数据到SD卡

操作过程	操作	显示
1. 在菜单界面按[F3]内存管理键，按▼键两次跳转到第三页	[M] [F3] ▼	内存管理　(3/3) F1：数据传输 F2：文件创造 F3：初始化 ▲ [F1] [F2] [F3] [F4]
2. 按[F2]文件操作键，再按[F2]键进入导入界面	[F2] [F2]	文件操作 F1：SD卡→内存 F2：内存→SD卡 [F1] [F2] [F3] [F4]
3. 在内存中选择一个文件后，按[ENT]键回车确认	[F1] [ENT]	选择一个文件 →FN01 FN02 FN03 上页 下页 [F1] [F2] [F3] [F4]

续表

操作过程	操作	显示
4. 为导入的文件输入文件名，按[ENT]键确认后完成导入	文件名 [ENT]	选择一个文件 FN：FN01 回退　调用　字母 [F1]　[F2]　[F3]　[F4]

3.2.2　RTS系列全站仪及其使用

3.2.2.1　RTS系列全站仪简介

苏州一光仪器有限公司生产的RTS系列全站仪，测角部分采用光栅增量式数字角度测量系统，测距部分采用相位式距离测量系统，使用微型计算机技术进行测量、计算、显示、存储，可同时显示水平角、垂直角、斜距或平距、高差等测量结果，可以进行角度、坡度等多种模式的测量，被广泛应用于控制测量和地形、地籍测量，铁路、公路、桥梁、水利、矿山等方面的工程测量，也可用于建筑、大型设备的安装测量等。

1. RTS系列全站仪外观

RTS系列全站仪的外观及各部件名称如图3.12所示。

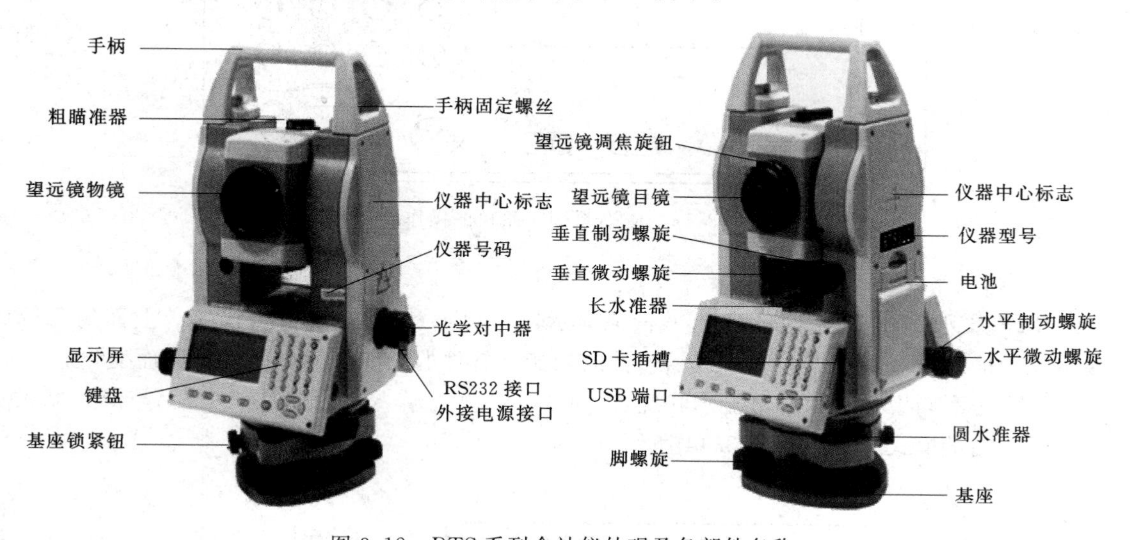

图3.12　RTS系列全站仪外观及各部件名称

2. RTS系列全站仪操作键

RTS系列全站仪的操作键如图3.13所示，各操作键的功能见表3.24。

表3.24　　RTS系列全站仪的操作键功能

按键	名称	功能
[F1]～[F4]	软键	功能参考显示屏幕最下面一行所显示的信息
[9]～[±]	数字、字符	输入按键对应的数字、符号或键上方对应的字符、符号

续表

按键	名称	功　　能
POWER	电源键	控制仪器电源的开/关
★	星键	用于仪器若干常用功能的操作
Cnfg	设置键	进入仪器设置项目操作
Esc	退出键	退回到前一个菜单显示或前一个模式
Shfit	切换键	输入模式下字母与数字间转换；测量模式下测量目标的转换
BS	退格键	输入模式下删除光标左侧的一个字符；测量模式下，用于打开电子水泡显示
Space	空格键	输入一个空格
Func	功能键	测量模式下，用于软键对应功能翻页；程序模式下用于菜单翻页
ENT	确认键	确认选项或确认输入的数据

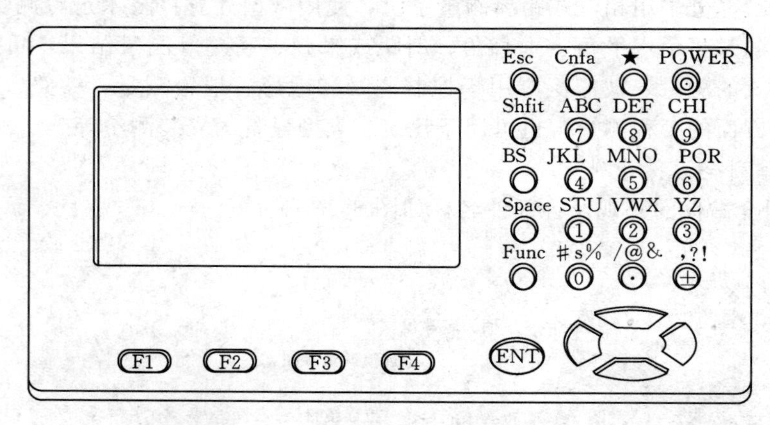

图 3.13　RTS 系列全站仪的操作键

3. RTS 系列全站仪屏幕显示

RTS 系列全站仪采用点阵图形式液晶显示屏（LCD），可显示 8 行汉字。上面的几行显示仪器信息及观测数据，底行显示软件的功能。软件的功能会随页面的不同而变化。

下面是不同模式下的屏幕显示状况：

（1）测量模式屏幕，如图 3.14 所示。

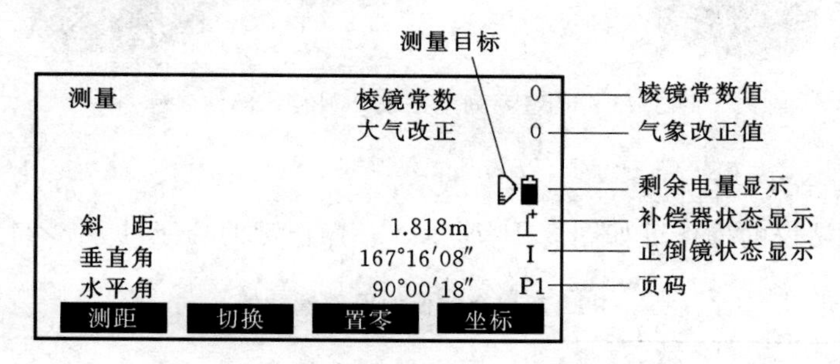

图 3.14　RTS 全站仪测量模式屏幕

（2）补偿模式屏幕，如图 3.15 所示。

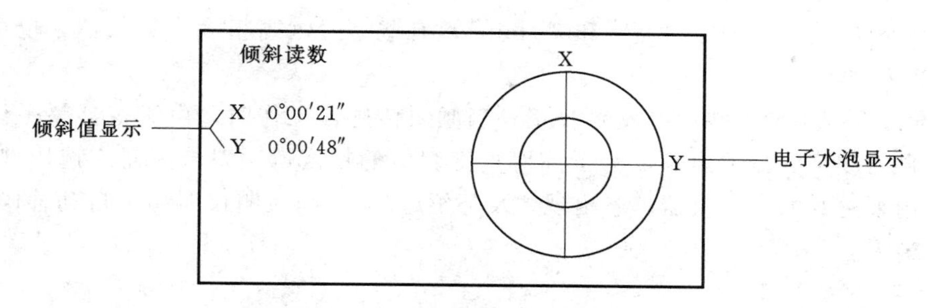

图 3.15 RTS 全站仪补偿模式屏幕

(3) EDM 设置模式屏幕，如图 3.16 所示。

(4) 测量进行中的屏幕，如图 3.17 所示。

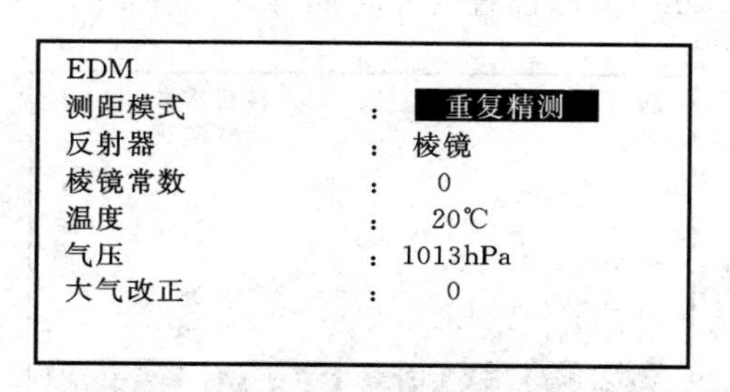

图 3.16 RTS 全站仪 EDM 设置模式屏幕

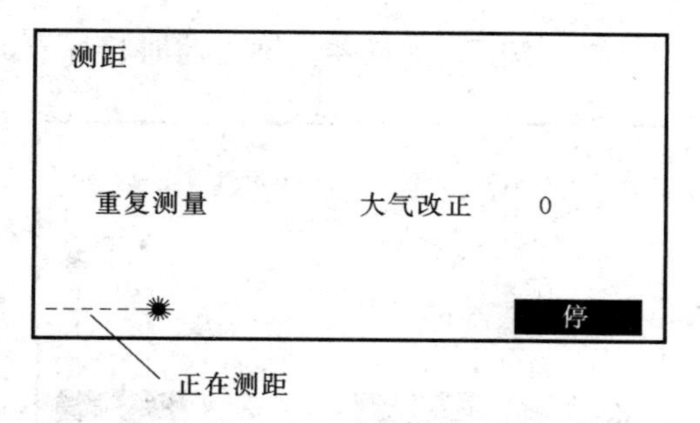

图 3.17 RTS 全站仪测量进行中的屏幕

(5) 程序模式屏幕，如图 3.18 所示。

3.2.2.2 RTS 系列全站仪的使用

1. 测量准备

(1) 开机。确认仪器已经对中、整平，打开电源开关（POWER 键），仪器自检并初始化。在进行其他操作前确认显示窗中有足够的电池电量。按 F1 键选择进入测量模式；按 F3 键选择进入内存模式；按 Cnfg 键进入系统设置；按★键进入“星键”设置模式。

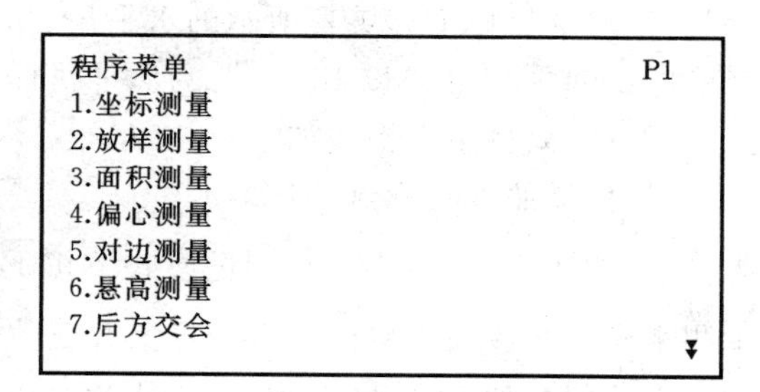

图 3.18 RTS 全站仪程序模式屏幕

(2)“星键”设置模式。由★键可以进行如下的仪器设置：液晶屏背光的开启和关闭；液晶屏对比度的调节；分划板亮度的调节；测距回光信号的查看。按下★键即可看到若干设置选项，这些选项作为仪器的一些常规设置，可以在仪器工作过程中，随时对其进行设置。

(3) 初始设置。

1) 设置气象改正。将测站周围的温度和气压值输入仪器，也可以测定温度和气压后从大气改正图上或根据改正公式求得大气改正值（PPM）并输入。

2) 设置反射棱镜常数。一旦设置了棱镜常数，则关机后该常数仍被保存。设置角度和距离的最小读数，一般为“1″”和“1mm”；有些型号（高精度）的仪器，也可以设置为“0.1″”和“0.1mm”。

3）设置垂直角和倾斜角的倾斜改正。当倾斜传感器工作时，由于仪器整平误差引起的垂直角自动改正数显示出来。为了确保角度测量的精度，倾斜传感器应选用“开”，其显示可以用来更好的整平仪器。若出现“X补偿超限”，则表明仪器超出自动补偿的范围，必须人工整平。

2. 测量

（1）角度测量，操作如下：

1）仪器照准目标点 A。

2）在测量模式下按 F3 键（置零），如图 3.19 所示。

3）再次按 F3（置零）键，此时目标点 A 方向值已设置为零，如图 3.20 所示。

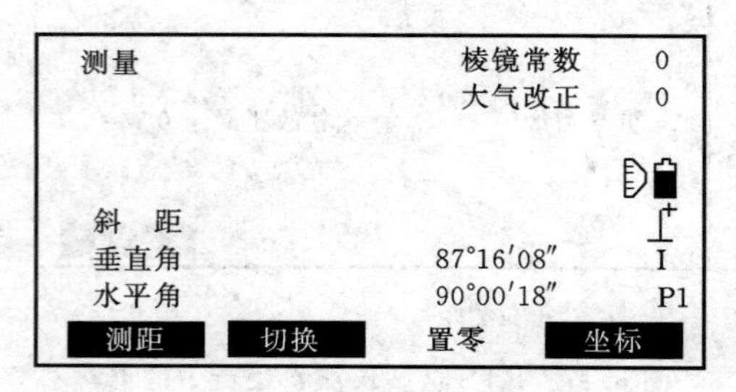

图 3.19　水平角置零提示

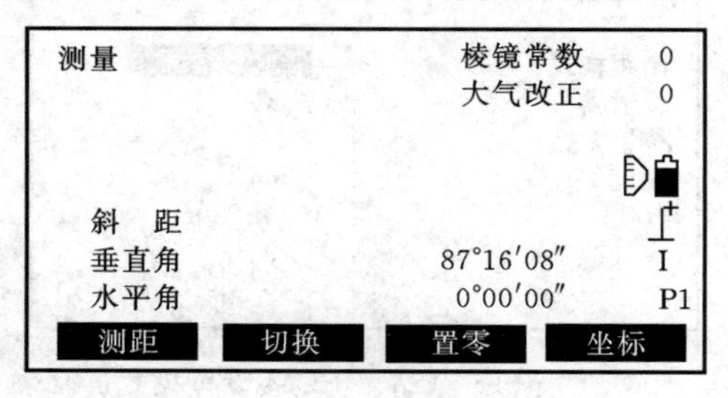

图 3.20　水平角置零确认

4）照准目标 B，屏幕所示的水平角“36°05′19″”即为两目标方向之间所夹的水平角，屏幕所示的垂直角“89°18′28″”为照准目标方向后竖盘读数，如图 3.21 所示。

（2）距离测量，操作如下：

1）仪器照准目标点。

2）如图 3.22 所示，在测量模式下按 F1 键开始距离测量。测距开始后，仪器闪动显示测距模式、棱镜常数改正值和气象改正值等信息，一声短响声后屏幕显示斜距、垂直角和水平角值，如图 3.23 和图 3.24 所示。

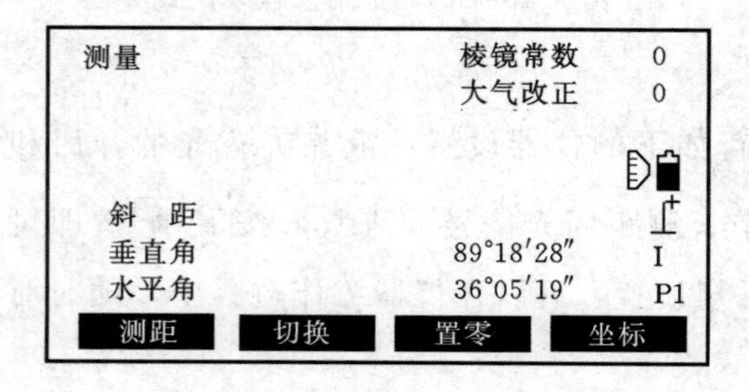

图 3.21　水平角、竖直角显示

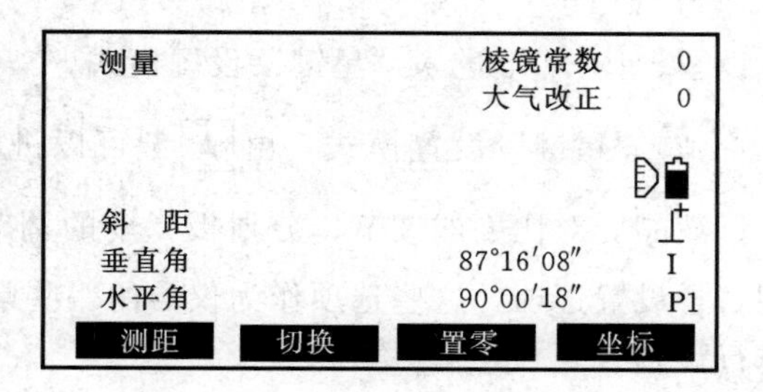

图 3.22　测量模式

按 F2（切换）键，可使距离值的显示在斜距、平距和高差之间转换，如图 3.25 所示。

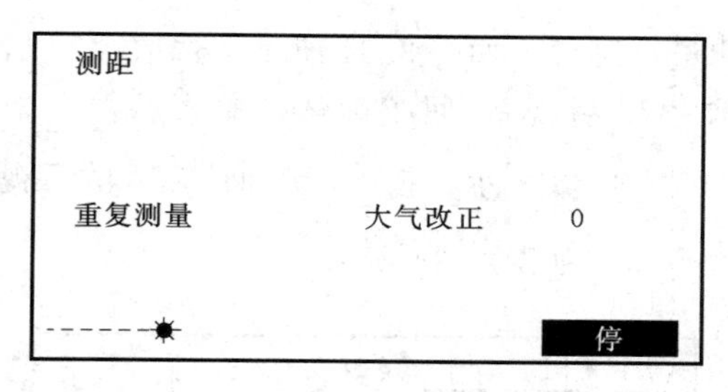

图 3.23 测距进行中

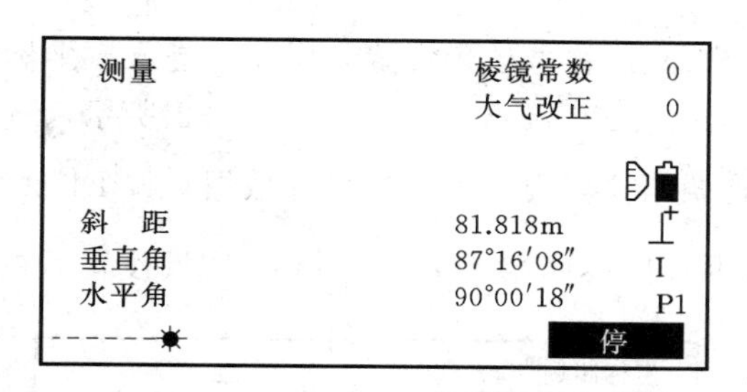

图 3.24 测距结果

（3）坐标测量，操作如下：

1）测站设置，操作：进入测量模式第 1 页，如图 3.26 所示；按 F4 （坐标）键进入〈坐标测量〉屏幕，选取“测站定向”，如图 3.27 所示；选取“测站坐标”，如图 3.28 所示；输入测站坐标、仪器高和棱镜高数据（若调用仪器内存中已知坐标数据，按 F1 键），如图 3.29 所示；按 F4 （OK）键确认输入的坐标值［存储测站数据按 F2 （记录）键］，如图 3.30 所示。

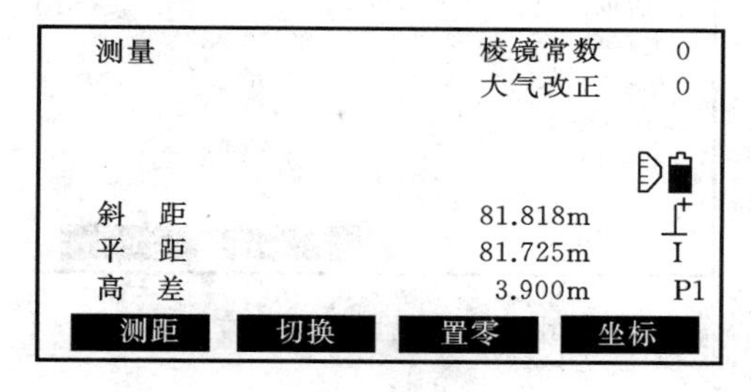

图 3.25 测距结果切换

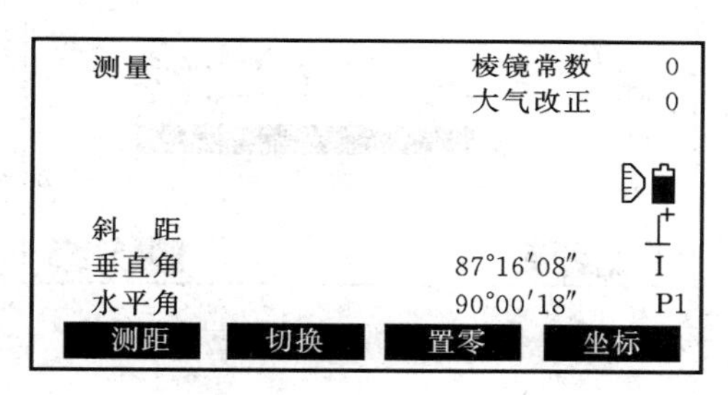

图 3.26 进入测量模式

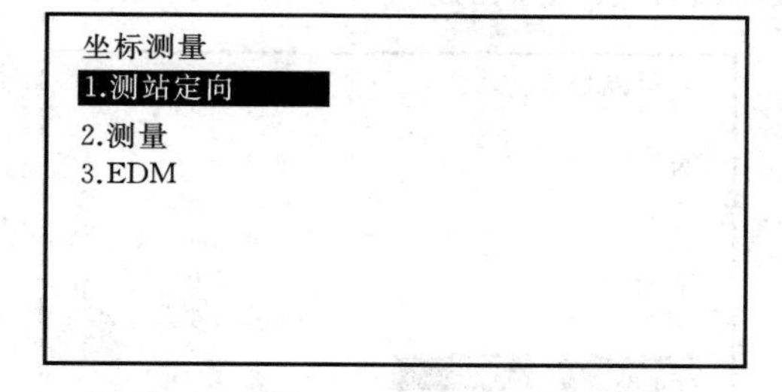

图 3.27 选取测站定向

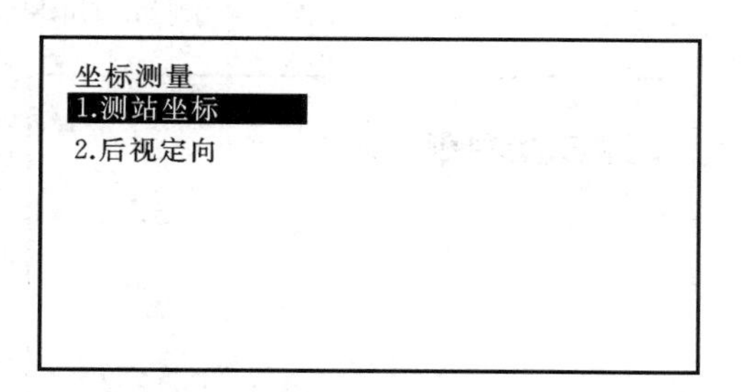

图 3.28 选取测站坐标

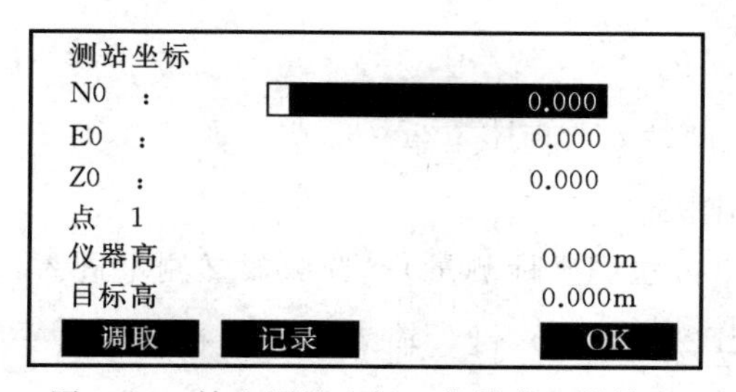

图 3.29 输入测站坐标、仪器高、棱镜高

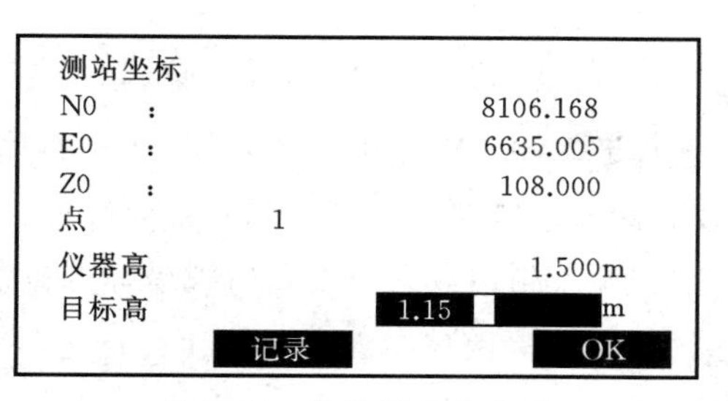

图 3.30 确认测站输入值

2）后视方位角设置，操作：进入〈坐标测量〉屏幕，如图 3.31 所示，选取“2. 后视定向”，回车确认，屏幕如图 2.32 所示，选取“2. 后视”，回车确认，输入后视点坐标（若调用仪器内存中已知坐标数据，按 F1 键）如图 3.33 所示；按 F4 键确认输入的后视点数据；照准后视点按 F1 （YES）键设置后视方位角，如图 3.34 所示。

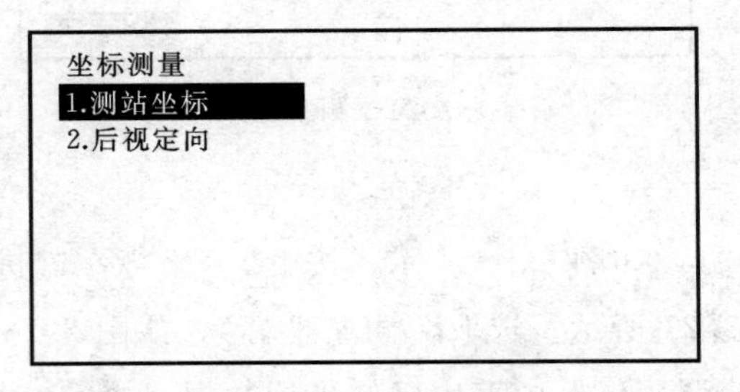

图 3.31　坐标测量平面

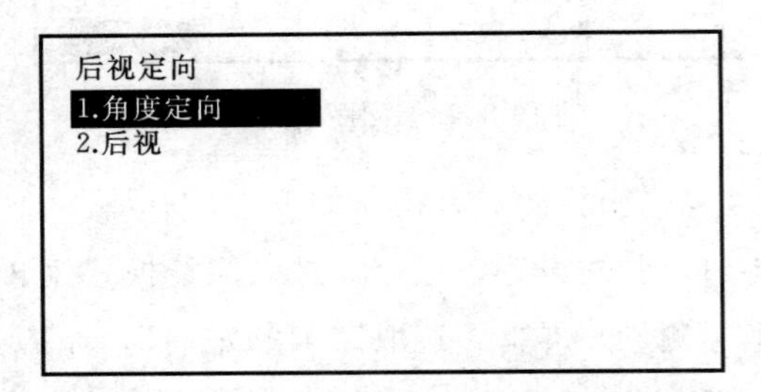

图 3.32　后视定向提示

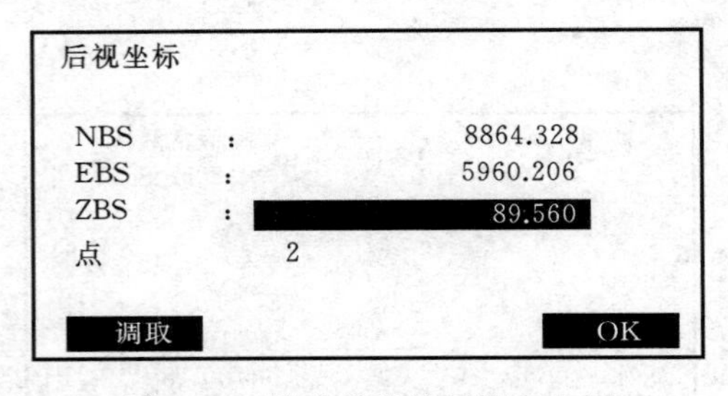

图 3.33　输入并确认后视点坐标

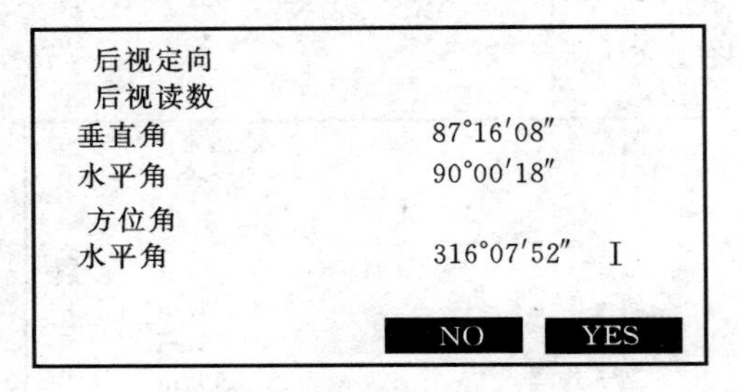

图 3.34　设置后视方位角

3）测量目标点的三维坐标，操作：照准目标点上安置的棱镜，进入坐标测量界面，如图 3.35 所示；选取“测量”开始坐标测量，屏幕显示出所测目标点的坐标，如图 3.36 所示。

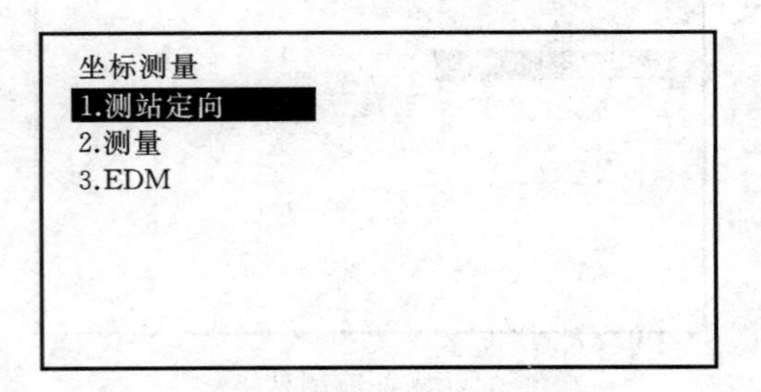

图 3.35　坐标测量界面

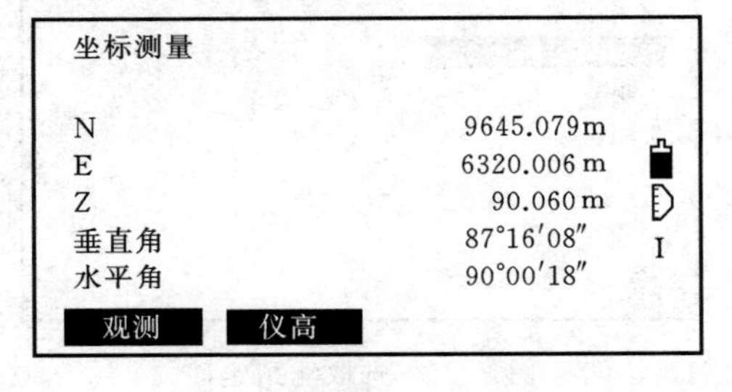

图 3.36　坐标测量结果

（4）角度和距离放样测量，操作如下：

1）进入测量模式第 2 页，按 F1 （程序）键进入〈程序菜单〉屏幕，如图 3.37 所示；选取放样测量后回车，进入测站定向屏幕，如图 3.38 所示。

2）输入测站数据和设置后视坐标方位角（方法同坐标测量）；选取放样测量进入，按 F2 （切换）键选择距离输入模式，每按一次 F2 （切换）键，输入模式将在斜距、平距、高差之间转换，如图 3.39 和图 3.40 所示。

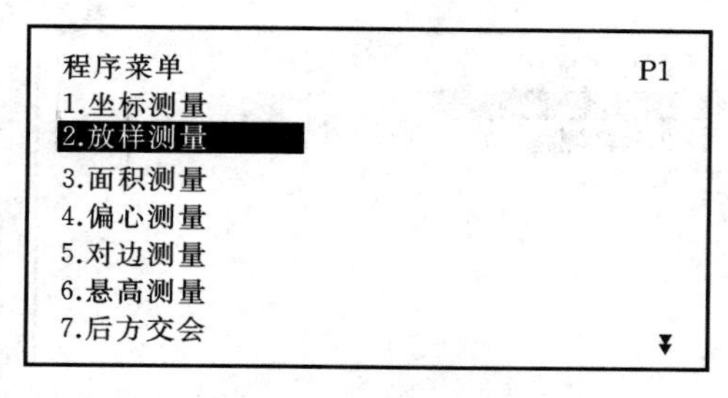

图 3.37 程序菜单界面

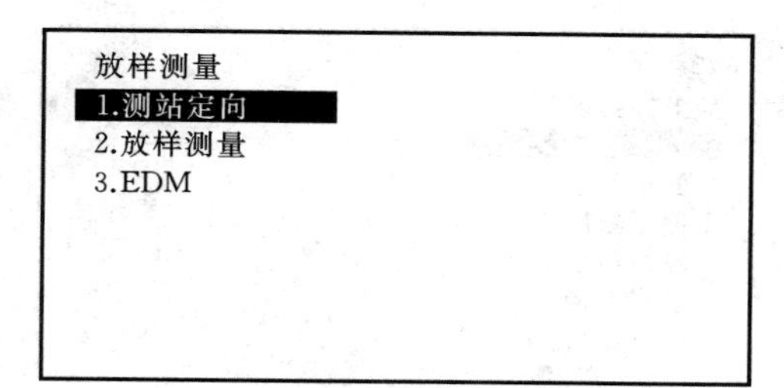

图 3.38 测站定向

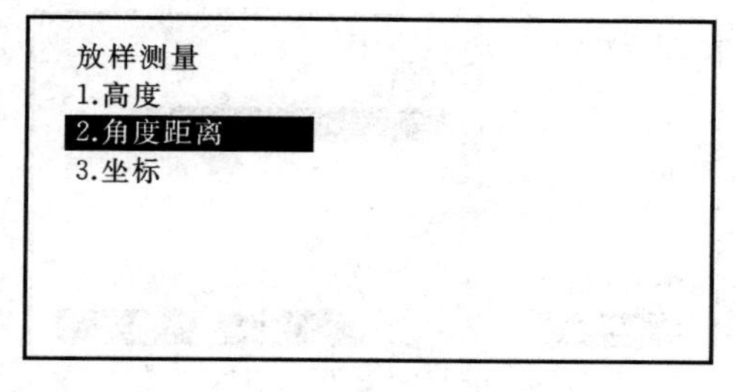

图 3.39 放样项目选择

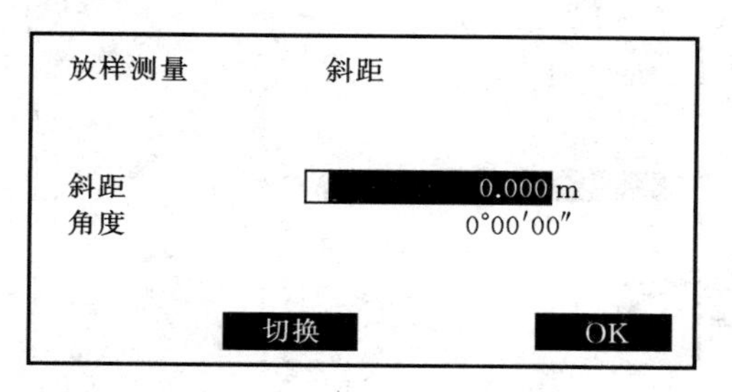

图 3.40 输入放样距离提示

3）输入斜距/平距/高差放样值及角度放样值，按F4（OK）键确认输入的放样值，如图 3.41 所示；转动仪器照准部使显示的“放样角差”值为“0°”，将棱镜立到照准方向上，按F1（观测）键开始测量，屏幕上显示距离实测值与放样值之差“放样平距”，如图 3.42 所示。

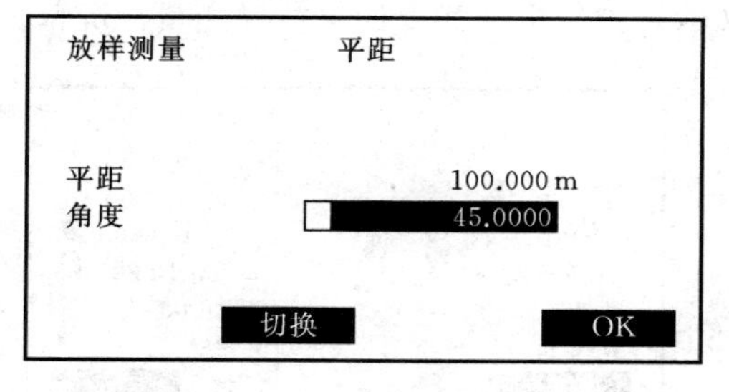

图 3.41 输入放样精度提示

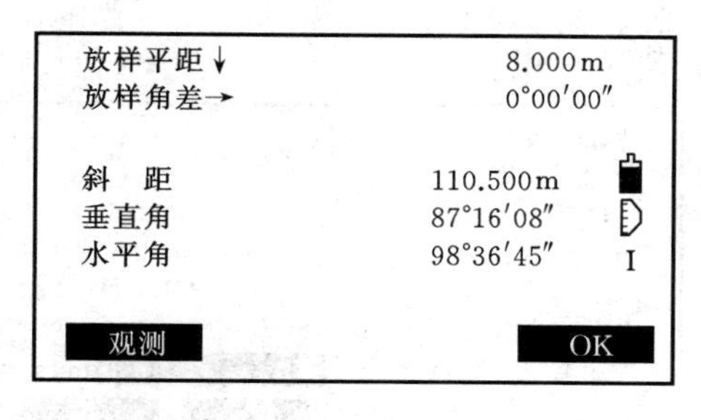

图 3.42 放样点位置状况

4）在照准方向上移动棱镜，使其靠近或远离测站并观测，直至“放样平距”值为“0m”。按F4（OK）键结束放样返回〈放样测量〉屏幕。

（5）坐标放样测量，操作如下：

1）进入测量模式第 2 页，按F1（程序）键进入〈程序菜单〉屏幕，如图 3.43 所示；选取放样测量后回车，界面变成图 3.44 所示，回车后根据界面提示输入测站数据和设置后视坐标方位角（方法同坐标测量）。

2）在放样测量界面选取“3. 坐标”回车，如图 3.45 所示；输入放样点坐标数据［若调用仪器内存中已知坐标数据，按F1（调取）键］如图 3.46 所示。

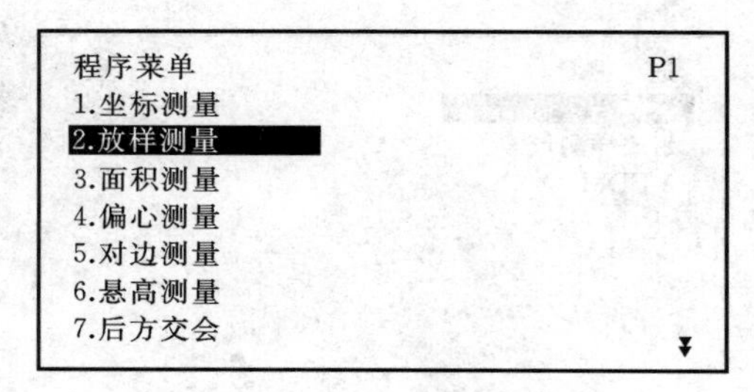

图 3.43　程序菜单界面

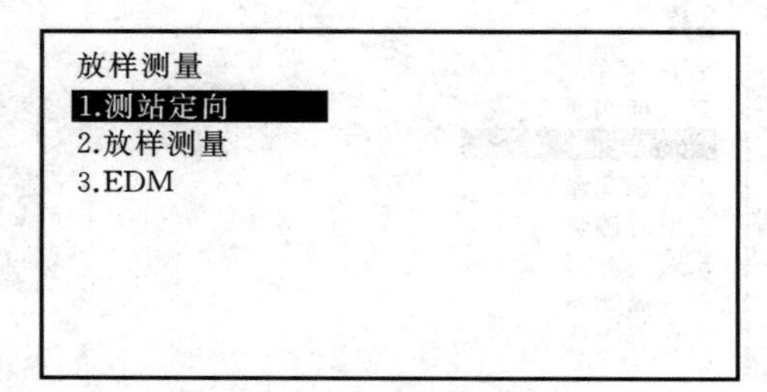

图 3.44　选定测站定向

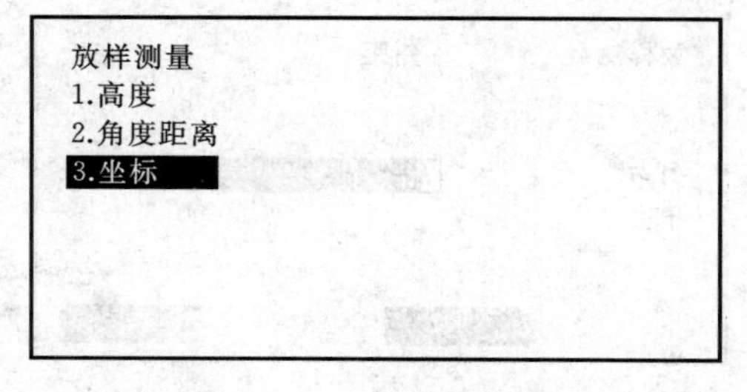

图 3.45　选定坐标放样

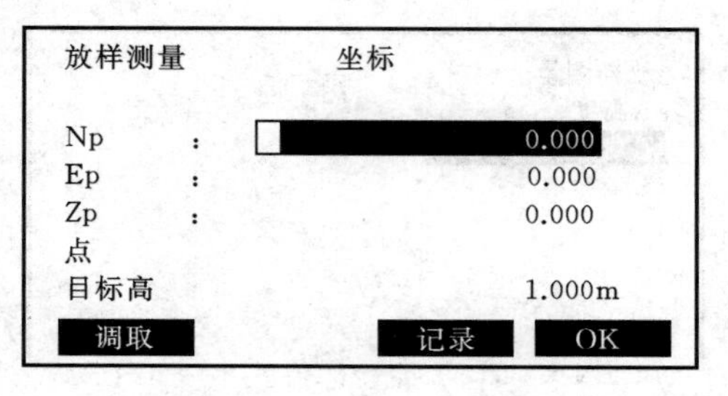

图 3.46　输入放样点坐标

3）按 F4 （OK）键确认输入的放样点坐标，如图 3.47 所示。这时屏幕上会显示“放样平距”和“放样角差”数据，如图 3.48 所示。转动仪器照准部使显示的“放样角差”值为“0°”，将棱镜立到照准方向上，按 F1 （观测）键开始测量，屏幕上改变距离实测值与放样值之差“放样平距”，如图 3.48 所示；在照准方向上将棱镜移向或远离测站并观测，直至“放样平距”值为“0m”。按 F4 （OK）键结束放样返回〈放样测量〉屏幕。

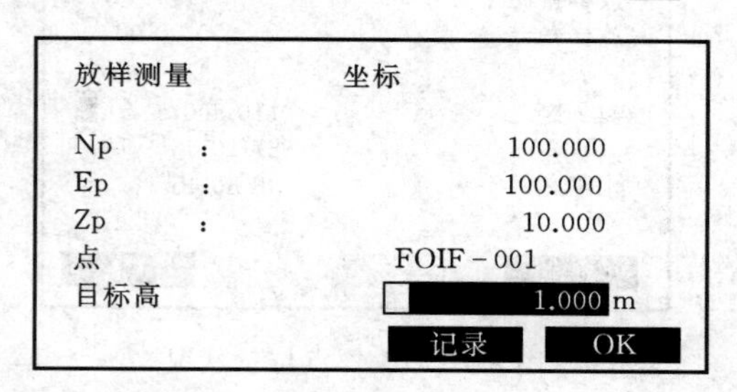

图 3.47　确认输入的放样点坐标

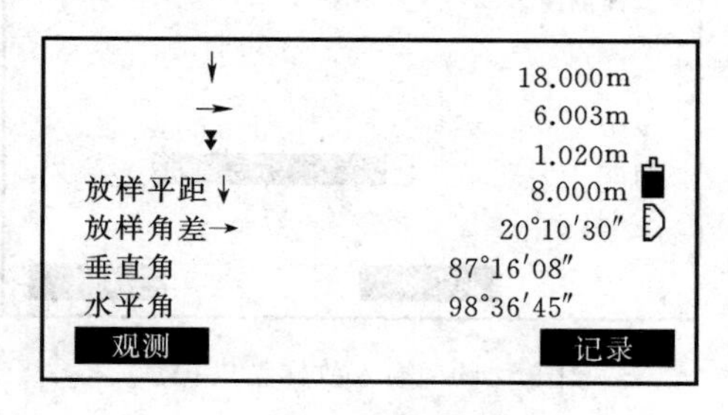

图 3.48　显示距离和角度差值

以上是 RTS 系列全站仪几种常用测量功能的操作方法。关于其他功能（如后方交会测量、对边测量、偏心测量、悬高测量、导线测量、面积测量等）的操作，读者可参照相关仪器的说明书或操作手册。

3.3　全站仪使用与保管的注意事项

3.3.1　全站仪保管注意事项

（1）仪器保管要有专人负责。现场使用完毕带回仪器室（或指定地方），不得放在工作现场。

（2）仪器箱内应保持干燥，要防潮防水并及时更换干燥剂。仪器必须放置专门的固定位置，放置要整齐，不得倒置。

（3）若仪器长期不用，一个月左右定期取出通风防霉并通电驱潮，以保持仪器良好的工作状态。

（4）冬天室内、室外温差较大，仪器搬出室外或搬入室内，应隔一段时间后才能开箱。

3.3.2　全站仪使用注意事项

（1）携带搬运仪器前，应检查仪器箱背带及提手是否牢固。

（2）开箱后取出仪器前，要看准仪器在箱内放置的方式和位置，以方便重新放入。将仪器从仪器箱取出或装入时，注意对仪器应轻拿轻放，握住仪器提手和底座，不可握住显示屏的位置。切不可抓住仪器的镜筒取出仪器，否则会影响内部固定部件，从而降低仪器的精度。仪器用毕，先盖上物镜罩，并擦去表面的灰尘。装箱时各部位要放置妥帖，不挤不压，合上箱盖时应无障碍。

（3）严禁将望远镜镜头对向太阳或其他强光。在强太阳光照射下使用仪器，应给仪器打伞，并带上遮阳罩，以免影响观测精度。操作按键和转动旋钮都应该用力适当，切忌用力过猛。

（4）在杂乱环境下测量，仪器要有专人守护，以确保安全。只要仪器还在脚架上，任何情况下，仪器边必须站人。

（5）架设仪器的三脚架，尽可能用木制三脚架而不要用金属三脚架，因为木制三脚架更为稳定些，且受热胀冷缩影响较小。当需要将仪器架设在光滑的表面时，要用细绳（或细铅丝）将三脚架三个脚联起来，以防滑倒。

（6）观测过程中，若出现“补偿超限”提醒，则表明仪器已不再水平，超出自动补偿的范围，需重新整平。

（7）仪器迁站时，如果当测站之间距离较远，应将仪器卸下装箱搬站，注意应先关机后方可拆卸仪器装箱。行走前要检查仪器箱是否锁好，检查安全带是否系好。如果测站之间距离较近时，搬站可将仪器连同三脚架一起搬迁。其方法是，关机后，检查仪器与脚架的连接，确保牢固，然后把制动螺旋略微关住，使仪器在搬站过程中不致晃动，收拢三脚架，双手护住靠在肩上，尽量保持直立姿态，稳步前行。

（8）仪器任何部分发生故障，均不要勉强使用，应立即检修，否则会加剧仪器的损坏程度。

（9）光学元件应保持清洁，如沾染灰沙必须用毛刷或柔软的擦镜纸擦掉。禁止用手指抚摸仪器的任何光学元件表面。清洁仪器透镜表面时，先用干净的毛刷扫去灰尘，再用干净的无线棉布蘸酒精，由透镜中心向外一圈圈的轻轻擦拭。除去仪器箱上的灰尘时，切不可用任何稀释剂或汽油，而是用干净的布块沾中性洗涤剂擦洗。

（10）在潮湿环境中工作，作业结束，要用软布擦干仪器表面的水分及灰尘后才装箱。回到仪器室或存放仪器处后，立即开箱取出仪器放于干燥处，彻底晾干后再装入箱内。

3.3.3　全站仪电池使用注意事项

全站仪的电池是全站仪最重要的部件之一。电池的好坏、电量的多少决定了外业作业时间的长短。

(1) 在电源打开期间不要将电池取出（否则存储数据可能会丢失），应在电源关闭后再装入或取出电池。

(2) 可充电池可以反复充电使用，但是如果在电池还存有剩余电量的状态下充电，则会缩短电池的工作时间，此时，电池的电压可通过刷新予以复原，从而改善作业时间，充足电的电池放电时间约需 8h。

(3) 不要连续进行充电或放电，否则会损坏电池和充电器。如有必要进行充电或放电，则应在停止充电约 30min 后再使用充电器。

(4) 不要在电池刚充电后就进行充电或放电，有时这样会造成电池损坏。

(5) 超过规定的充电时间会缩短电池的使用寿命，应尽量避免。

(6) 电池剩余容量显示级别与当前的测量模式有关。在角度测量的模式下，电池剩余容量够用，并不能够保证电池在距离测量模式下也能用，因为距离测量模式耗电高于角度测量模式。当从角度模式转换为距离模式时，由于电池容量不足，可能会中止测距。

3.3.4 仪器转运注意事项

(1) 首先把仪器装在仪器箱内，再把仪器箱装在专供转运用的木箱或塑料箱等内，并在空隙处填以泡沫、海绵、刨花或其他防震物品。装好后将木箱或塑料箱盖子盖好。需要时用绳子捆扎结实。

(2) 无专供转运的木箱或塑料箱的仪器不应托运，应由测量员亲自携带。在整个转运过程中，要做到人不离开仪器。乘车中，应将仪器放在松软物品上面，并用手扶着。在颠簸厉害的道路上行驶时，应将仪器抱在怀里。

思考题与习题

1. 全站仪的基本构造由哪几个系统组成？全站仪的特点是什么？
2. 全站仪的标称精度是什么？某全站仪的测距标称精度为 $2mm+2ppm \cdot D$，用其测量了一段约 1500m 长的距离，则该距离测量值的精度为多少？
3. 说明如下全站仪屏幕显示符号的含义：*HR*、*HL*、*V*、*HD*、*SD*、*VD*。
4. 影响全站仪距离测量的气象因素有哪些？其中哪一个为最主要的因素？
5. 什么是全站仪的坐标测量功能？说明其基本原理。
6. 什么是全站仪的坐标放样功能？说明其基本原理。
7. 什么是全站仪的对边功能？说明其基本原理。
8. 全站仪坐标测量，*N* 数据和 *E* 数据的含义是什么？
9. 全站仪坐标测量如何操作？
10. 全站仪坐标放样如何操作？

第4章 卫星定位测量

4.1 概　　述

4.1.1 卫星定位概况

4.1.1.1 卫星定位技术的发展

卫星定位测量是利用人造地球卫星进行点位测量。当初，人造地球卫星仅仅作为一种空间的观测目标，由地面观测站对它进行摄影观测，测定测站至卫星的方向，建立卫星三角网，或用激光技术对卫星进行距离观测，测定测站至卫星的距离，建立卫星测距网。这种对卫星的几何观测，能够解决用常规大地测量技术难以实现的远距离陆地海岛联测定位问题。20世纪60—70年代，美国国家大地测量局在英国和德国测绘部门的协助下，用卫星三角测量的方法，花了几年时间测设了有45个测站的全球三角网，点位精度约5m。受卫星可见条件及天气的影响，这种观测方法费时费力，定位精度低，而且不能获得地心坐标，因此，卫星三角测量很快就被卫星多普勒定位所取代。卫星多普勒测量（Satellite Doppler Meas）是指通过卫星信号接收机，测定卫星播发的无线电信号的多普勒频移或多普勒计数，以确定测站到卫星的距离变化率或到卫星相邻两点间的距离差，进而确定测站的三维地心坐标或两点的坐标差。多普勒定位具有经济快速、精度均匀、不受天气和时间的限制等优点，只要在测点上能收到从子午卫星上发出的无线电信号，便可在地球表面的任何地方进行单点定位或联测定位，获得测站点的三维地心坐标。卫星多普勒定位，使卫星定位技术，从仅仅把卫星作为空间观测目标的低级阶段，发展到把卫星作为动态已知点的高级阶段。

20世纪50年代末期，美国开始研制用多普勒卫星定位技术进行测速、定位的卫星导航系统，在该系统中，由于卫星轨道面通过地极，所以称作“子午卫星导航系统”，也称为海军导航卫星系统（Navy Navigation Satellite System，NNSS）。70年代中期，我国开始引进多普勒接收机，进行了西沙群岛的大地测量基准联测。国家测绘局和总参谋部测绘局联合测设了全国卫星多普勒大地网，石油和地质勘探部门也在西北地区测设了卫星多普勒定位网。

NNSS卫星导航系统虽然将导航和定位推向了一个新的发展阶段，但是它仍然存在着一些明显的缺陷，比如卫星少（6颗工作卫星）、卫星运行高度低（平均高度约1000km）、从地面站观测到卫星通过的时间间隔较短（平均时间间隔约1.5h）、因维度不同而变化等，不能进行连续三维导航定位。为了实现全天候、全球性和高精度的连续导航与定位，新一代卫星导航系统应运而生，如GPS、GLONASS、GALILEO、BDS，卫星定位技术发展到了一个辉煌的历史阶段。

4.1.1.2 全球导航卫星系统（GNSS）

1992年5月，国际民航组织（ICAO）在未来的空中导航系统（FANS）会议上，审议通过了计划方案——GNSS系统（Global Navigation Satellite System）。该系统是一个全球性的位置和时间的测定系统，包括一个或几个卫星星座、机载接收机和系统完备性监视系统。GNSS研制开发计划分步实施，首先以美国GPS及俄罗斯GLONASS卫星导航系统为依托，建立由地球同步卫星移动通信导航卫星系统（INMARSAT）、系统完备性监视系统（GAIT）以及地面增强和完备性监视系统（RAIM）组成的混合系统，以提高卫星导航系统的完备性和服务的可靠性。第二步建成纯民间控制的GNSS系统，该系统由多种中高轨道全球导航卫星和既能用于导航定位又能用于移动通信的静地卫星构成。

目前，GNSS系统星座，除了广泛应用的美国GPS系统外，还有已建成的俄罗斯GLONASS系统，以及已基本建成的中国BDS卫星导航系统和欧洲GALILEO系统。这几个卫星定位系统，也是截至目前联合国卫星导航委员会仅只认定的GNSS系统的组成成员。下面对各系统进行简要介绍。

1. GPS系统

1973年12月，美国国防部组织陆、海、空三军，联合研制新的卫星导航系统，即：NAVSTAR/GPS（Navigation Satellite Timing And Ranging/Global Positioning System，卫星授时测距导航/全球定位系统），简称GPS系统。该系统具有全能性（陆地、海洋、航空和航天）、全球性、全天候、连续性和实时性的导航、定位和定时功能，能为各类用户提供精密的三维坐标、速度和时间。

GPS是GNSS系统中最为成熟、应用最为广泛的卫星定位系统。本章将以GPS为例，较详细地介绍卫星定位的基本原理和定位方法。

2. GLONASS系统

全球导航卫星系统（GLONASS）由苏联建立，起步比GPS晚9年。苏联解体后，由俄罗斯接替部署。从1982年10月12日发射第一颗GLONASS卫星开始，到1996年，13年时间内历经周折，但始终没有终止或中断GLONASS卫星的发射。1995年初只有16颗GLONASS卫星在轨工作，当年进行了3次成功发射，将9颗卫星送入轨道，完成了24颗工作卫星加1颗备用卫星的布局。经过数据加载、调整和检验，整个系统于1996年1月18日正常运行。

3. GALILEO系统

伽利略导航卫星系统（GALILEO）是由欧洲共同体发起，系统建设由欧盟各国政府和私营企业共同投资，旨在建立一个由欧盟运行、管理并控制的全球导航卫星系统。该系统最主要的设计思想与GPS、GLONASS不同，它完全从民间出发（GPS、GLONASS从军事出发），建立一个最高精度的全开放型的新一代GNSS系统，与GPS、GLONASS有机地兼容。

GALILEO系统的卫星星座，由分布在3个轨道上的30颗中等高度轨道卫星构成，每个轨道上有10颗卫星，其中9颗正常工作，1颗备用。

GALILEO系统总体设计思路有4大特点：自成独立体系、能与其他的全球导航卫星系统兼容、具备先进性和竞争力、公开进行国际合作。该系统定义完成，原计划2008年运行，但由于种种原因，系统建设的进展迟于预定计划。

4. BDS系统

北斗卫星导航系统（BDS，BeiDou Navigation Satellite System）是中国自行研制的全球卫星定位与通信系统，是继GPS和GLONASS之后第三个成熟的卫星导航系统。

BDS系统设计由35颗卫星组成，其中5颗设计为静止轨道卫星，30颗非静止轨道卫星。系统的建设于2004年启动，计划于2020年完成全部30多颗星的发射，完成对全球的覆盖。同时，早期发射的卫星的寿命会到期，也将会在2020年前完成替换（新一代卫星2015年开始发射）。

BDS系统提供两种服务方式：开放服务和授权服务。开放服务是在服务区免费提供定位、测速、授时服务；授权服务则是向授权用户提供更安全与更高精度的定位、测速、授时、通信服务以及系统完好性信息。

BDS系统除了有导航、定位、测速、授时功能外，还具有短信通信功能，把导航与通信紧密地结合起来，既能知道“我在哪里”，也能知道“你在哪里”。

4.1.1.3 卫星定位测量技术相对于常规测量技术的特点

卫星定位测量技术，以其全天候、高精度、自动化、高效益等显著特点，赢得世界各国广大测绘工作者的信赖，并成功地应用于大地测量、工程测量、摄影测量与遥感、地壳运动监测、工程变形监测、资源勘察、地球动力学等多种学科或领域，给测绘工作带来一场深刻的技术革命。

相对于经典的测量技术来说，卫星定位测量技术具有以下特点。

1. 观测站之间无须通视

既要保持良好的通视条件，又要保障测量控制网的良好结构，这一直是经典测量技术在实践方面的困难之一。而卫星定位测量不需要观测站之间互相通视，因而不再需要建造觇标，这既可大大减少测量工作的经费和时间，同时也使点位的选择变得更加灵活。

2. 定位精度高

大量的试验和实际应用表明，卫星定位测量，在小于50km的基线上，其相对定位精度可达10^{-6}，而在更长的基线上可达10^{-7}相对定位精度。随着观测技术和接收设备及数据处理方法的不断完善，其定位精度还将进一步提高。

3. 观测时间短

根据测量目的和精度要求的不同，卫星定位测量可采取静态观测、快速静态观测和动态观测等模式。对于长基线、高精度的静态观测模式，测量一条基线所需的观测时间是30min至数小时，对于短基线（不超过20km），采取快速静态观测模式，测量一条基线所需的观测时间仅为数分钟，而对于动态观测等模式，一次观测仅需几秒钟时间。

4. 可获得三维坐标

卫星定位测量，在精确测定观测站平面位置的同时，亦可精确测定测站的大地高。这一特点，不仅使一般的测量工作变得方便高效，而且为研究大地水准面的形状和确定地面点的高程开辟了新途径，同时也为其在航空物探、航空摄影测量及精密导航中的应用提供重要的高程数据。

5. 操作简便

如何减少野外作业时间和减小工作强度，是测绘工作者长期探索的重大课题之一。卫星定位测量的自动化程度很高，在观测中，测量员无须再做照准、读数、记录等繁琐的工作，加之接收机集成化越来越高、体积越来越小、重量越来越轻，携带和搬运都很方便，极大地减轻了作业员的外业劳动强度。

6. 可全天候作业

卫星定位测量不受天气状况的影响（雷电天气除外），对于阴雨特别是雾霾天气，常规测量方法无法进行的情况下，卫星定位测量仍可以进行作业。

卫星定位测量技术是对经典测量技术的重大突破。一方面，它使经典的测量理论与方法产生了深刻的变革；另一方面，也进一步加强了测量学与其他学科之间的相互渗透，从而促进测绘科学技术的不断发展。

4.1.2 卫星定位系统的组成

为了能更好地理解相关的内容，先学习和理解几个基本概念。

（1）时间。时间包含“时刻”和“时间间隔”两个概念。在卫星定位中，所获数据对应的时刻称为“历元”。

（2）星历。星历是描述卫星运动及其轨道的信息。根据卫星星历可以计算出任一时刻卫星“位置”及其“速度”。

（3）测距码。测距码分为“C/A 码”和“P 码”。C/A 码测距精度较低，称为粗码；P 码测距精度较高，称为精码。

（4）导航电文。导航电文包括卫星星历、时钟改正、电离层延迟改正、卫星工作状态信息、由 C/A 码转换到捕获 P 码信息等。导航电文也称为数据码或“D 码”。

各种卫星定位系统的组成基本相同，都是包括三大部分：空间部分（卫星星座）、地面控制部分（地面监控系统）、用户设备部分（卫星信号接收设备和专用软件）。现以 GPS 系统为例介绍卫星定位系统的组成。

4.1.2.1 GPS 工作卫星及其星座

GPS 卫星星座由 21 颗工作卫星和 3 颗在轨备用卫星组成，记作（21＋3）GPS 星座。如图 4.1 所示，24 颗卫星均匀分布在 6 个轨道平面内，轨道平均高度约 20200km，轨道倾角为 55°，各个轨道面之间相距 60°，即轨道的升交点赤经各相差 60°。每个轨道平面内各颗卫星之间的升交角距相差 90°，一轨道平面上的卫星比相邻轨道平面上的相应卫星超前 30°。

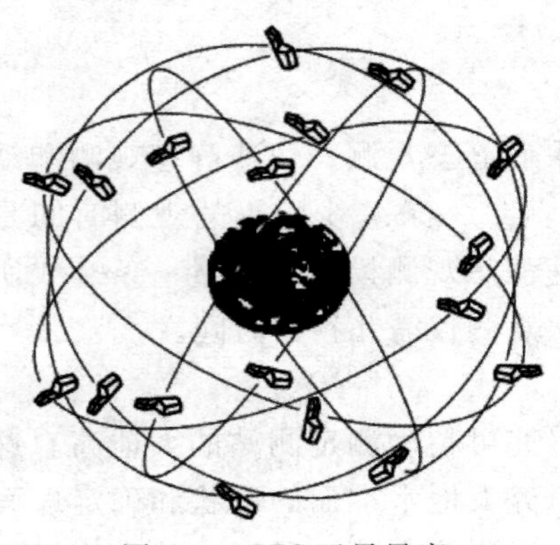

图 4.1 GPS 卫星星座

当地球相对恒星来说自转一周，GPS 卫星绕地球运行二周，即绕地球一周的时间为 12 恒星时。这样，对于地面观测者来说，每天将提前 4min 见到同一颗 GPS 卫星。位于地平线以上的卫星颗数随着时间和地点的不同而不同，最少可见到 4 颗，最多可以见到 11 颗。在用 GPS 信号导航定位时，为了解算测站的三维坐标，必须观测 4 颗卫星，称为定位星座。这 4 颗卫星在观测过程中的几何位置分布，对定位精度有一定的影响。对于某地某时，甚至不能测得精确的点位坐标，这种时间段叫做“间隙段”。这种时间间隙段是很短暂的，并不影响全球绝大多数地方的全天候、高精度、连续实时的导航定位测量。

如图 4.2 所示，GPS 卫星的主体呈圆柱形，两侧有太阳能板，能自动对太阳定向，以保证卫星正常用电。每个卫星有一个推力系统，以使卫星轨道保持在适当位置。卫星通过多根螺旋形天线组成的阵列天线，发射电磁波束覆盖卫星的可见地面。卫星姿态调整采用三轴稳定方式，由数个斜装惯性轮和喷气控制装置，构成三轴稳定系统，致使螺旋天线阵列所辐射的波速对准卫星的可见地面。

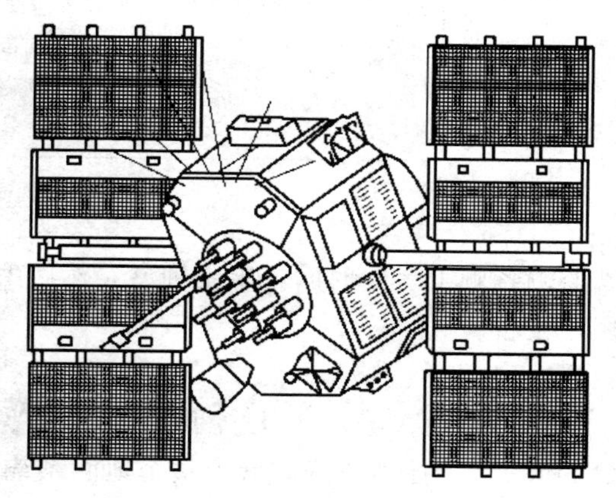

图 4.2　GPS 工作卫星

卫星的核心部件是高精度的时钟、导航电文存储器、双频发射和接收机以及微处理机。GPS 定位成功的关键在于高稳定度的频率标准，这种高稳定度的频率标准由高度精确的时钟提供。每颗工作卫星一般安设两台铷原子钟和两台铯原子钟（计划未来采用更稳定的氢原子钟）。GPS 卫星虽然发送几种不同频率的信号，但它们均源于一个基准信号（其频率为 10.23GHz），所以只需启用一台原子钟，其余作为备用。卫星钟由地面站检验，其钟差、钟速连同其他信息由地面站注入卫星后，再转发给用户设备。

在 GPS 系统中，GPS 卫星的作用如下：

（1）用卫星信号使用的 L 波段的两个无线载波（L_1 和 L_2，L_1 波长为 19cm，L_2 波长为 24cm），向广大用户连续不断地发送导航定位信号，每个载波用导航信息和测距码进行双相调制。如上所述，测距码分为“C/A 码”和“P 码”，C/A 码测距精度较低，称为粗码；P 码测距精度较高，称为精码。

（2）在卫星飞越注入站上空时，接收由地面注入站用 S 波段（波长 10cm）发送到卫星的导航电文及其他有关信息，并通过 GPS 信号电路，适时地发送给广大用户。

（3）接收地面主控站通过注入站发送到卫星的调度命令，适时地改正运行偏差或启用备用时钟等。

4.1.2.2　地面监控系统

GPS 工作卫星的地面监控系统包括 1 个主控站、3 个注入站和 4 个监测站，如图 4.3 所示。

对于导航定位来说，GPS 卫星是一动态已知点，星的位置是依据卫星发射的星历算得的。每颗 GPS 卫星所播发的星历是由地面监控系统提供的。卫星上的各种设备是否正常工作，以及卫星是否一直沿着预定轨道运行，都要由地面设备进行监测和控制。地面监控系统另一重要作用是保持各颗卫星处于同一时间标准，即 GPS 时间系统，这就需要地面

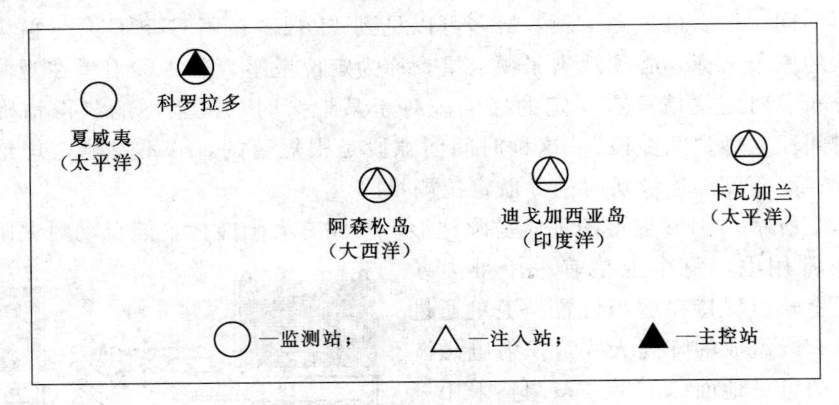

图4.3　GPS地面监控系统

站监测各颗卫星的时间，求出钟差，然后由地面注入站发给卫星，卫星再将导航电文发给用户设备。

1. 主控站

主控站设在美国本土科罗拉多·斯平士（Colorado Springs）的联合空间执行中心（CSOC）。主控站协调和管理整个地面系统的工作，具体任务是：

（1）收集、处理本站和其他监测站收到的全部信息，编算出每颗卫星的星历和GPS时间系统。

（2）将预测的卫星星历、钟差、状态数据以及大气对电磁波传播影响的改正，编制成导航电文传送到注入站。

（3）纠正卫星的轨道偏离，使之沿预定的轨道运行。

（4）必要时调度卫星，让备用卫星取代失效的工作卫星。

（5）监测整个地面监测系统的工作，检验注入给卫星的导航电文，监测卫星是否将导航电文发送给了用户。

2. 注入站

3个注入站分别设在大西洋的阿森松岛、印度洋的迪戈加西亚岛和太平洋的卡瓦加兰。注入站的任务是：将主控站发来的导航电文注入到相应卫星的存贮器，每天注入3次，每次注入14天的星历。此外，注入站能自动向主控站发射信号，每分钟报告1次自己的工作状态。

3. 监测站

5个监测站是，除了位于主控站和3个注入站之处的4个站以外，还在夏威夷设立了1个监测站。监测站的主要任务是：为主控站提供卫星的观测数据，每个监测站均用GPS信号接收机，对每颗可见卫星，每6min进行一次伪距测量和积分多普勒观测，以及采集气象要素等数据，在主控站的遥控下自动采集定轨数据并进行各项改正，每15min平滑一次观测数据，依此推算出每2min间隔的观测值，然后将数据发送给主控站。

4.1.2.3　用户设备

接收机硬件和机内软件以及GPS数据的后处理软件包构成完整的GPS用户设备。

1. GPS 接收机

接收机有导航型、测量型和授时型，这里仅介绍测量型接收机。测量型接收机的结构分为天线单元和接收单元两大部分。较早期的测量型接收机，两个单元一般分成两个独立的部件，观测时将天线单元安置在测站上，接收单元置于测站附近的适当地方，用电缆线将两者连接成一个整机。近年来生产的接收机大多是将天线单元和接收单元制作成一个整体，观测时将其安置在测站点上。

目前，各种品牌和型号的 GPS 接收机体积越来越小，重量越来越轻，便于野外携带和观测。测量时，将接收机安装在三脚架上的基座上，或直接安装在对中杆上，如图 4.4 所示。

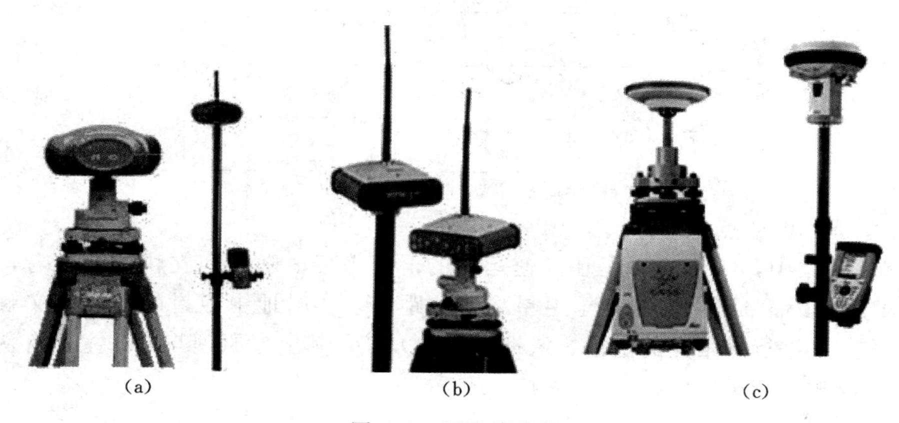

(a)　　(b)　　(c)

图 4.4　GPS 接收机

GPS 信号接收机的任务是：能够捕获到按一定卫星高度截止角所选择的待测卫星的信号，并跟踪这些卫星的运行，对所接收到的 GPS 信号进行变换、放大和处理，以便测量出 GPS 信号从卫星到接收机天线的传播时间，解译出 GPS 卫星所发送的导航电文，实时地计算出测站的三维位置，甚至三维速度和时间。

世界上有许多种类型的 GPS 测量型接收机，较早时期的测量型接收机分为单频接收机和双频接收机两种。近年来生产的各种品牌的测量型接收机，多为双频接收机。

2. 数据处理软件

数据处理软件是指各种后处理软件包，其作用包括：卫星信号分析、处理，基线解算、平差计算、坐标管理、坐标转换、生成报表等。

4.1.3　卫星定位测量基本原理

4.1.3.1　卫星定位原理

测量学中有后方交会确定点位的方法，与其相似，卫星定位的原理也是利用后方交会的原理确定点位，称之为空间后方交会，即利用 3 个以上卫星的已知空间位置交会出地面未知点（用户接收机）的位置，如图 4.5 所示。

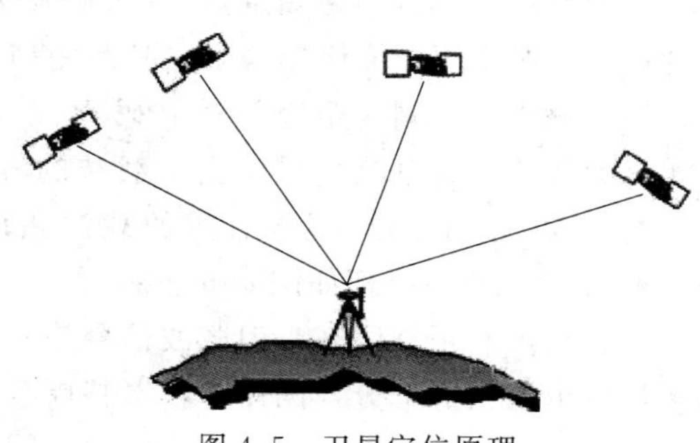

图 4.5　卫星定位原理

下面仍以GPS系统为例，介绍卫星定位测量的基本原理。

GPS卫星发射测距信号和导航电文，导航电文中含有卫星的位置信息。用户用GPS接收机在某一时刻，同时接收3颗以上的GPS卫星信号，测量出测站点（接收机天线中心）P 至3颗以上GPS卫星的距离，由该时刻GPS卫星的空间坐标，根据距离交会法原理解算出测站 P 的位置。

设观测时刻 t_i 接收卫星 S_i 的信号，S_i 的三维坐标为（x_i，y_i，z_i），则卫星 S_i 到接收机 P 的空间距离为

$$\rho_P^i=\sqrt{(x_P-x_i)^2+(y_P-y_i)^2+(z_P-z_i)^2} \tag{4.1}$$

若观测 A、B、C、D 4颗卫星，则有观测方程组为

$$\left.\begin{aligned}\tilde{\rho}_P^A=\sqrt{(x_P-x_A)^2+(y_P-y_A)^2+(z_P-z_A)^2}\\ \tilde{\rho}_P^B=\sqrt{(x_P-x_B)^2+(y_P-y_B)^2+(z_P-z_B)^2}\\ \tilde{\rho}_P^C=\sqrt{(x_P-x_C)^2+(y_P-y_C)^2+(z_P-z_C)^2}\\ \tilde{\rho}_P^D=\sqrt{(x_P-x_D)^2+(y_P-y_D)^2+(z_P-z_D)^2}\end{aligned}\right\} \tag{4.2}$$

解方程组即可算出 P 点坐标（x_P，y_P，z_P）。

在GPS定位中，GPS卫星是在高速运动的，其坐标值随时间在快速变化着，需要实时地由GPS卫星信号测量出测站至卫星之间的距离，实时地由卫星的导航电文解算出卫星的坐标值，并进行测站点的定位。依据测距的方式，其定位原理与方法主要有伪距法测量定位和载波相位测量定位。

1. 伪距法测量定位

在某一时刻，用卫星发射的测距码信号到达接收机的传播时间，乘以电磁波传输的速度，即可得到接收机到卫星的距离。由于卫星钟、接收机钟的误差，以及无线电信号经过大气时受大气延迟的影响，实际测出的距离与卫星到接收机的真实几何距离有一定差值，因此称测量出的距离为伪距。用C/A码进行测量的伪距为C/A码伪距，用P码测量的伪距为P码伪距。伪距法定位精度不高，P码定位误差有几米之多；C/A码定位误差更大，为几米至几十米。但伪距法定位具有定位速度快和无多值性问题优点，所以其定位方法仍然是GPS定位系统进行导航的最基本的方法。此外，伪距法定位所测的站星之间距离，可以作为载波相位测量中解决整波数不确定问题（模糊度）的辅助资料。

2. 载波相位测量定位

利用测距码进行伪距测量是GPS定位系统的基本测距方法，然而由于测距码的码元长度较大，对于高精度应用来讲，其测距精度无法满足需要。如果观测精度均取至测距码波长的百分之一，则伪距测量对P码而言量测精度为30cm，对C/A码而言为3m左右。而如果把载波作为量测信号，由于载波的波长短，$\lambda_1=19$cm，$\lambda_2=24$cm，所以就可达到很高的精度。目前测地型接收机的载波相位测量精度一般为1～2mm，有的精度更高。GPS载波相位测距原理如图4.6所示。

载波相位测距精度高，但载波信号是一种周期性的正弦信号，而相位测量又只能测定其不足一个波长的部分，因而存在着整周数不确定性的问题。确定整周未知数 N_0 是载波相位测量的一项重要工作，下面介绍解决问题的一些方法思路。

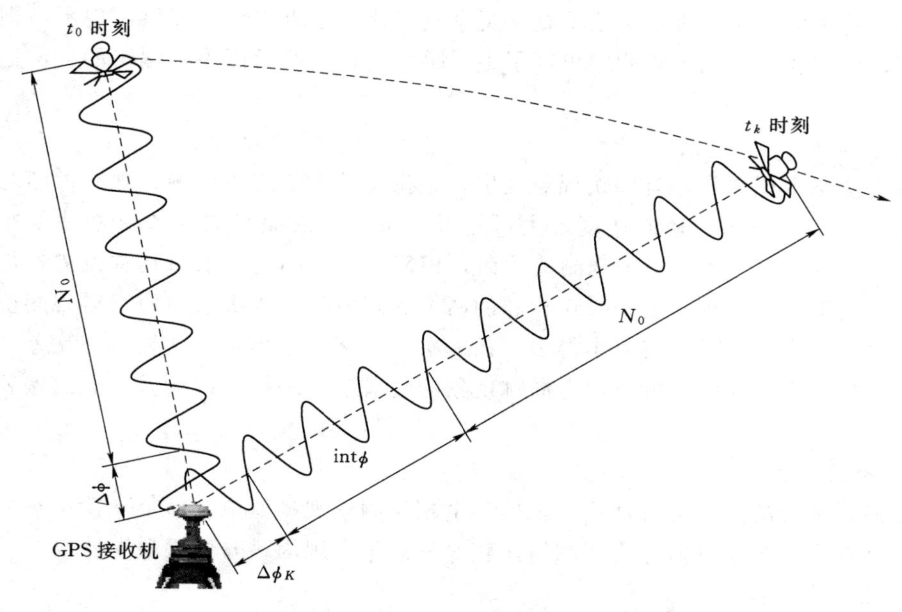

图 4.6 GPS 载波相位测距原理

(1) 伪距法。伪距法是在进行载波相位测量的同时又进行了伪距测量，将伪距观测值减去载波相位测量的实际观测值（化为以距离为单位）后即可得到 λN_0，但由于伪距测量的精度较低，所以要有较多的 λN_0 取平均值后才能获得正确的整波段数。

(2) 平差计算法。整周未知数从理论上讲应该是一个整数，利用这一特性，把整周未知数当作平差计算中的待定参数来加以估计和确定，这种方法不仅能解决整周未知数问题，而且能提高解的精度，短基线定位时一般采用这种方法。

(3) 三差法（多普勒法）。由于连续跟踪的所有载波相位测量观测值中均含有相同的整周未知数 N_0，所以将相邻两个观测历元的载波相位相减，就将该未知参数消去，从而直接解出坐标参数，这就是三差法，也叫多普勒法。运用三差法，由于两个历元之间的载波相位观测值之差，受到此期间接收机钟及卫星钟的随机误差的影响，所以精度不太好，往往用来解算未知参数的初始值。

(4) 快速确定整周未知数法。利用快速模糊度（即整周未知数）解算法进行快速定位，采用这种方法进行短基线定位时，利用双频接收机只需观测 1min 便能成功地确定整周未知数。

4.1.3.2 周跳及修复

接收机在跟踪卫星过程中，由于某种原因，如卫星信号被障碍物挡住而暂时中断，受无线电信号干扰造成失锁，计数器就无法连续计数。当信号重新被跟踪后，整周计数就不正确，但不到一个整周的相位观测值仍是正确的，这种现象称为整周跳变，简称“周跳”。周跳的出现和处理是载波相位测量中的重要问题，探测与修复“周跳”的常用方法有下列几种。

1. 屏幕扫描法

此种方法是由作业人员，在计算机屏幕前，依次对每个站、每个时段、每个卫星的相位观测值变化率的图像，进行逐段检查，观察其变化率是否连续。如果出现不规则的突然变化，就说明在相应的相位观测中出现了整周跳变现象，然后用手工编辑的方法逐点、逐段修复。

2. 高次差法

此种方法基本想法是，有周跳现象发生，必将会破坏载波相位测量观测值随时间而有规律的变化。GPS卫星的径向速度最大可达0.9km/s，因而整周计数每秒钟可变化数千周。因此，如果每15s输出一个观测值的话，相邻观测值间的差值可达数万周，那么对于几十周的跳变就不易发现。但如果在相邻的两个观测值间，依次求差而求得观测值的一次差的话，这些一次差的变化就要小得多。在一次差的基础上再求二次差、三次差、……其变化就小得更多了，此时就能发现有周跳现象的时段了。一般，四次差、五次差就会趋近于零。

3. 多项式拟合法

采用曲线拟合的方法进行计算，根据几个相位测量观测值拟合一个 n 阶多项式，据此多项式来预估下一个观测值并与实测值比较，从而来发现周跳并修正整周计数。

4. 在卫星间求差法

在GPS测量中，每一瞬间要对多颗卫星进行观测，因而在每颗卫星的载波相位测量观测值中，所受到接收机振荡器的随机误差的影响是相同的，因此，在卫星间求差后即可消除此项误差的影响。

5. 根据平差后的残差发现并修复整周跳变

经过上述处理的观测值中还可能存在一些未被发现的小周跳，修复后的观测值中也可能引入1～2周的偏差，用这些观测值来进行平差计算，求得各观测值的残差。由于载波相位测量的精度很高，因而这些残差的数值一般均很小，而有周跳的观测值往往会出现很大的残差，据此可以发现和修复周跳。

4.1.3.3 绝对定位与相对定位

1. 绝对定位

绝对定位也叫单点定位，是由单台GPS卫星信号接收机，通过接收卫星信号，获得接收机与GPS卫星之间的距离观测值，直接确定接收机天线在WGS－84坐标系（该坐标系的定义将在4.2节介绍）中相对于坐标系原点的绝对坐标。绝对定位又分为静态绝对定位和动态绝对定位。

（1）静态绝对定位是接收机天线处于静止状态下，长时间观测卫星，以确定观测站的坐标。这种定位方式，可以连续地根据不同历元同步观测不同的卫星，测定卫星至观测站的伪距，获得充分的多余观测量，测后通过数据处理求得观测站的绝对坐标。

（2）动态绝对定位是指接收机安置在运动的载体上，确定载体瞬时的位置。动态绝对定位，只能得到无多余或很少多余观测量的实时解，所以定位精度低，一般只用于运动载体的导航。

不管是静态绝对定位还是动态绝对定位，因为受到卫星轨道误差、钟差以及信号传播误差等因素的影响，精度都不够高，静态绝对定位的精度约为分米级，而动态绝对定位的精度为米级至几十米级，这样的精度一般只能用于导航定位，远不能满足大地测量和工程测量的要求。

2. 相对定位

相对定位也叫差分定位，如图 4.7 所示，用两台接收机分别安置在基线的两端，同步观测相同的 GPS 卫星，以确定基线端点的相对位置，称为基线向量，在一个端点坐标已知的情况下，可以用基线向量推求另一待定点的坐标。同样，若使用多台接收机，安置在若干条基线的端点，通过同步观测 GPS 卫星，可以确定多条基线向量，在一个端点坐标已知的情况下，利用基线向量推求其他待定点的坐标。

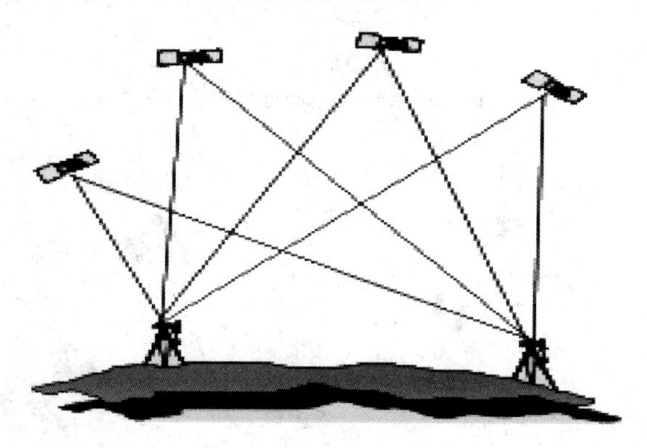

图 4.7　GPS 相对定位

相对定位是在两个观测站或多个观测站，同步观测相同卫星，卫星的轨道误差、卫星钟差、接收机钟差以及电离层和对流层的折射误差等，对观测量的影响具有一定的相关性，利用这些观测量的不同组合（求差）进行相对定位，可有效地消除或减弱相关误差的影响，这种方法定位精度高，测量上广泛采用。

4.1.3.4　几何精度因子 DOP

在 GPS 导航及定位测量中，可用几何精度因子 DOP（Dilution of Precision）来衡量观测卫星的空间几何分布对定位精度的影响。一组卫星与测站所构成的几何图形形状与定位精度关系的数值，称为点位图形强度因子 PDOP（Position Dilution of Precision），它的大小与观测卫星的高度角以及观测卫星在空间的几何分布有关。卫星几何图形强度如图 4.8 所示。

假设由观测站与 4 颗观测卫星所构成的六面体体积为 V，则精度因子 $PDOP$ 与该六面体体积 V 的倒数成正比，即

$$PDOP \propto \frac{1}{V} \tag{4.3}$$

一般来说，六面体的体积越大，所测卫星在空间的分布范围也越大，$PDOP$ 值越小；反之，六面体的体积越小，所测卫星的分布范围越小，则 $PDOP$ 值越大。实际观测中，为了减弱大气折射影响，卫星高度角也不能过低，有一定的限制，在这一条件下，尽可能使所测卫星与观测站所构成的六面体的体积接近最大，即 $PDOP$ 值尽量小。

GPS 测量时，接收机锁定一组卫星后，会自动计算出 $PDOP$ 值并显示在操作手簿的屏幕上。

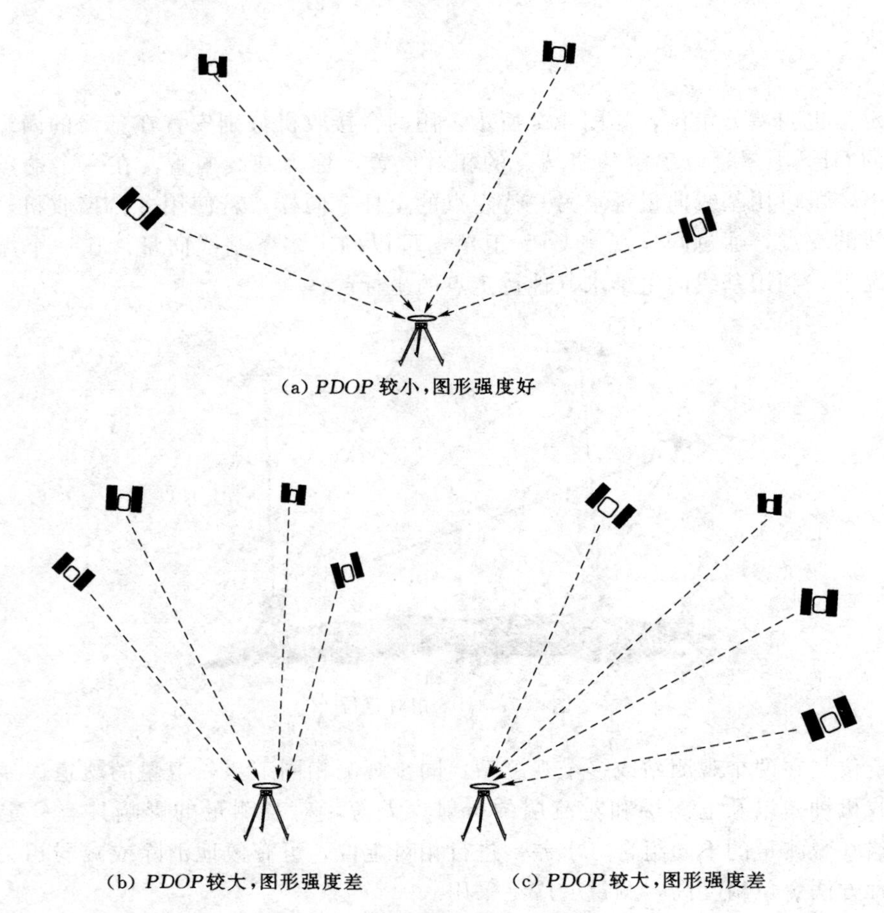
(a) PDOP 较小，图形强度好

(b) PDOP较大，图形强度差

(c) PDOP 较大，图形强度差

图 4.8 卫星几何图形强度

4.2 卫星定位测量的坐标系

4.2.1 坐标系统

GPS测量的直接成果，即单点定位的坐标和相对定位中解算的基线向量，属于“WGS－84大地坐标系”，该坐标系是为GPS导航定位于1984年建立的地心坐标系，简称WGS－84坐标系。GPS卫星星历就是以WGS－84坐标系为根据而建立的，而实际测量工作中的测量成果，往往是属于某一国家坐标系或地方坐标系（或叫局部的、参考坐标系）。下面介绍WGS－84坐标系及我国国家大地坐标系有关常识以及坐标系之间的转换。

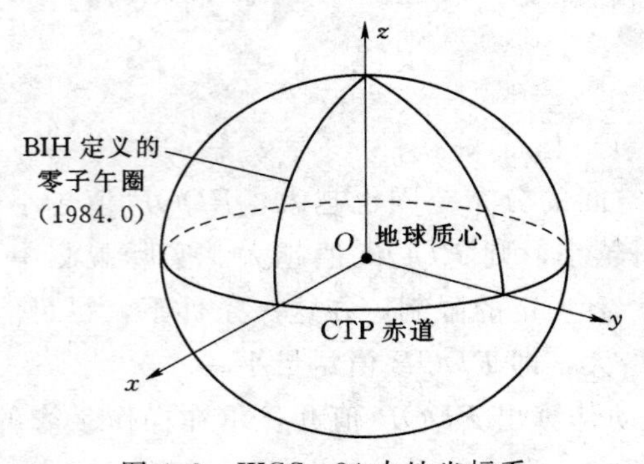

图 4.9 WGS－84 大地坐标系

4.2.1.1 WGS－84 大地坐标系

如图4.9所示，WGS－84大地坐标系的几何定义是：原点位于地球质心，z 轴指向 BIH 1984.0 定义的协议地球极 CTP（Coventional Terrestrial Pole）方向，x 轴指向 BIH 1984.0 的零子午面和 CTP 赤道的交点，y 轴与 z、x 轴构成右手坐标系。BIH 是法文“Bureau International del' Heure”的缩写，即国际时间局。国际时间局设在法国巴黎，其任务是搜集处理世界各国（地区）的测时和守时资料，为世界各个国家或地区的授时中心提供精确的时间服务数据。对应于 WGS-84 大地坐标系的椭球称为 WGS-84 椭球，该椭球元素值为 1979 年国际大地测量与地球物理联合会第十七届大会的推荐值：

长半轴　　$a=(6378137\pm2)\mathrm{m}$

扁率　　$f=1/298.257223563$

4.2.1.2　我国国家大地坐标系

国家大地坐标系是国家地理信息表达的基准，也是国家基本比例尺地形图测制的基础。中华人民共和国成立以来，我国于 20 世纪 50 年代和 80 年代分别建立了 1954 年北京坐标系和 1980 西安坐标系，1954 年北京坐标系和 1980 西安坐标系均为参心大地坐标系。随着卫星定位系统等现代空间大地测量技术的快速发展，导致获得位置的测量技术和方法迅速变革，地心坐标系应运而生，世界上许多发达国家和中等发达国家相继建立和采用地心坐标系，我国于 2003 年提出建立我国地心坐标系，定名为 2000 国家大地坐标系。

1. 1954 年北京坐标系

20 世纪 50 年代，在我国天文大地网建立初期，采用克拉索夫斯基椭球元素，即长半轴 $a=6378245\mathrm{m}$，扁率 $f=1/298.3$，并与苏联 1942 年普尔科沃坐标系进行联测，通过计算建立了我国大地坐标系，定名为 1954 年北京坐标系。

1954 年北京坐标系，其椭球参数和大地原点，与苏联 1942 年普尔科沃坐标系一致，但大地点高程两者不同。1954 年北京坐标系大地点高程是以 1956 年青岛验潮站求出的黄海平均海水面为基准。

我国按 1954 年北京坐标系完成了大量的测绘工作，在该坐标系上，实施了天文大地网局部平差，通过高斯-克吕格投影，得到点的平面坐标，测制了各种比例尺地形图。

2. 1980 西安坐标系

20 世纪 70—80 年代，为了进行全国天文大地网整体平差，采用了新的椭球元素，即 1975 年国际大地测量与地球物理联合会第十六届大会的推荐值：长半轴 $a=(6378140\pm5)\mathrm{m}$，扁率 $f=1/298.257$，并进行了新的定位与定向，建立了 1980 西安坐标系。

1980 西安坐标系的大地原点设在我国中部——陕西省泾阳县永乐镇，该坐标系是参心坐标系，椭球短轴 z 轴平行于地球地心指向 1968.0 地极原点（JYD）的方向，大地起始子午面平行于格林尼治平均天文台子午面，x 轴在大地起始子午面内与 z 轴垂直指向经度零方向，y 轴分别与 z、x 轴垂直成右手坐标系。

1980 西安坐标系大地点高程按椭球定位时我国范围内高程异常值平方和最小原则求解参数，高程系统基准仍是 1956 年青岛验潮站求出的黄海平均海水面。

1980 西安坐标系建立后，实施了全国天文大地网整体平差，提供了属于 1980 西安坐标系的大地点成果，这种成果与 1954 年北京坐标系成果，二者属于两个不同的参心坐标系。实用部门和单位有大量成果是 1954 年北京坐标系的，为了充分和更好地利用原有测绘成果，有的部门和单位，将1980西安坐标系的空间直角坐标，经三个平移参数平移变换至克拉索夫斯基椭球中心，使椭球参数保持与1954年北京坐标系相同，但定向仍然与1980西安坐标系相同，建立所谓新1954年北京坐标系，新1954年北京坐标系与1954年北京坐标系坐标接近，其精度和1980西安坐标系一致。

3. 2000国家大地坐标系

2000国家大地坐标系的原点为包括海洋和大气的整个地球的质量中心，z 轴由原点指向历元2000.0的地球参考极的方向，由BIH 1984.0作为初指向推算而得，x 轴由原点指向格林尼治参考子午线与地球赤道面（历元2000.0）的交点，y 轴分别与 z、x 轴垂直成右手坐标系。2000国家大地坐标系采用的地球椭球参数为长半轴 $a=6378137$m，扁率 $f=1/298.257222101$。

4.2.1.3 地方独立坐标系

许多城市、矿区基于实用、方便和科学的目的，将地方独立测量控制网建立在当地的平均海拔高程面上，并以当地子午线作为中央子午线进行高斯投影求得平面坐标。仔细分析研究这些地方独立测量控制网，可以发现这些网都有自己的原点、自己的定向，也就是说，这些控制网都是以地方独立坐标系为参考的，因而地方独立坐标系则隐含着一个与当地平均海拔高程对应的参考椭球，该椭球的中心、轴向和扁率与国家参考椭球相同，其长半径则有一改正量。

4.2.1.4 ITRF坐标框架简介

国际地球参考框架（International Terreetrial Reference Frame，ITRF）是一个地心参考框架，它是由空间大地测量观测站的坐标和运动速度来定义的，是国际地球自转服务(International Earth Rotation Service，IERS）的地面参考框架。

ITRF框架实质上也是一种地固坐标系，其原点在地球体系（含大气圈）的质心，以WGS-84椭球为参考椭球。ITRF框架为高精度的GPS定位测量提供了较好的参考系，被广泛地用于地球动力学研究，高精度、大区域控制网的建立等方面，如我国青藏高原地球动力学研究、国家A级GPS网平差等。几乎所有的IGS精密星历都是在ITRF框架下提供的，所以在应用精密星历进行GPS数据处理时，应当注意所提供的精密星历的参考框架问题。

4.2.2 坐标系统之间的转换

坐标系统之间的转换，包括不同参心大地坐标系统之间的转换、参心大地坐标系与地心大地坐标系之间的转换，以及大地坐标与高斯平面坐标之间的转换等。实际应用中，通常是将GPS测量的WGS-84坐标系的坐标，转换为实用的国家或地方坐标系统的坐标。

4.2.2.1 不同空间直角坐标系统之间的转换

进行两个不同空间直角坐标系统之间的坐标转换，需要求出坐标系统之间的转换参数，转换参数一般是利用重合点的两套坐标值，通过一定的数学模型进行计算，当重合点数为3个以上时，可以采用布尔萨七参数法进行转换。

设 X_{Di} 为地面网点的参心或地心坐标向量，X_{Gi} 为GPS网点的地心坐标向量，由布尔莎模型可知：

$$X_{Di}=\Delta X+(1+k)R(\varepsilon_z)R(\varepsilon_y)R(\varepsilon_x)X_{Gi} \tag{4.4}$$

其中
$$X_{Di}=(x_{Di},y_{Di},z_{Di})$$
$$X_{Gi}=(x_{Gi},y_{Gi},z_{Gi})$$
$$\Delta X=(\Delta x,\Delta y,\Delta z)$$
$$R(\varepsilon_x)=\begin{bmatrix}1 & 0 & 0\\ 0 & \cos\varepsilon_x & \sin\varepsilon_x\\ 0 & -\sin\varepsilon_x & \cos\varepsilon_x\end{bmatrix}$$
$$R(\varepsilon_y)=\begin{bmatrix}\cos\varepsilon_y & 0 & -\sin\varepsilon_y\\ 0 & 1 & 0\\ \sin\varepsilon_y & 0 & \cos\varepsilon_y\end{bmatrix}$$
$$R(\varepsilon_z)=\begin{bmatrix}\cos\varepsilon_z & \sin\varepsilon_z & 0\\ -\sin\varepsilon_z & \cos\varepsilon_z & 0\\ 0 & 0 & 1\end{bmatrix}$$

式中 X_{Di}、X_{Gi}、ΔX——平移参数矩阵；

k——尺度变化参数；

$R(\varepsilon_x)$、$R(\varepsilon_y)$、$R(\varepsilon_z)$——旋转参数矩阵。

Δx、Δy、Δz、ε_x、ε_y、ε_z、k 称为坐标系间的转换参数。Δx、Δy、Δz 为平移转换参数；k 为尺度变化参数；ε_x、ε_y、ε_z 为旋转转换参数。为了简化计算，当 k、ε_x、ε_y、ε_z 为微小量时，忽略其间的互乘项，且 $\cos\varepsilon\approx 1$，$\sin\varepsilon\approx\varepsilon$，则上述模型写为

$$\begin{bmatrix}x_{Di}\\ y_{Di}\\ z_{Di}\end{bmatrix}=\begin{bmatrix}\Delta x\\ \Delta y\\ \Delta z\end{bmatrix}+(1+k)\begin{bmatrix}0 & \varepsilon_z & -\varepsilon_y\\ -\varepsilon_z & 0 & \varepsilon_x\\ \varepsilon_y & \varepsilon_x & 0\end{bmatrix}\begin{bmatrix}x_{Gi}\\ y_{Gi}\\ z_{Gi}\end{bmatrix} \tag{4.5}$$

通过上述模型，利用重合点的两套坐标值，采取平差的方法可以求得转换参数。求得转换参数后，再利用上述模型进行各点的坐标转换（包括重合点和非重合点的坐标转换）。对于重合点来说，转换后的坐标值与已知值有一差值，其差值的大小反映转换后坐标的精度，其精度与被转换的坐标精度有关，也与转换参数的精度有关。

各种 GPS 用户设备的软件，无论是测量控制手簿中预装的软件，还是后处理软件，均有坐标转换功能。

4.2.2.2 不同大地坐标系的换算

不同大地坐标系的换算，除了上述 7 个参数外，还应增加两个转换参数，即两种大地坐标系所对应的地球椭球元素变化参数（Δa，$\Delta\alpha$）。不同大地坐标系的换算公式又称大地坐标微分公式或变换椭球微分公式。根据 3 个以上公共点的两套大地坐标值，列出若干大地坐标微分方程式，求出 9 个转换参数。这部分内容比较复杂，可参见有关大地测量书籍。

4.2.2.3 大地坐标（B，L，H）与地球空间直角坐标（x，y，z）的转换

大地坐标系的定义是：地球椭球的中心与地球质心重合，椭球短轴与地球自转轴重合的坐标系。大地纬度 B 为过地面点的椭球法线与椭球赤道面的夹角，大地经度 L 为过地

面点的椭球子午面与起始子午面（过格林尼治的子午面）之间的夹角，大地高 H 为地面点沿椭球法线至椭球面的距离。

地球空间直角坐标系的定义是：坐标系原点 O 与地球质心重合，z 轴指向地球北极，x 轴指向起始子午面（过格林尼治的子午面）与地球赤道的交点，y 轴垂直于 xOz 平面构成右手坐标系。

将大地坐标（B，L，H）转换为地球空间直角坐标（x，y，z）公式为

$$\left.\begin{aligned} x&=(N+H)\cos B\cos L\\ y&=(N+H)\cos B\sin L\\ z&=[N(1-e^2)+H]\sin B \end{aligned}\right\} \tag{4.6}$$

式中 N——椭球的卯酉圈曲率半径；

e——椭球的第一偏心率。

若 a、b 为椭球的长半轴和短半轴，有如下关系式：

$$\left.\begin{aligned} N&=\frac{a}{W}\\ W&=\sqrt{1-e^2\sin^2 B}\\ e^2&=\frac{a^2-b^2}{a^2} \end{aligned}\right\}$$

将地球空间直角坐标（x，y，z）转换为大地坐标（B，L，H），公式为

$$\left.\begin{aligned} B&=\arctan\left[\tan\Phi\left(1+\frac{ae^2}{z}\frac{\sin B}{W}\right)\right]\\ L&=\arctan\frac{y}{x}\\ H&=\frac{R\cos\Phi}{\cos B}-N \end{aligned}\right\} \tag{4.7}$$

其中

$$\left.\begin{aligned} \Phi&=\arctan\frac{z}{\sqrt{x^2+y^2}}\\ R&=\sqrt{x^2+y^2+z^2} \end{aligned}\right\}$$

4.2.3 坐标转换注意事项

（1）进行两种不同类型的坐标转换，坐标转换的正确与否，决定于坐标转换的转换模型。对于未知转换模型的现成软件，使用应谨慎，如果使用则必须对转换结果加以检核。

（2）求解转换参数的精度，与公共点的数量有关。条件允许的情况，应使用多于 3 个具有两种坐标类型的公共点，采用最小二乘法原理，进行七参数的求解。

（3）公共点的位置分布应均匀，且能够覆盖整个区域。最好是有几个点分布在测区周边，有至少 1 个点位于测区中部。

（4）对于较大的测区，地面网可能存在一定的系统误差，且在不同区域并非完全一样，所以可以采用分区求解转换参数、分区进行坐标转换，这样可以提高坐标转换的精度。

4.3 卫星定位静态测量

4.3.1 外业观测

4.3.1.1 GPS静态测量的方案设计

GPS测量的方案设计，即依据有关GPS测量规范及GPS网的用途、用户要求等，对GPS测量的网形、精度及基准等进行设计。

1. GPS测量技术设计的依据

GPS测量技术设计的主要依据是GPS测量规范和测量任务书。

（1）GPS测量规范。GPS测量规范是国家测绘管理部门或行业部门制定的技术法规，如：国家测绘部门发布的测绘行业标准《全球定位系统（GPS）测量规范》；国家各部委根据本部门GPS工作的实际情况，制定的GPS测量规程或细则。

（2）测量任务书。测量任务书是施测单位的主管部门或合同甲方下达的技术要求文件，这种技术文件是指令性的，一般会明确测量的范围、目的、精度和密度要求，提交成果资料的项目和时间，完成任务的经济指标等。

在GPS测量方案设计时，一般首先依据测量任务书提出的GPS网的精度、密度和经济指标，再结合规范规定并现场踏勘，确定各点间的连接方法，各点设站观测的次数、时段长短等布网观测方案。

2. GPS网的精度、密度设计

（1）GPS测量精度标准。对于各类GPS网的精度设计主要取决于网的用途，用于地壳形变及国家基本大地测量的GPS网可参照《全球定位系统（GPS）测量规范》中A、B级的精度分级，见表4.1。用于城市、区域或工程的GPS控制网，可根据规模按C、D、E级的要求，见表4.2。

表4.1　GPS测量精度分级（一）

级别	主要用途	固定误差 a/mm	比例误差 b/(ppm·D)
A	地壳形变测量或国家高精度GPS网建立	≤5	≤0.1
B	国家基本控制测量	≤8	≤1

表4.2　GPS测量精度分级（二）

等级	平均距离/km	a/mm	b/(ppm·D)	最弱边相对中误差
C	10～15	≤10	≤2	1/12万
D	5～10	≤10	≤5	1/8万
E	0.2～5	≤10	≤10	1/4.5万

各等级GPS相邻点间弦长精度的计算式为

$$\sigma=\sqrt{a^2+(bD)^2} \tag{4.8}$$

式中　σ——GPS基线向量的弦长中误差，亦即等效距离误差；

a——GPS接收机标称精度中的固定误差，mm；

b——GPS接收机标称精度中的比例误差系数，ppm；

D——GPS网中相邻点间的距离。

（2）GPS点的密度标准。各种不同的任务要求和服务对象，对GPS点的分布要求不同。对于A、B级，主要用于提供国家级基准、精密定轨、星历计划及高精度形变信息，布设点的平均距离可达数百公里。对于C、D、E级，主要是满足城市、区域的测图控制和其他工程测量的需要，平均边长一般为几公里，见表4.2。

3. GPS网的基准设计

GPS测量获得的是GPS基线向量，它属于WGS-84坐标系的三维坐标差，而实际需要的是国家坐标系或地方独立坐标系的坐标，所以在进行GPS网的技术设计时，必须明确GPS网所采用的基准，也就是GPS成果所采用的坐标系统和起算数据，这项工作称之为GPS网的基准设计。

GPS网的基准包括位置基准、方位基准和尺度基准。位置基准，一般都是由给定的起算点坐标确定。方位基准一般以给定的起算方位角值确定，也可以由GPS基线向量的方位作为方位基准。尺度基准一般由两个以上的起算点间的距离确定，也可以由地面的电磁波测距边确定，条件不具备也可由GPS基线向量的距离确定。

在进行基准设计时，应充分考虑以下几个问题：

（1）为求定GPS点在地面坐标系的坐标，应在地面坐标系中选定起算数据和联测原有地方控制点若干个，用以坐标转换。在选择联测点时，既要考虑充分利用旧资料，又要使新建的高精度GPS网不受旧资料精度的影响。因此，一般大中城市或较大区域的GPS控制网应与附近的国家控制点联测3个以上，小城市、较小区域或工程控制可以联测2～3个点。

（2）为保证GPS网进行约束平差后，坐标精度的均匀性以及减少尺度比误差影响，除未知点构成观测图形外，对GPS网内重合的高等级国家或地方控制网点，也要适当地构成长边图形。

（3）GPS网经平差计算后，可以得到GPS点在地面参照坐标系中的大地高，为求得GPS点的正常高，可视具体情况联测高程点，联测的高程点需均匀分布于网中。对丘陵或山区联测高程点，应按高程拟合曲面的要求进行布设，联测宜采用不低于四等水准或与其精度相当的方法进行。

（4）新建GPS网的坐标系应尽量与测区过去采用的坐标系统一致。如果采用的是地方独立或工程坐标系，还应该了解所采用的参考椭球元素、坐标系的中央子午线经度、纵横坐标加常数、坐标系的投影面高程及测区平均高程异常值、起算点的坐标值等参数。

4. GPS网构成的几个基本概念及网特征条件

在进行GPS网图形设计前，需明确有关GPS网构成的几个概念，掌握GPS网特征条件的计算方法。

（1）GPS网图形构成的几个基本概念。

1）观测时段。观测时段是指测站上开始接收卫星信号到观测停止连续工作的时间段，简称时段。

2）同步观测。同步观测是指两台或两台以上接收机同时对同一组卫星进行的观测。

3）同步观测环。同步观测环是指三台或三台以上接收机同步观测获得的基线向量所构成的闭合环，简称同步环。

4）独立观测环。独立观测环是指由独立观测所获得的基线向量构成的闭合环，简称独立环。

5）异步观测环。在构成多边形环路的所有基线向量中，只要有非同步观测基线向量，则该多边形环路叫异步观测环，简称异步环。

6）同步环中的独立基线。对于 N 台 GPS 接收机构成的同步观测环，有 J 条同步观测基线，其中独立基线数为 $N-1$。

7）同步环中的非独立基线。除独立基线外的其他基线叫非独立基线，总基线数与独立基线数之差即为非独立基线数。

（2）GPS 网特征条件的计算。观测时段数计算公式为

$$C=n\frac{m}{N} \tag{4.9}$$

式中　C——观测时段数；

n——网点数；

m——每点平均设站次数；

N——接收机数。

在 GPS 网中，基线数的计算公式为

总基线数：
$$J_{总}=\frac{CN(N-1)}{2} \tag{4.10}$$

必要基线数：
$$J_{必}=n-1 \tag{4.11}$$

独立基线数：
$$J_{独}=C(N-1) \tag{4.12}$$

多余基线数：
$$J_{多}=C(N-1)-(n-1) \tag{4.13}$$

（3）GPS 网同步图形构成及独立边的选择。对于由 N 台 GPS 接收机构成的同步图形中，一个时段包含的 GPS 基线（GPS 边）数为

$$J=\frac{N(N-1)}{2} \tag{4.14}$$

其中仅有 $N-1$ 条边是独立的 GPS 边，其余为非独立 GPS 边。图 4.10 给出了当接收机数 $N=2\sim5$ 时所构成的同步图形。对应于如图 4.10 所示的独立 GPS 边可以有不同的选择，如图 4.11 所示。

理论上，同步闭合环中各 GPS 边的坐标差之和（即闭合差）应为 0，但由于有时各台 GPS 接收机并不是严格同步，同步闭合环的闭合差并不等于零，GPS 规范规定了同步闭合差的限差，对于同步较好的情况，应遵守此限差的要求，但当由于某种原因，同步不是很好的，可适当放宽此项限差。

值得注意，当同步闭合环的闭合差较小时，通常只能说明 GPS 基线向量的计算合格，并不能说明 GPS 边的观测精度高。此外，如果接收的信号受到干扰而产生粗差，也不能用同步闭合环的闭合差去确定有无或大小。

为了确保 GPS 观测质量的可靠性，有效地发现观测成果中的粗差，必须使 GPS 网中的独立边构成一定的几何图形，这种几何图形，可以是由数条 GPS 独立边构成的非同步

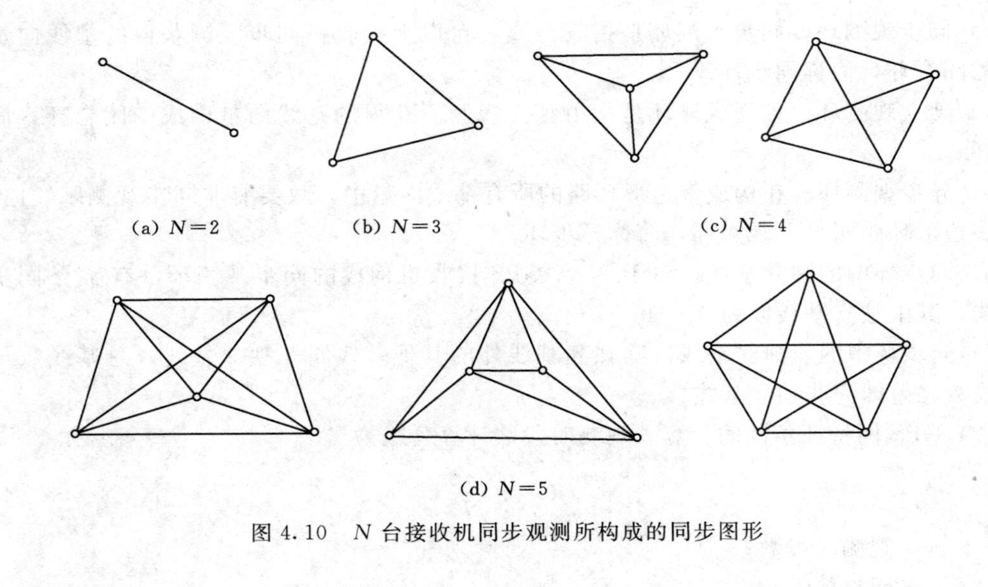

图 4.10　N 台接收机同步观测所构成的同步图形

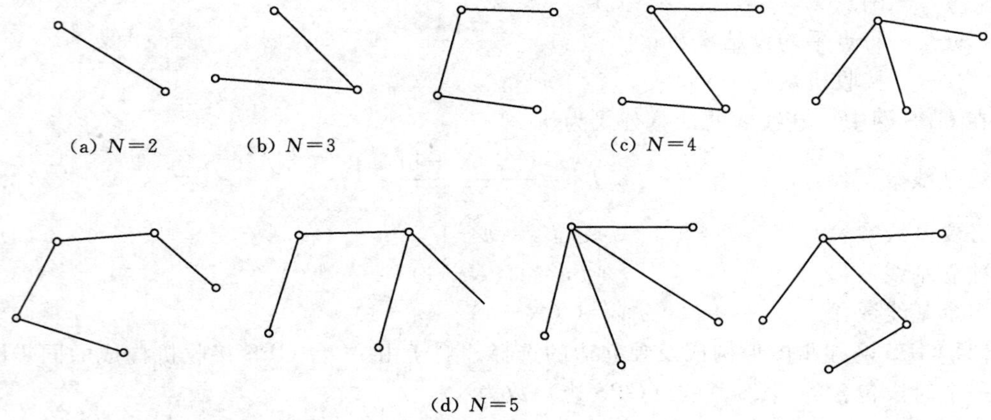

图 4.11　GPS 独立边的不同选择

多边形（亦称非同步闭合环），如三边形、四边形、五边形、……当 GPS 网中有若干个起算点时，也可以是由两个起算点之间的数条 GPS 独立边构成的附合路线。

对于异步环的构成，一般应按所设计的网图选定。当接收机多于 3 台时，也可按软件功能自动挑选独立基线构成环路。

5. GPS 网的图形设计

常规测量中，对控制网的图形设计要求是，既要保证通视，又要考虑图形结构（几何强度）。而在 GPS 测量图形设计时，因 GPS 观测不要求通视，所以其图形设计具有较大的灵活性。GPS 网的图形设计主要取决于用户的要求、经费、时间、人力以及所投入接收机的类型、数量和后勤保障条件等。

GPS 网的图形可以布设成点连式、边连式、网连式及边点混合连接式 4 种基本方式，也可布设成星形连接、附合导线连接、三角锁形连接等。选择什么样的组网，取决于工程所要求的精度、野外条件及 GPS 接收机台数等因素。

（1）点连式。点连式是指相邻同步图形之间仅有一个公共点的连接，这种方式布点所构成的图形几何强度很弱，没有或极少有非同步图形闭合条件。

如图 4.12 所示为点连式图形，有 13 个定位点，没有多余观测（无异步检核条件），最少观测时段 6 个（同步环），最少必要观测基线为点数 $n-1=12$ 条，6 个同步图形中总共有 12 条独立基线。显然这种点连式网的几何强度很差。

（2）边连式。如图 4.13 所示为边连式图形，同步图形之间由一条公共基线连接，这种布网方案，网的几何强度高，有较多的复测边和非同步图形闭合条件。在相同的仪器台数条件下，观测时段数将比点连式大大增加。

如图 4.13 所示的网形中，有 13 个定位点，12 个观测时段，9 条重复边，3 个异步环。最少观测同步图形为 11 个，总基线为 33 条，独立基线数 22 条，多余基线数 10 条。比较图 4.12 与图 4.13，显然边连式布网有较多的非同步图形闭合条件，几何强度和可靠性均大大高于点连式。

（3）网连式。网连式是指相邻同步图形之间有两个以上的公共点相连接，这种方法需要 4 台以上的接收机。这种密集的布图方法，几何强度和可靠性指标是相当高的，但花费的经费和时间较多，一般用于较高精度的控制测量。

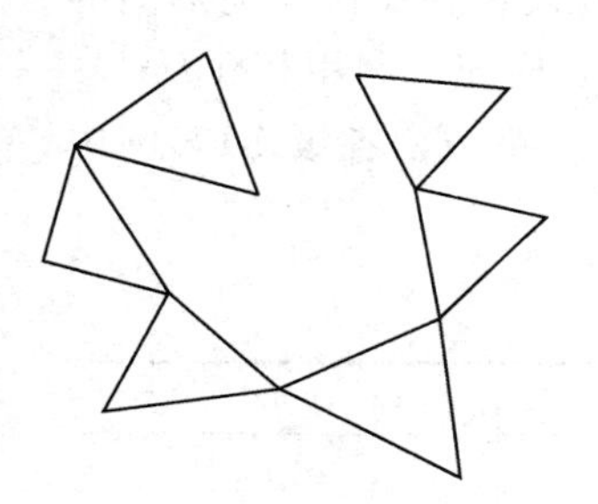

图 4.12 点连式图形

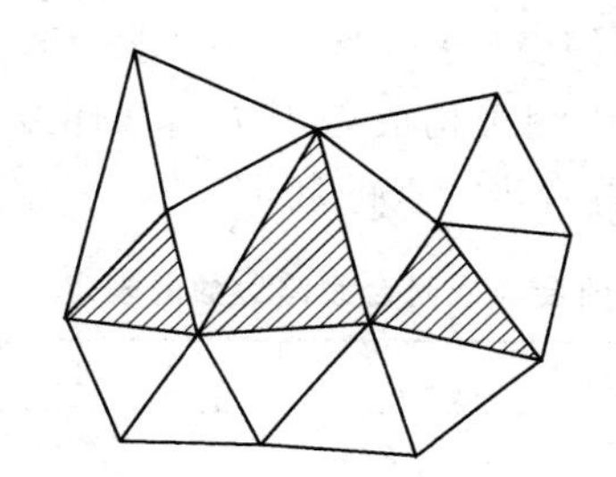

图 4.13 边连式图形

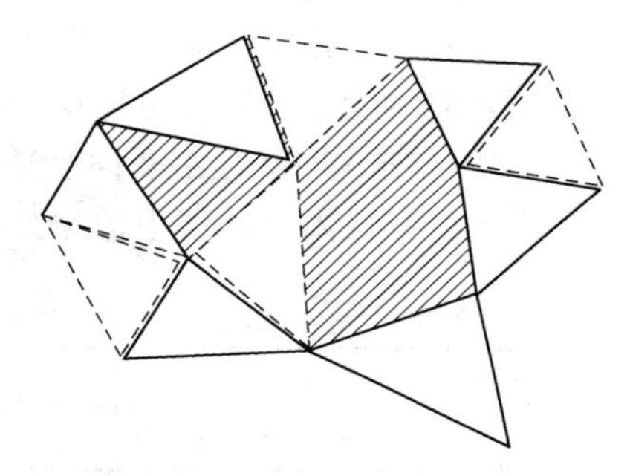

图 4.14 边点混合连接图形

（4）边点混合连接式。边点混合连接式是指把点连式与边连式有机地结合起来组成的 GPS 网，既能保证网的几何强度，提高可靠性指标，又能减少外业工作量，降低成本，是一种较常用的布网方法，如图 4.14 所示。

图 4.14 是在点连式（图 4.12）基础上加测 4 个时段，把边连式与点连式结合起来，就可得到几何强度改善的布网设计方案。若使用 3 台接收机的观测，共有 10 个同步三角形，2 个异步环，6 条复测基线边，总基线数为 29 条，独立基线数为 20 条，多余基线数为 8 条，必要基线数为 12 条。显然该图线呈封闭状，可靠性指标比点连式大为提高，而外业工作量比边连式有一定的减少。

（5）导线网形连接（环形网）。将同步图形布设为直伸状，形如导线结构式的 GPS 网，如图 4.15 所示。各独立边组成封闭状，形成非同步图形，用以检核 GPS 点的可靠性，适用于一般精度的 GPS 布网。该布网方法也可与点连式结合起来布设。

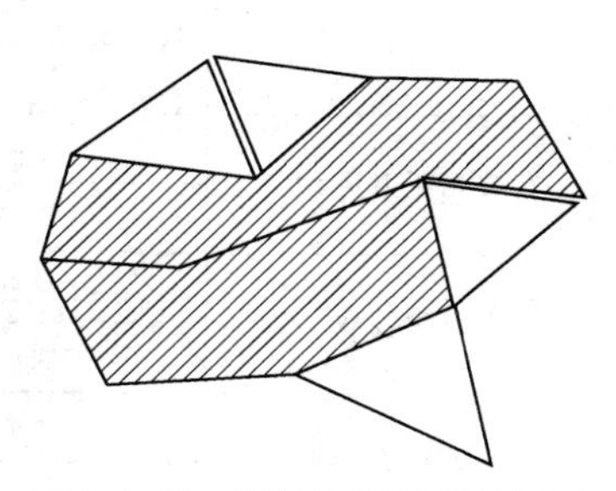

图 4.15 导线网形连接图形

(6) 星形布设。星形网的几何图形，如图 4.16 所示。星形图的几何图形简单，其直接观测边之间不构成任何闭合图形，所以其检查与发现粗差的能力比点连式更差，但这种布网只需两台仪器就可以作业。若有 3 台仪器，一个可作为中心站，其他两台可流动作业，不受同步条件限制。测定的点位坐标为 WGS-84 坐标系，每点坐标还需使用坐标转换参数进行转换。由于方法简便，作业速度快，星形布网广泛应用于精度较低的测量，如勘探定点、地形碎部测量等。

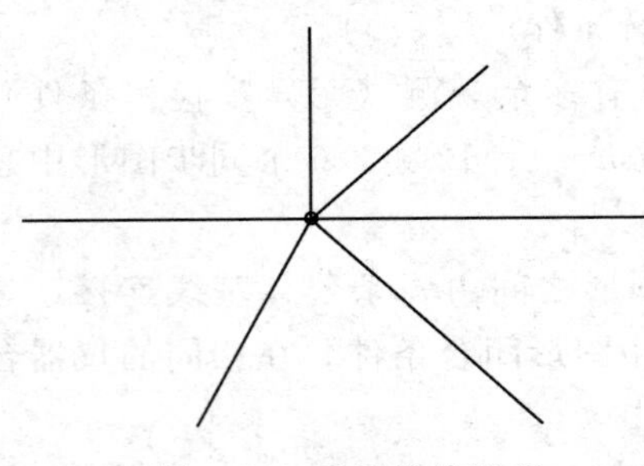

图 4.16　星形连接图形

(7) 三角锁（或多边形）连接。用点连式或边连式组成连续发展的三角锁同步图形，此连接形式适用于狭长地区的 GPS 布网，如道路、河道及管线工程的勘测。

在实际布网设计时还应注意以下几点：

(1) 尽管 GPS 网点与点间不要求通视，但考虑到 GPS 点可能会提供给常规测量使用，如作为全站仪测量的测站点或定向点，所以每点应有一个以上通视方向。

(2) 对于特定区域或特定工程，为了顾及原有测绘成果资料以及各种比例尺地形图的沿用，应尽量采用原有坐标系统。对凡符合 GPS 网点要求的旧点，应充分利用其标石。

(3) GPS 网必须由非同步独立观测边构成若干个闭合环或附合路线，各级 GPS 网中每个闭合环或附合路线中的边数应符合表 4.3 的规定。

表 4.3　GPS 网闭合环或附合线路边数的规定

等　级	C	D	E
闭合环或附合路线的边数	≤6	≤8	≤10

4.3.1.2　GPS 静态测量的外业实施

1. 观测工作依据的主要技术指标

GPS 测量在外业观测作业中按表 4.4 的有关技术指标执行。

表 4.4　各级 GPS 测量作业的基本技术要求

项　目	方　法	等级		
		C	D	E
卫星高度角/(°)	静态	≥15	≥15	≥15
	快速静态			
有效观测卫星数	静态	≥5	≥4	≥4
	快速静态	—	≥5	≥5
观测时段数	静态	≥2	≥2	≥2
	快速静态			
平均重复设站数	静态	≥2	≥2	≥2
	快速静态			

续表

项目	方法	等级		
		C	D	E
观测时段长度/min	静态	≥90	≥60	≥45
	快速静态	—	≥20	≥15
数据采样间隔/s	静态	10～30	10～30	10～30
	快速静态			
PDOP	静态	<6	<6	<8
	快速静态			

2. 安置天线

一般情况下，是将接收机安装在三脚架上，在GPS点标志中心上方直接对中整平。

架设接收机天线不宜过低，一般应距地面1m以上。天线架好后，量取天线高，对于圆盘天线（接收机），在间隔120°的3个方向上分别量取天线高，对于方形天线（接收机），在几个边的方向上分别量取天线高，各次测量结果之差不应超过3mm，取各次结果的平均值记入测量手簿中，天线高的记录取值到0.001m。

对于较高等级（C、D级）的GPS测量，要求测定气象元素，每时段气象观测应不少于3次（时段开始、中间、结束）。气压值读至0.1mbar，气温读至0.1℃，对E级及以下GPS测量，可只记录天气状况。

核对点名并记入测量手簿中。

3. 开机观测

观测作业的目的是捕获GPS卫星信号，并对其进行跟踪、处理和量测，以获得所需要的定位信息和观测数据。天线安置完成确认就绪后，开启接收机电源进行观测。

接收机锁定卫星并开始记录数据后，观测员可按照仪器随机提供的操作手簿进行输入和查询操作，在未掌握有关操作系统之前，不要随意按键和输入，在正常接收过程中禁止更改任何设置参数。

4. 记录

在外业观测工作中，所有信息资料均须妥善记录，记录形式主要有以下两种：

(1) 存储记录。存储记录由GPS接收机自动进行，其主要内容有：载波相位观测值及相应的观测历元，同一历元的测码伪距观测值，GPS卫星星历及卫星钟差参数，实时绝对定位结果，测站控制信息及接收机工作状态信息。

(2) 测量手簿。测量手簿是在接收机启动前及观测过程中，由观测者随时填写的。其记录格式参照现行的GPS测量规范，也可按照技术设计书的要求记录。

存储记录和测量手簿都是GPS定位测量的依据，必须认真、及时填写，杜绝事后补记或追记。

外业观测中仪器自动记录的数据文件应及时拷贝，妥善保管。存储介质的外面，适当处应贴制标签，注明文件名、网区名、点名、时段名、采集日期、测量手簿编号等。

接收机内存数据文件在转录到外存介质上时，不得进行任何剔除或删改，不得调用任何对数据实施重新加工组合的操作指令。

4.3.2 数据处理

4.3.2.1 数据处理软件及选择

GPS网数据处理分基线解算和网平差两个阶段。各阶段数据处理软件可采用随机软件（购置接收机的配套软件）或经正式鉴定的专门软件，对于高精度的GPS网成果处理应选用国际著名GPS软件。

4.3.2.2 基线解算（数据预处理）

用两台及两台以上接收机同步观测，产生独立基线向量（坐标差），对独立基线向量的平差计算即基线解算，也称作观测数据预处理。

预处理的主要目的是对原始数据进行编辑、加工整理、分流并产生各种专用信息文件，为进一步的平差计算做准备，包括如下基本内容。

（1）数据传输。将GPS接收机记录的观测数据传输到计算机或其他介质上。

（2）数据分流。从原始记录中，通过解码将各种数据分类整理，剔除无效观测值和冗余信息，形成各种数据文件，如星历文件、观测文件和测站信息文件等。

（3）统一数据文件格式。将不同类型接收机的数据记录格式、项目和采样间隔，统一为标准化的文件格式，以便统一处理。

（4）卫星轨道的标准化。采用多项式拟合法，平滑GPS卫星每小时发送的轨道参数，使观测时段的卫星轨道标准化。

（5）探测周跳、修复载波相位观测值。

（6）对观测值进行必要改正，如加入对流层改正和电离层改正。基线向量的解算一般采用多站、多时段自动处理的方法进行，具体处理中应注意以下几个问题：

1）基线解算一般采用双差相位观测模型，对于边长超过30km的基线，解算时也可采用三差相位观测模型。

2）卫星广播星历坐标值，可作基线解的起算数据。对于规模较大的首级控制网，也可采用其他精密星历作为基线解算的起算值。

3）基线解算中所需的起算点坐标，应按以下优先顺序采用：国家GPS A、B级网控制点或其他高等级GPS网控制点的已有WGS-84系坐标；国家或地区较高等级控制点转换到WGS-84系后的坐标值；不少于观测30min的单点定位结果的平差值提供的WGS-84系坐标。

4）在采用多台接收机同步观测的一个同步时段中，可采用单基线模式解算，也可以只选择独立基线按多基线处理模式统一解算。

5）同一级别的GPS网，根据基线长度不同，可采用不同的数据处理模型。但短基线如1km内的基线，须采用双差固定解。30km以内的基线，可在双差固定解和双差浮点解中选择最优结果。30km以上的基线，可采用三差解作为基线解算的最终结果。

6）对于所有同步观测时间短于30min的快速定位基线，必须采用合格的双差固定解作为基线解算的最终结果。

4.3.2.3 观测成果的检核

对野外观测资料首先要进行核查，包括成果是否符合计划和规范的要求、进行的观测数据质量分析是否符合实际等，然后进行下列项目的检核。

1. 每个时段同步边观测数据的检核

（1）剔除的观测值个数与应获取的观测值个数的比值称为数据剔除率，同一时段观测值的数据剔除率应小于10%。

（2）采用单基线处理模式时，对于采用同一种数学模型的基线解，其同步时段中任意的三边同步环的坐标分量相对闭合差和全长相对闭合差不得超过表4.5所列限差。

表 4.5　同步坐标分量及环线全长相对闭合差限差　　单位：ppm・D

限差类型＼等级	C级	D级	E级
坐标分量相对闭合差	3.0	6.0	9.0
环线全长相对闭合差	5.0	10.0	15.0

2. 重复观测边的检核

同一条基线边若观测了多个时段，则可得到多个边长结果，这种具有多个独立观测结果的边就是重复观测边。对于重复观测边的任意两个时段的成果互差，均应小于相应等级规定精度（按平均边长计算）的$2\sqrt{2}$倍。

3. 同步观测环检核

当环中各边为多台接收机同步观测时，由于各边是不独立的，所以其闭合差应恒为零，例如三边同步环中只有两条同步边可以视为独立的成果，第三边成果应为其余两边的代数和。但是由于模型误差和处理软件的内在缺陷，使得这种同步环的闭合差实际上仍可能不为零，这种闭合差一般数值很小，不至于对定位结果产生明显影响，所以也可把它作为成果质量的一种检核标准。

三边同步环中第三边处理结果与前两边的代数和之差值应小于下列数值：

$$\omega_x \leqslant \frac{\sqrt{3}}{5}\sigma, \omega_y \leqslant \frac{\sqrt{3}}{5}\sigma, \omega_z \leqslant \frac{\sqrt{3}}{5}\sigma$$

$$\omega = \sqrt{\omega_x^2 + \omega_y^2 + \omega_z^2} \leqslant \frac{3}{5}\sigma \tag{4.15}$$

式中　σ——相应级别的规定中误差（按平均边长计算）。

对于四站以上的多边同步环，可以产生大量同步闭合环，在处理完各边观测值后，应检查一切可能的环闭合差。

所有闭合环的分量闭合差不应大于$\frac{\sqrt{n}}{5}\sigma$，而环闭合差：

$$\omega = \sqrt{\omega_x^2 + \omega_y^2 + \omega_z^2} \leqslant \frac{\sqrt{3n}}{5}\sigma \tag{4.16}$$

4. 异步观测环检核

无论采用单基线模式或多基线模式解算基线，都应在整个GPS网中选取一组完全的独立基线构成独立环，各独立环的坐标分量闭合差和全长闭合差应符合式（4.17）的要求。

$$\left.\begin{array}{l}\omega_x \leqslant 2\sqrt{n}\sigma \\ \omega_y \leqslant 2\sqrt{n}\sigma \\ \omega_z \leqslant 2\sqrt{n}\sigma \\ \omega_s \leqslant 2\sqrt{3n}\sigma\end{array}\right\} \tag{4.17}$$

当发现边闭合数据或环闭合数据超出上列规定时，应分析原因并对其中部分或全部成果重测。需要重测的边，应尽量安排在一起进行同步观测。

对经过检核超限的基线在充分分析基础上，进行野外返工观测，基线返工应注意如下几个问题：

(1) 无论何种原因造成一个控制点不能与两条合格独立基线相连，则在该点上应补测或重测不少于一条独立基线。

(2) 可以舍弃在复测基线边长较差、同步环闭合差、独立环闭合差检验中超限的基线，但必须保证舍弃基线后的独立环所含基线数不得超过表 4.3 的规定，否则应重测该基线或者有关的同步图形。

(3) 由于点位不符合 GPS 测量要求，造成一个测站多次重测仍不能满足各项限差技术规定时，可按技术设计要求另增选新点进行重测。

4.3.2.4　GPS 网平差处理

1. 无约束平差

在各项质量检核符合要求后，以所有独立基线组成闭合图形，以三维基线向量及其相应方差协方差阵作为观测信息，以一个点的 WGS-84 系三维坐标作为起算依据，进行 GPS 网的无约束平差。基线向量的改正数绝对值应满足：

$$\left.\begin{array}{l}V_{\Delta x} \leqslant 3\sigma \\ V_{\Delta y} \leqslant 3\sigma \\ V_{\Delta z} \leqslant 3\sigma\end{array}\right\} \tag{4.18}$$

式中　σ——该等级基线的精度。

若不能满足要求，认为该基线或其附近存在粗差基线，应采用软件提供的方法或人工方法剔除粗差基线，直至符合上式要求。

无约束平差结果有：各控制点在 WGS-84 系下的三维坐标，各基线向量三个坐标差观测值的总改正数，基线边长以及点位和边长的精度信息。

2. 约束平差

在无约束平差确定的有效观测量基础上，在国家坐标系或地方独立坐标系下，进行三维约束平差或二维约束平差。约束点的已知坐标、已知距离或已知方位，可以作为强制约束的固定值，也可作为加权观测值。

约束平差中，基线向量的改正数，与剔除粗差后的无约束平差结果的改正数，两者的较差（$dv_{\Delta x}$，$dv_{\Delta y}$，$dv_{\Delta z}$）应符合：

$$\left.\begin{array}{l}dv_{\Delta x} \leqslant 2\sigma \\ dv_{\Delta y} \leqslant 2\sigma \\ dv_{\Delta z} \leqslant 2\sigma\end{array}\right\} \tag{4.19}$$

式中 σ——相应等级基线的规定精度。

若不能满足式（4.19）的要求，认为作为约束的已知坐标、已知距离、已知方位与GPS网不兼容，采用软件提供的或人为的方法，剔除某些误差大的约束值，重新平差计算，直至符合要求。

约束平差的结果有：在国家坐标系或地方独立坐标系中的三维或二维坐标，基线向量改正数，基线边长、方位，坐标、边长、方位的精度信息，转换参数及其精度信息。

4.3.3 静态测量误差分析及注意事项

4.3.3.1 误差分析

GPS测量是通过地面接收设备接收卫星传送的信息，确定地面点的三维坐标，测量结果的误差主要来源于GPS卫星、卫星信号的传播过程和地面接收设备。在高精度的GPS测量中，还应注意到与地球整体运动有关的地球潮汐、负荷潮及相对论效应等的影响。

上述误差，按误差性质可分为系统误差与偶然误差两类。偶然误差主要包括信号的多路径效应和接收机的安置误差，系统误差包括卫星的星历误差、卫星钟差、接收机钟差以及大气折射的误差等。其中系统误差无论是误差的大小还是对定位结果的危害性，都比偶然误差要大得多，所以系统误差是GPS测量的主要误差源，然而系统误差有一定的规律可循，可采取一定的措施加以消除。

下面分别讨论GPS测量中信号传播、卫星本身及信号接收等误差，对测量定位的影响及其处理方法。

1. 与信号传播有关的误差

与信号传播有关的误差有电离层折射误差、对流层折射误差及多路径效应误差。

（1）电离层折射误差。所谓电离层，是指地球上空距地面高度在50～1000km之间的大气层。电离层中的气体分子由于受到太阳等天体各种射线辐射，产生电离形成大量的自由电子和正离子。当GPS信号通过电离层时，如同其他电磁波一样，信号的路径会发生弯曲，传播速度也会发生变化，所以用信号的传播时间乘上理论的传播速度而得到的距离，就会不等于卫星至接收机间的几何距离，这种偏差叫电离层折射误差。电离层改正的大小主要取决于电子总量和信号频率。载波相位测量时的电离层折射改正和伪距测量时的改正数大小相同，符号相反。对于GPS信号来讲，这种距离改正在天顶方向最大可达50m，在接近地平方向时（高度角为20°）则可达150m，因此必须加以改正，否则会严重损害观测值的精度。

（2）对流层折射误差。对流层是高度为50km以下的大气底层，其大气密度比电离层更大，大气状态也更复杂。对流层与地面接触并从地面得到辐射热能，其温度随高度的上升而降低，GPS信号通过对流层时，使传播的路径发生弯曲，从而使测量距离产生偏差，这种现象叫做对流层折射误差。

（3）多路径效应误差。在GPS测量中，如果测站周围的反射物所反射的卫星信号（反射波）进入接收机天线，就将和直接来自卫星的信号（直接波）产生干涉，从而使观测值偏离真值产生所谓的“多路径误差”。这种由于多路径的信号传播所引起的干涉时延效应，被称作多路径效应误差。

2. 与卫星有关的误差

与卫星本身有关的误差有卫星星历误差、卫星钟的钟误差及相对论效应。

(1) 卫星星历误差。由星历所给出的卫星在空间的位置与实际位置之差称为卫星星历误差。由于卫星在运行中要受到多种摄动力的复杂影响，而通过地面监测站又难以充分可靠地测定这些作用力并掌握它们的作用规律，因此在星历预报时会产生较大的误差。在一个观测时间段内星历误差属系统误差特性，是一种起算数据误差，它会严重影响单点定位的精度，也是精密相对定位中的重要误差源。

(2) 卫星钟的钟误差。卫星钟的钟误差包括由钟差、频偏、频漂等产生的误差，也包含钟的随机误差。在GPS测量中，无论是码相位观测或载波相位观测，均要求卫星钟和接收机钟保持严格同步。尽管GPS卫星设有高精度的原子钟（铷钟和铯钟），但与理想的GPS时之间仍存在着偏差或漂移，这些偏差的总量即便在1ms以内，由此引起的等效距离误差也可能达300km。

(3) 相对论效应。相对论效应是由于卫星钟和接收机钟所处的状态（运动速度和重力位）不同，而引起卫星钟和接收机钟之间产生相对钟误差的现象。

3. 与接收机有关的误差

与接收机有关的误差主要有接收机钟误差、接收机位置误差、天线相位中心位置误差及几何图形强度误差等。

(1) 接收机钟误差。GPS接收机一般采用高精度的石英钟，其稳定度约为10^{-9}。若接收机钟与卫星钟间的同步差为$1\mu s$，则由此引起的等效距离误差约为300m。

(2) 接收机位置误差。接收机天线相位中心相对测站标石中心位置的误差称为接收机位置误差，包括天线的置平误差和对中误差、量取天线高误差。例如，当天线高度为1.6m、置平误差为0.1°时，会产生对中误差3mm。因此，安置接收机，必须仔细操作，以尽量减少这种误差的影响。对于精度要求较高时，有条件的宜采用有强制对中装置的观测墩。

(3) 天线相位中心位置误差。在GPS测量中，观测值都是以接收机天线的相位中心位置为准的，而安置接收机是根据其几何中心的，所以天线的相位中心与几何中心在理论上应保持一致，可是实际上天线的相位中心随着信号输入的强度和方向不同而有所变化，即观测时相位中心的瞬时位置（称相位中心）与理论上的相位中心将有所不同，这种差别叫天线相位中心位置误差，这种误差的影响，可达数毫米甚至厘米。如何减少相位中心的偏移是天线设计中的一个重要问题。

在实际工作中，如果使用同一类型的天线，在相距不远的两个或多个观测站上同步观测同一组卫星，便可以通过观测值的求差来削弱相位中心偏移的影响，不过这时各观测站的天线应按天线附有的方位标进行定向，可使用罗盘使之指向磁北极，定向偏差保持在3°以内。

GPS测量的误差来源是很复杂的，随着对定位精度要求的不断提高，研究误差的来源及其影响规律具有重要的意义。

4.3.3.2 注意事项

1. 选点注意事项

GPS测量观测站之间不一定要求相互通视，而且网的图形结构也比较灵活，所以选点工作比常规控制测量的选点要简便。但由于点位的选择对于保证观测工作的顺利进行和保证测量结果的可靠性有着重要的意义，所以在选点工作开始前，除收集和了解有关测区的地理情况和原有测量控制点分布及标架、标型、标石完好状况外，选点工作还应遵守以下原则：

（1）点位应设在易于安装接收设备、视野开阔的较高点上。

（2）点位视场周围15°以上不应有障碍物，以减小GPS信号被遮挡或障碍物吸收。

（3）点位应远离大功率无线电发射源（如电视台、微波站等），其距离不小于200m，远离高压输电线，其距离不小于50m，以避免电磁场对GPS信号的干扰。

（4）点位附近不应有大面积水域或有强烈干扰卫星信号接收的物体，以减弱多路径效应的影响。

（5）点位应选在交通方便，利于其他观测手段扩展与联测的地方。

（6）地面基础稳定，易于点的保存。

（7）选点人员应按技术设计进行踏勘，在实地按要求选定点位。

（8）网形应有利于同步观测边、点联结。

（9）当所选点位需要进行水准联测时，选点人员应实地踏勘水准路线，提出有关建议。

（10）当利用旧点时，应对旧点的稳定性、完好性，以及觇标是否安全可用进行检查，符合要求方可利用。

2. 观测注意事项

在观测工作中，仪器操作人员应注意以下事项。

（1）确认外接电源电缆及天线等各项连接完全无误后，方可接通电源启动接收机。

（2）开机后接收机有关指示显示正常并通过自检后方能输入有关测站和时段控制信息。

（3）接收机在开始记录数据后，应注意查看有关观测卫星数量、卫星号、相位测量残差、实时定位结果及其变化、存储介质记录等情况。

（4）一个时段观测过程中，不允许进行关闭又重新启动、进行自测试（发现故障除外）、改变卫星高度角、改变天线位置、改变数据采样间隔、按动关闭文件和删除文件等功能键。

（5）每一观测时段中，气象元素一般应在始、中、末各观测记录一次，若时段较长可适当增加观测次数。

（6）在观测过程中要特别注意供电情况，作业中观测人员不要远离接收机，听到仪器的低电压报警要及时予以处理，否则可能会造成仪器内部数据的破坏或丢失。

（7）仪器高要按规定始、末各量测一次，并及时输入仪器及记入测量手簿中。

（8）在观测过程中不要靠近接收机使用通信设备，雷雨季节架设天线要防止雷击，雷雨过境时应关机停测，并卸下天线。

（9）观测站的全部预定作业项目，经检查均已按规定完成，且记录与资料完整无误后方可迁站。

（10）观测过程中要随时查看仪器内存或硬盘容量，每日观测结束后，应及时将数据转存至计算机硬盘或移动盘上，确保观测数据不丢失。

4.4　卫星定位差分测量

4.4.1　差分测量综述

差分（Differential）技术，简单理解就是，在不同观测量之间进行求差，其目的在于消除公共项，包括公共误差和公共参数，在以前的无线电定位系统中已被广泛地应用。卫星定位差分测量，是将一台接收机安置在一个固定不动的点（称作“基准站”）上进行观测，根据基准站已知精密坐标，计算出基准站到卫星的距离改正数，并由基准站通过发送电台（称作“数据链”），实时将这一数据发送出去。用户接收机在进行观测（接收卫星信号）的同时，也接收基准站发出的改正数，以此对定位结果进行改正，从而提高定位精度。

差分GPS（称作DGPS）定位，根据差分基准站发送的信息方式可分为3类：位置差分、伪距差分和载波相位差分。

4.4.1.1　位置差分

安装在基准站上的GPS接收机，观测4颗卫星后便可进行三维定位，解算出基准站的坐标。由于存在着轨道误差、时钟误差、大气影响、多径效应以及其他误差，解算出的坐标与基准站的已知坐标不一致，即

$$\left.\begin{aligned}\Delta X&=X-X'\\ \Delta Y&=Y-Y'\\ \Delta Z&=Z-Z'\end{aligned}\right\}\tag{4.20}$$

式中　ΔX、ΔY、ΔZ——坐标改正量。

基准站利用数据链将坐标改正数发送给用户站，用户站用该坐标改正数对其观测坐标进行改正，即

$$\left.\begin{aligned}X_k&=X_k'+\Delta X\\ Y_k&=Y_k'+\Delta Y\\ Z_k&=Z_k'+\Delta Z\end{aligned}\right\}\tag{4.21}$$

坐标差分的优点是传输的差分改正数较少，计算方法简单，任何一种GPS接收机均可改装和组成这种差分系统。其缺点为，要求基准站与用户站必须同步观测同一组卫星，如果接收机基准站与用户站接收机配备及观测环境不完全相同，就难以保证同步观测同一组卫星，这样必将导致定位误差的不匹配，从而影响定位精度。

4.4.1.2　伪距差分

伪距差分即码（C/A码、P码）相位差分技术。在基准站上的接收机，观测求得它至可见卫星的距离，将此计算出的距离与含有误差的测量值加以比较。利用滤波器将此差值滤波并求出其偏差，然后将所有卫星的测距误差传输给用户，用户利用此测距误差来改正测量的伪距。最后，用户利用改正后的伪距来解出本身的位置，就可消去公共误差，提高定位精度。

与位置差分相似，伪距差分能将两站公共误差抵消，但随着用户到基准站距离的增加又出现了系统误差，这种误差用任何差分法都是不能消除的。用户和基准站之间的距离对精度有决定性影响。

4.4.1.3 载波相位差分

利用卫星信号使用的 L 波段的两个无线载波（L_1 和 L_2，L_1 波长为 19cm，L_2 波长为 24cm），由基准站通过数据链，将其载波观测量及站坐标信息，一同传送给用户站。用户站将接收卫星的载波相位与来自基准站的载波相位，组成相位差分观测值进行及时处理，获得高精度的定位结果。

4.4.2 RTK 测量

4.4.2.1 RTK 定位技术简介

RTK（Real Time Kinematic）定位技术即实时动态测量技术，是以载波相位观测量为根据的实时差分（Real Time Differential，RTD）测量技术，它是卫星测量技术发展中的一个重大突破。

前面介绍的 GPS 测量工作，其定位结果需通过观测数据的测后处理而获得。观测数据在测后处理，无法实时地给出观测站的定位结果，也不能对观测数据的质量进行实时地检核，因而如果在数据后处理后发现不合格的测量成果，需要进行返工重测。以往解决这一问题的措施主要是延长观测时间，以获得大量的多余观测量，来保障测量结果的可靠性，显然，这样会降低定位测量工作的效率。实时动态（RTK）测量，采用载波相位动态实时差分方法，实现在野外实时得到定位结果，并现场查看其定位精度。

如图 4.17 所示，在基准站上安置一台 GPS 接收机，对所有可见 GPS 卫星进行连续地观测，并将其观测数据通过无线电传输设备（数据链）实时地发送给用户观测站（称作“移动站”）。在移动站上，GPS 接收机在接收 GPS 卫星信号的同时，通过无线电接收设备，接收基准站传输的观测数据，在整周末知数解固定后，软件实时地进行计算处理，通过手持操作设备实时地显示用户站的三维坐标及其精度。手持操作设备也称测量手簿，如图 4.18 所示。

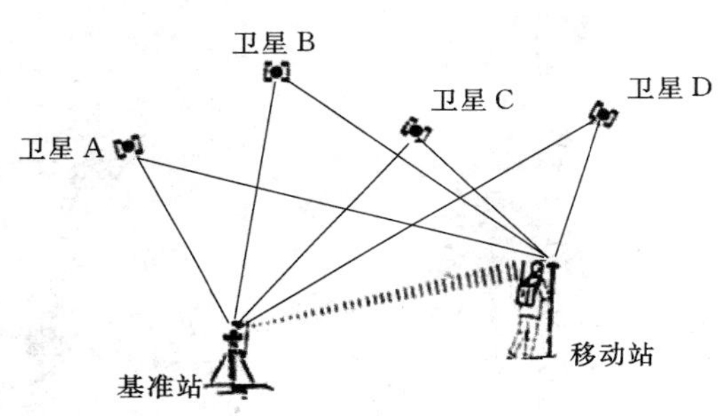

图 4.17 RTK 测量原理

图 4.18 几种品牌的 RTK 测量手簿

4.4.2.2 RTK 测量作业步骤

RTK 测量系统由基准站和移动站两部分组成，测量时，其操作步骤是先启动基准站，后进行移动站操作。

1. 基准站操作

将基准站的接收机组装在对中基座上，然后安装在三脚架上进行对中整平。基准站的发射电台有两种情况：一种是内置方式，即接收机主机、接收机天线、发射电台及发射天线、电池组合在一起，如图 4.19（a）所示；另一种是分离方式，即接收机主机、接收机天线、发射电台及发射天线、电池（或电瓶）是分离的，需通过电缆连接，如图 4.19（b）所示。基站架设好后，打开主机电源，设置为基准站模式。查看卫星信号闪烁灯及电台发射闪烁灯，若均正常表明基准站架设完成。

2. 移动站连接

移动站由接收机、对中杆和控制手簿组成，如图 4.20 所示。将接收机安装在对中杆上，利用固定支架将手簿也固定在对中杆的适当位置，以方便操作。接收机与手簿一般是通过蓝牙连接（也可以通过电缆连接）。打开移动站接收机电源，设置接收机为移动站，并设置电台模式。打开手簿电源，点开手簿蓝牙，搜索移动站串号与移动站配对（记清楚配对的 com 口是多少），然后打开手簿中的测量软件，配置里面的 com 口设置，和蓝牙里面的必须一样，点连接并确定连接到移动站接收机，在手簿上看是否接收到卫星信号及电台信号，若均能正常接收，待手簿显示移动站达到固定解，则移动站连接完毕。

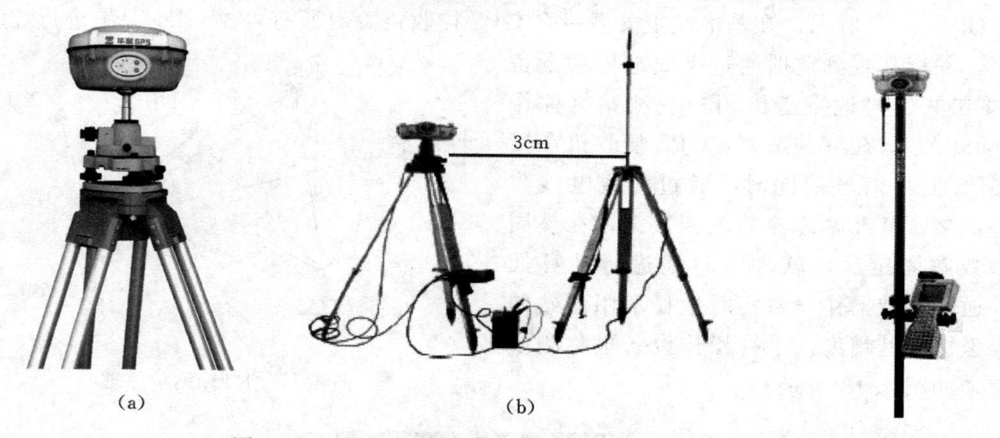

图 4.19 RTK 测量基准站

图 4.20 RTK 测量移动站

3. 测量项目设置

在手簿上，根据软件的提示，新建测量项目（若还是用上次的测量项目则不必新建，只需打开以前的项目即可，看屏幕上显示的项目名称），选择坐标系（与测量项目要求的坐标系一致），填入正确的当地工作地点的中央子午线数据，确认后，则测量项目建立完毕。如果新建的测量项目、坐标系及工作区域与手簿中存有的项目相同，则直接套用原有项目即可。

4. 求转换参数

如果已经获得工作区域的参数，可根据软件向导的提示，在设置菜单下的测量参数中输入即可。

如果没有转换参数，就需要用控制点求转换参数，转换参数有四参数和七参数之分，二者只能用其一。四参数计算至少需要 2 个控制点，七参数计算至少需要 3 个控制点，控制点等级和分布直接决定参数的控制范围。

各种 GPS 品牌手簿中的程序，一般都会提供两种计算转换参数的方式：一种是用“控制点坐标库”中的数据计算，另一种是现场输入和采点数据进行计算。

（1）用“控制点坐标库”中的数据计算转换参数。假设利用 A、B 两个已知点求四参数。首先要有 A、B 两点的 WGS－84 坐标系原始记录坐标和实用坐标系（测量项目）坐标。操作时，先在控制点坐标库中输入 A 点的已知坐标，之后软件会提示输入 A 点的 WGS－84 坐标，然后再输入 B 点的已知坐标和 B 点的 WGS－84 坐标，所有的控制点都输入以后，查看水平精度和高程精度。查看确定无误后点击“保存”，出现路径界面，选择参数文件的保存路径并输入文件名，控制点坐标库会自动计算出四参数，完成之后点击“确定”。之后可以在“设置＼测量参数＼四参数”查看四参数。

七参数求解与四参数求解的方法相似，但至少需要 3 个控制点。

（2）用现场输入和采点数据计算转换参数。在软件的向导提示下，将控制点的已知坐标通过键盘输入手簿，利用移动站直接对控制点测量 WGS－84 坐标，测量时可以没有任何校正参数起作用，但必须是在固定解状态。注意：控制点的已知坐标和刚刚采集的 WGS－84 坐标一定要一一对应，在精度可以的情况下，“计算＼保存＼应用”。

转换参数求取后，至少找一个具有已知坐标的控制点进行检验，确认没有问题即可开始任意点的测量工作。以后如果是在同一区域工作，打开相应的参数文件，做一个点校正即可。所谓点校正，即根据软件的校正向导提示，把移动站对中杆立在有已知坐标的控制点上，把控制点的坐标和移动站的杆高输入，点击“校正”并确定。

如果新建的测量项目，坐标系及工作区域与手簿中存有的项目相同，则无需求转换参数，直接套用原有项目，利用一个已知坐标的控制点，做一个点校正即可。

5. 测量点坐标采集

转换参数求好之后，便可以开始正常的作业了。移动站对中杆立在待测量点上，在手簿屏幕显示固定解的状态下测量，输入测点名并保存。在作业过程中，可以随时查看测量点的数据。

4.4.3　CORS RTK 测量

4.4.3.1　CORS 概念

CORS 即连续运行参考站网络（Continuously Operating Reference Stations），定义为一个或若干个固定的、连续运行的 GPS 参考站，利用计算机、数据通信和互联网（LAN/WAN）技术组成的网络，实时地向不同类型、不同需求、不同层次的用户，自动地提供经过检验的不同类型的 GPS 观测值（伪距，载波相位）、各种改正数参数、状态信息以及其他 GPS 服务项目。

CORS 系统的理论源于 20 世纪 80 年代中期，加拿大学者提出的“主动控制系统（Active Control System）”。该理论认为，GPS 主要误差源来自于卫星星历，D. E. Wells 等人提出利用一批永久性参考站点，为用户提供高精度的预报星历以提高测量精度。之后由于基准站点（Fiducial Points）概念的提出，使这一理论的实用化推进了许多。它的主要理论基础是认为在同一批测量的 GPS 点中选出一些点位可靠、对整个测区具有控制意义的测站，并进行较长时间的连续跟踪观测，通过这些站点组成的网络解算，获取覆盖该地区和该时间段的“局域精密星历”及其他改正参数，以用于测区内其他基线观测值的精密解算。

4.4.3.2　CORS技术简述

目前应用较广的CORS技术有Trimble的VRS技术和Leica的主辅站技术。两种技术基本思想都是将所有的固定参考站数据发送到数据处理中心，联合解算后，以CMR、RTCM等通讯标准格式播发到移动站，但两者还有不同的地方。

1. Trimble的VRS技术

VRS是虚拟参考站（Virtual Reference Station）的意思，与常规RTK不同，VRS网络中，各固定参考站不直接向移动用户发送任何改正信息，而是将所有的原始数据通过数据通讯线发给控制中心。同时，移动用户在工作前，先通过GSM的短信息功能向控制中心发送一个概略坐标，控制中心收到这个位置信息后，根据用户位置，由计算机自动选择最佳的一组固定基准站，根据这些站发来的信息，整体地改正GPS的轨道误差，电离层、对流层和大气折射引起的误差，将高精度的差分信号发给移动站。这个差分信号的效果相当于在移动站旁边，生成一个虚拟的参考基站。由上述可见，在VRS网络中，需要移动站先将接收机的位置信息发送到数据处理中心，数据处理中心会根据移动站的位置“虚拟”出一个参考站，然后，将虚拟出的参考站改正数据播发给移动站，所以在这条通信线路上是双向通信的。

2. Leica的主辅站技术

Leica的主辅站技术，认为数据处理中心播发给移动站的数据由两个部分组成：一部分是主参考站的位置信息及改正信息；另一部分是辅参考站相对于主参考站的改正信息。一个参考站网中只有一个主站，剩下的都是辅站。Leica的主辅站技术不需要用户播发位置信息，所以在这条通讯线路上是单向通讯的（最新的Leica技术也需要移动站发数据给基准站）。

目前，各地建成的CORS系统有单基站CORS系统、多基站CORS系统和网络CORS系统之分。单基站系统类似于1+1或1+N的RTK，只不过其基准站是一个连续运行的基准站。多基站系统是由分布在一定区域内的多个单基站组成，各基准站均将数据发送到同一个服务器内。网络CORS系统是将所有分布在一定区域内多台基准站的原始数据传回控制中心，利用系统软件对接收到的坐标和原始数据进行系统综合误差的建模。

4.4.3.3　CORS RTK特点

CORS差分测量技术使得卫星定位测量变得更加快速、高效。CORS系统摆脱了无线电技术的束缚，采用因特网、GPRS或CDMA作为差分信号传输的载体，借用成熟的网络和移动通讯技术，使差分信号的传输不受距离的限制，充分发挥RTK技术的效能，具有如下特点：

（1）CORS系统，测量外业无须架设基站，只需携带移动站设备，使得外业工作更加轻松便捷。

（2）CORS系统，可大大减小系统误差，并有效地避免基准站粗差的产生。成熟的移动通信技术保证差分信号质量，保障移动站的初始化速度。

（3）CORS系统，一次求取转换参数，外出测量只需套用即可直接进行测量作业。

（4）CORS系统，有效地增加RTK作业范围，对于单基站CORS系统，基站服务半径约50km，而对于多基站CORS系统及网络CORS系统，其作业范围则更大，例如一些省级网络CORS系统，可以在全省范围内任何地方进行测量作业。

（5）CORS系统，服务器可实时监控移动站状态，并可保存移动站实时返回的信息，保证RTK数据的完整性。

4.4.3.4 CORS RTK测量操作

下面简要介绍CORS RTK测量的一般操作步骤。

1. 连接接收机和手簿

将接收机安装在对中杆上，打开接收机和手簿电源，默认情况下手簿和接收机会自动进行蓝牙连接，如果弹出提示窗口“端口打开失败”，则重新连接，点击设置菜单下的连接仪器，软件会自动搜索，搜索连接成功后，手簿屏幕上会有个“R”标志。

2. 新建测量项目

测量软件默认打开上一次的测量项目，如果是新建项目，根据测量软件提示向导，输入项目名称并确认。

3. 配置网络参数

手簿与GPS主机连通之后，手簿读取主机的模块类型，点击“设置”下拉菜单下面的“网络连接”。

连接方式根据手机卡类型选择GPRS或CDMA，然后输入IP地址、域名、端口、用户名和密码（用户名和密码事先联系使用的CORS系统中心进行申请）。设置完成后点击设置按钮，提示设置成功后退出。该设置只需要输入一次，以后无需重复设置。

4. 套用坐标系统

CORS RTK测量一般是套用手簿中预存的坐标系统，如：1954年北京坐标系，或1980西安坐标系，或2000国家大地坐标系，或地方坐标系。如果测量项目与预存的坐标系统均不同，转换参数的求取与前面普通RTK测量中介绍的方法相同。

5. 测量及成果输出

对中杆立在待测量点上，在手簿屏幕显示固定解的状态下测量，输入测点名并保存。在作业过程中，可以随时查看测量点的数据。

测量完成后，测量成果可以以不同的格式输出，例如：

点名，属性，X，Y，H

或　　点名，属性，Y，X，H

一般的操作方法为：项目名称\文件输出，点击“文件输出”，在数据格式里面选择需要输出的格式，再确定文件输出的路径，即点击“源文件”，选择需要转换的原始数据文件，点击确定，然后点击“目标文件”，输入目标文件名（注意转换后保存文件的名称不要和已有文件重名），点击确定。

4.4.4 差分测量误差分析及注意事项

4.4.4.1 差分测量误差分析

卫星定位差分测量误差可分类为：卫星轨道误差及卫星信号传播误差；与仪器和信号

干扰有关的误差；数据链误差和转换参数求解误差。

1. 卫星轨道误差及卫星信号传播误差

对于轨道误差，其相对误差很小，就短基线（小于10km）而言，对测量结果的影响可忽略不计，但是对长距离基线，则可达到几厘米。

卫星信号传播误差主要指电离层误差和对流层误差。电离层引起电磁波传播延迟从而产生误差，其延迟强度与电离层的电子密度密切相关，电离层的电子密度随太阳黑子活动状况、地理位置、季节变化、昼夜不同而变化。利用双频接收机将 L_1 和 L_2 的观测值进行线性组合，利用两个以上观测站同步观测量求差（短基线），利用电离层模型加以改正，均可以有效地消除电离层误差的影响。实际上，差分测量技术一般都考虑了上述因素和办法。对流层误差，即GPS信号通过对流层时使传播的路径发生弯曲，从而使距离测量产生偏差，这种现象叫做对流层折射。对流层的折射与地面气候、大气压力、温度和湿度变化密切相关，这也使得对流层折射比电离层折射更复杂。

2. 与仪器和信号干扰有关的误差

接收机天线的机械中心（或者叫几何中心）和电子相位中心一般不重合，而且电子相位中心是变化的，它取决于接收信号的频率、方位角和高度角。天线相位中心的变化，可使点位坐标的误差一般达到3～5cm。因此，若要提高RTK测量的定位精度，必须进行天线检验校正。

多路径误差是RTK测量中较严重的误差，其大小取决于天线周围的环境，一般为几厘米，高反射环境下可超过10cm。多路径误差可通过有效措施予以削弱，如选择地形开阔、不具反射面的点位，采用具有削弱多径误差的天线，基准站附近铺设吸收电波的材料等。

信号干扰可能有多种原因，如无线电发射源、雷达装置、高压线等，干扰的强度取决于频率、发射台功率和接收机至干扰源的距离。

气象因素也可能导致观测坐标有较大误差，如快速运动中的气象锋面，因此，在天气急剧变化时不宜进行RTK测量。

3. 数据链误差和转换参数求解误差

差分测量的基本思想即由基准站通过发送电台（称作“数据链”），实时将改正参数发送出去，用户接收机在进行观测的同时，也接收基准站发出的改正数，以此对定位结果进行改正，从而提高定位精度。数据链发送的效果与移动站至基准站的距离有关，所以RTK的有效作业半径是有限制的（一般为几公里），虽然CORS RTK可以通过网络和移动通信技术有效地解决这一问题，但对于网络信号欠佳的地方，数据链发送的效果也会不理想。

RTK测量的转换参数是通过具有已知坐标的控制点求解的，其精度不仅与控制点本身精度有关，也与控制点的数量与控制点分布有关。

4.4.4.2 RTK测量注意事项

1. 基准站注意事项

（1）基准站的点位选择，应尽量设置于相对制高点上，以方便播发差分改正信号。

（2）基准站周围应视野开阔，截止高度角应超过15°，周围无信号反射物（大面积水域、大型建筑物、玻璃幕墙等），以减少多路径干扰，并要尽量避开交通要道、过往行人的干扰。

（3）若使用外接电台及供电电瓶模式，要把主机、电台和电瓶连接起来，注意电源的正负极，确保所有的连接线都连接正确后方可打开电台电源开关。

（4）基准站启动后，需等到差分信号正常发射方可离开。

（5）RTK 作业期间，基准站不允许移动或关机又重新启动，若必须重启则需要重新点校正。

2. 移动站注意事项

（1）在进行 RTK 测量作业前，应首先检查仪器内存容量能否满足工作需要，并备足电源。

（2）确保手簿与主机蓝牙已配置好端口。

（3）在信号受影响的点位，为提高效率，可将仪器移到开阔处或升高天线，待数据链锁定且差分解达到固定状态后，再小心无倾斜地移回待定点或放低天线，一般可以初始化成功。

（4）移动站一般采用默认值 2m 长对中杆作业，当高度改变时，应注意在手簿中修正杆高。

3. 套用坐标系统或求解转换参数注意事项

（1）套用预存坐标系统后，进行点校正控制点，应选择在测区中央。对于较大测区，宜分区测量，分区域建立项目，套用预存坐标系统后，选择区域里面的控制点进行点校正。

（2）对于必须求解转换参数的测量项目，最好利用 3 个以上已知坐标的控制点进行求解，而且控制点应均匀分布于测区周围。如果利用两点校正，一定要注意尺度比是否接近于 1。要利用坐标转换中误差对转换参数的精度进行评定。

4.5 卫星定位测高

4.5.1 高程系统

高程系统有大地高系统、正高系统和正常高系统，如图 4.21 所示。

4.5.1.1 大地高系统

大地高系统是以参考椭球面为基准面的高程系统。某点的大地高是指，该点沿通过该点的参考椭球的法线方向，到参考椭球面的距离。大地高也称为椭球高，大地高一般用符号 H 表示。大地高是一个纯几何量，不具有物理意义，不难理解，同一个点，在不同定义的椭球的基准下，具有不同的大地高。

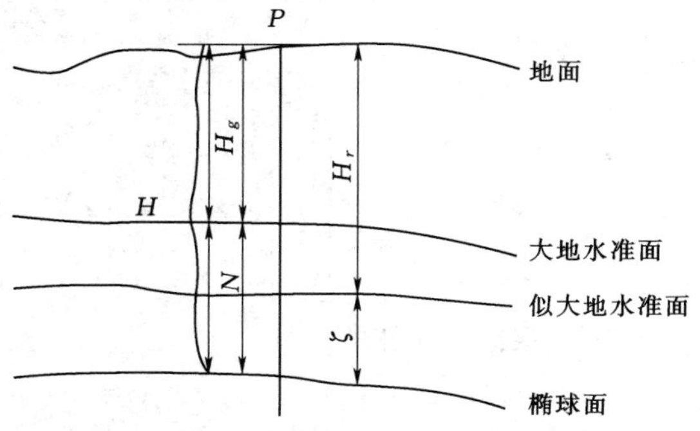

图 4.21 大地高系统、正高系统、正常高系统

4.5.1.2 正高系统

正高系统是以大地水准面为基准面的高程系统。某点的正高是指，该点沿通过

该点的铅垂线方向，到与大地水准面的交点之间的距离，正高用符号 H_g 表示。因为正高系统是以大地水准面为基准面的高程系统，所以它具有明确的物理意义。大地水准面至椭球面的距离为大地水准面差距，用 N 表示：

$$N=H-H_g \tag{4.22}$$

4.5.1.3 正常高系统

正常高系统是以似大地水准面为基准的高程系统。某点的正常高是指，该点沿通过该点的铅垂线方向，到与“似大地水准面”的交点之间的距离，正常高用符号 H_r 表示。正常高与大地高之差，称作高程异常，用 ζ 表示：

$$\zeta=H-H_r \tag{4.23}$$

补充说明，“似大地水准面”严格说不是水准面，它与大地水准面不完全吻合，但接近于大地水准面，是用于计算的辅助面。似大地水准面与大地水准面之间的差距，即正常高与正高之差，称作重力异常。重力异常的大小与点位的高程和地球内部的质量分布有关系，在我国青藏高原等西部高海拔地区，两者差异最大可达 3m，在中东部平原地区这种差异约几厘米，在海洋面上似大地水准面与大地水准面重合。

4.5.2 高程拟合

由 GPS 定位测定的点的高程属于 WGS－84 坐标系的大地高，因此，需要找出 GPS 点大地高系统高程与正常高系统高程的关系，并采用一定的模型进行转换。目前，主要是采用几何的曲面拟合方法，即利用测区内若干具有 GPS 大地高高程和水准高程的公共点，通过这些点的高程异常值，构造一种曲面来逼近似大地水准面。下面介绍几种常用的拟合方法。

4.5.2.1 平面拟合法

在小区域且较为平坦的测区，可以考虑用平面逼近局部似大地水准面。设某公共点的高程异常 ζ 与该点的平面坐标的关系式为

$$\zeta_i=a_1+a_2x_i+a_3y_i \tag{4.24}$$

式中 a_1、a_2、a_3——模型参数。

如果公共点的数目大于 3 个，则可列出相应的误差方程为

$$v_i=a_1+a_2x_i+a_3y_i-\zeta_i \quad (i=1,2,3,\cdots) \tag{4.25}$$

写成矩阵形式有

$$V=AX-\zeta \tag{4.26}$$

式中

$$V=\begin{bmatrix}V_1\\V_2\\\vdots\\V_n\end{bmatrix},A=\begin{bmatrix}a_1\\a_2\\a_3\end{bmatrix},X=\begin{bmatrix}1 & x_2 & y_3\\1 & x_2 & y_3\\\vdots & \vdots & \vdots\\1 & x_2 & y_3\end{bmatrix},\zeta=\begin{bmatrix}\zeta_1\\\zeta_2\\\vdots\\\zeta_n\end{bmatrix}$$

根据最小二乘原理可求得

$$A=(X^{\mathrm{T}}X)^{-1}X^{\mathrm{T}}\zeta \tag{4.27}$$

平面拟合方法，在约 100km^2 的平原地区，拟合精度为 3～4cm。

4.5.2.2 二次曲面拟合法

二次曲面拟合法拟合似大地水准面，是将某公共点的高程异常 ζ 与平面坐标的关系写成如下关系式：

$$\zeta_i = a_0 + a_1 x_i + a_2 y_i + a_3 x_i^2 + a_4 y_i^2 + a_5 xy \tag{4.28}$$

式中 a_0、a_1、a_2、a_3、a_4、a_5——待定模型参数。

因此，区域内至少需要 6 个公共点。当公共点的数目大于 6 个，同上，可根据最小二乘原理求解。

曲面拟合法还可以进一步扩展为更多项和更高次的曲面，其关系式可写为

$$\zeta_i = a_0 + a_1 x_i + a_2 y_i + a_3 x_i^2 + a_4 y_i^2 + a_5 xy + a_6 x_i^3 + a_7 y_i^3 + \cdots \tag{4.29}$$

4.5.2.3 多面函数拟合法

多面函数法的基本思想是，任何数学表面和任何不规则的圆滑表面，总可以用一系列有规则的数学表面的总和以任意精度逼近。

4.5.2.4 其他方法

曲面拟合法中还有样条函数法、非参数回归曲面拟合法、有限元法、移动曲面法等。此外，还可以运用地球重力场模型法、重力场模型与曲面拟合相结合方法等，进行大地高向正常高的化算。这些方法一般数学关系式及模型参数解算均较为复杂，这里不再详述。

4.5.3 卫星定位测高注意事项

影响卫星定位测高精度的因素包括卫星定位测量获得的大地高精度、公共点几何水准高程的精度、公共点的密度与分布、高程拟合的模型及方法等。

(1) 具有高精度的 GPS 大地高高程是获得高精度正常高高程的前提，因此必须采取措施以获得高精度的大地高高程，包括改善 GPS 星历的精度，提高基线解算中起算点坐标的精度，减弱电离层、对流层、多路径效应及观测误差的影响等。

(2) 几何水准测量应认真组织实施，以保证提供具有足以满足精度要求的水准测量高程值。此外，应有足够数量的高程公共点，且点的位置应均匀分布于测区。

(3) 根据不同的测区情况，选用合适的拟合模型。对大范围测区，可采用重力场模型与曲面拟合相结合的方法，并宜采取分区进行平差计算。

思 考 题 与 习 题

1. 全球导航卫星系统（GNSS）包括哪几个卫星定位系统？
2. GPS 卫星定位系统由哪几部分组成？
3. GPS 卫星定位系统地面控制部分由哪几部分组成？
4. GPS 卫星定位系统空间星座由哪几部分组成？
5. 理解卫星定位术语：历元、星历、导航电文。
6. 卫星定位测量的基本原理是什么？
7. WGS－84 坐标系是如何定义的？
8. GPS 测量求解坐标转换参数思路和方法是什么？坐标转换、七参数转换和四参数转换的区别是什么？

9. GPS测量的特点是什么？

10. GPS测量作业模式是什么？

11. 写出GPS相邻点间弦长精度的计算公式，并说明各符号的含义。

12. 某品牌型号的GPS接收机，其标称精度为$5mm+2\times10^{-6}D$，即：固定误差$a=5mm$，比例误差系数$b=2mm/km$。若用此种接收机观测一概略距离为1.7km的基线，试估算该基线向量的弦长中误差（取位到1mm）及弦长的相对误差。

13. GPS网的基准是什么？各基准一般如何确定？

14. 某GPS网由27个点组成，拟用3台接收机进行观测，若每点平均设站次数为2，计算：观测时段数、总基线数、必要基线数、独立基线数分别是多少？

15. GPS静态测量，建立控制网的网型有哪些？选点的注意事项有哪些？观测注意事项有哪些？

16. 静态GPS测量的数据处理包括哪几项工作？

17. GPS测量的误差分析。

18. GPS RTK测量的基本思想是什么？

19. GPS RTK测量如何设置？如何进行点校正？

20. 什么是CORS？CORS RTK的基本思想是什么？CORS RTK的特点或优势是什么？

第5章 大比例尺数字测图

5.1 数字测图概述

5.1.1 数字测图的概念与特点

测图即地形测量，是利用测量仪器对地球表面局部区域内各种地物、地貌（统称地形）的空间位置和几何形状进行测定，并按一定的比例尺缩小，绘制成地形图。

传统的地形测量是用仪器测量角度、距离、高差，并作记录，由绘图人员利用分度器、比例尺等工具模拟测量数据，按图式符号展绘到图纸上，所以又俗称白纸测图或模拟法测图。

数字测图（Digital Surveying and Mapping，DSM）是以数字（三维坐标）的形式表达地形特征点，以计算机绘图软件生成和编辑地形图，以各种磁盘介质及网络对图件、数据进行存储与传输。

随着科学技术的进步，数字化测量仪器（如全站仪、卫星定位测量设备、三维激光扫描仪、数码相机）的广泛应用，以及计算机硬件和软件技术的发展，促进了地形测量的自动化，并成为大比例尺地形测量全面革新的最积极、最有活力的因素和最可靠的技术保障。地形测量从白纸测图变革为数字测图，使得测量的成果不再只是绘制在纸上的地形图，而是提交可供传输、处理、共享的数字地形信息，即以计算机存储设备为载体的数字地形图，成为信息时代不可缺少的地理信息的重要组成部分。

与模拟法平板测图相比，数字测图具有以下特点：

(1) 自动化程度高。采用全站仪、卫星定位测量设备等采集数据，自动记录存储，直接传输给计算机进行数据处理、绘图，工作效率高，绘制的地形图精确、美观、规范。

由计算机处理地形信息，建立数据和图形数据库，生成数字地图，更便于后续成果应用和信息管理。

(2) 精度高。数字测图的精度取决于地形点（地物、地貌）的野外数据采集精度，而成图、绘图（计算机处理）对地形图的精度几乎没有影响。

(3) 内容丰富，使用方便。数字地图可以分层保存多种信息，比如房屋、电力线、道路、水系、地貌等，存于不同的层中，通过打开或关闭不同的层得到所需的各类专题图，如管线图、水系图、道路图和房屋图等。

由数字地图可以生成不同用途的专题图，比如水利规划图、城市规划图、城市建设图、房地产图、各类管理用图等，实现一测多用。

在数字图上可以进行各类工程设计，比如土建工程设计、水利工程设计、交通工程设计、园林工程设计等。

由数字地图可以绘制不同比例尺的地形图或不同用途的专题图。

(4) 方便修测和更新。数字测图采用解析法测定点位坐标，计算机软件成图，在图上增加、删除内容对图面的美观、整洁（规范性）无任何影响，所以，便于修测和更新。

5.1.2 数字测图系统

数字测图系统是以计算机为核心，在输入、输出设备硬件和软件的支持下，对地形空间数据进行采集、输入、成图、绘图、输出、管理的测绘系统，它分为3个部分：地形数据采集、数据处理与成图、绘图和输出，如图5.1所示。

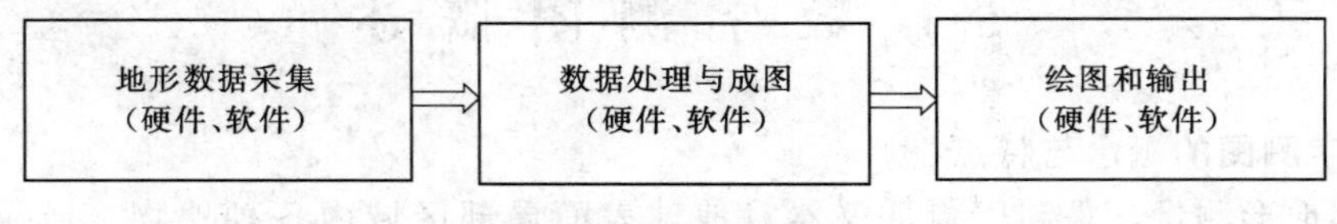

图5.1 数字测图系统

空间数据的来源不同，采集的仪器和方法也不同，通常有如下几种数据采集的方法：全站仪、卫星定位测量采集；原图（底图）数据采集；三维激光扫描仪数据采集；通过摄影测量照片数据采集。由于地形空间数据的来源不同，所以广义地理解数字测图系统如图5.2所示。

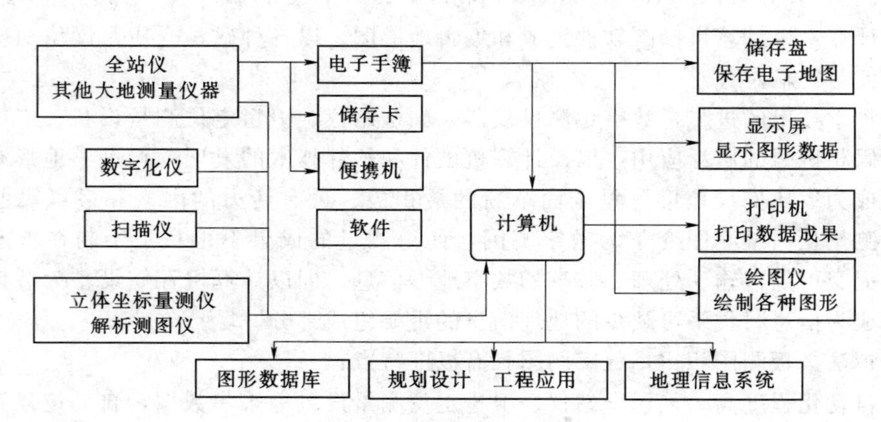

图5.2 广义数字测图系统

5.1.3 数字测图的发展

大比例尺地面数字测图是20世纪70年代在轻小型、自动化、多功能的电子速测仪面世后发展起来的，80年代全站仪的迅猛发展，加速了数字测图的研究与应用，其发展过程大致分为以下两个阶段：

第一阶段，主要是利用全站仪在野外测量、采集地形数据，通过电子手簿（全站仪配套的电子手簿或用袖珍计算机改装的电子手簿）记录并传输给计算机，在室内根据野外详细绘制的标有测点号的草图，在计算机屏幕上进行人机交互编辑修改，而后生成图形文件或数字地图，由绘图仪绘制地形图。

第二阶段，所使用的测量方法仍然是采用野外数字测记模式，但成图软件有了实质性的进展。主要表现在两个方面：一是开发了智能化外业数据采集软件；二是计算机自动成图软件能直接针对存储记录的地形信息数据进行处理。有的采用电子平板测绘模式，即利用全站仪在野外采集地形数据，并且直接传输给便携式计算机，便携式计算机不仅具备电子手簿的全部功能，同时能在野外实时进行数据处理和图形编辑、显示，如图 5.3 所示。为外业携带方便，又制造出了手持式电子平板，如图 5.4 所示。

图 5.3 全站仪野外测图电子平板模式

图 5.4 手持式电子平板

随着科学技术的进一步发展，地形数字采集采取了更加自动化的模式：

（1）全站仪自动跟踪测量模式。测站为自动跟踪式全站仪，可以无人操作，镜站有跑镜员和电子平板操作员，全站仪自动跟踪照准立在测点上的棱镜，测量数据由测站自动传输到镜站的电子平板记录、成图。

（2）卫星定位测量模式。卫星定位实时动态测量（RTK）能够实时提供测点在指定坐标系的三维坐标成果，在测程 20km 以内可达厘米级精度，与电子平板测图系统连接，可现场实时成图，实现一步数字测图，显著地提高了开阔区域野外测图的可靠性和劳动生产率。

5.2 数字测图的数据采集

5.2.1 数据采集原理

5.2.1.1 地形点的描述

由《测量学》可知，测量的基本工作是测定点位，其方法可通过测量水平角、竖直角、距离确定点位，也可直接测定点的直角坐标以确定点位。传统的测图工作是用仪器测得点的数据，然后由绘图员按角度与距离将碎部点展绘到图纸上，跑尺员根据实际地形向绘图员报告，测的是什么点（如房角点），这个（房角）点应该与哪个（房角）点连接等等，绘图员当场依据展绘的点位按图式符号将地物（房子）描绘出来，就这样一点一点地测和绘，一幅地形图也就绘成了。数字测图是经过计算机软件处理（识别、检索、连接、调用图式符号等），绘出所测的地形图，因此，对地形点须给出点位信息及绘图信息。

综上所述，数字测图中地形点的描述必须具备 3 类信息：

（1）测点的三维坐标。

（2）测点的属性，即地形点的特征信息。绘图时必须知道该点是什么点，是地貌点还是地物（如房角、消火栓、电线杆……）点？有什么特征？

（3）测点的连接关系，据此将相关的点进行相连。

前一项是定位信息，后两项则是绘图信息。

测点的点位是用仪器在外业测量中测得的，最终以 x、y、$z(H)$ 三维坐标表示。测点时要标明点号，点号在测图系统中是唯一的，根据它可以提取点位坐标。

测点的属性是用地形编码表示的，有编码就知道它是什么点，图式符号是什么；反之，外业测量时知道测的是什么点，就可以给出该点的编码并记录下来。

测点的连接信息，是用连接点和连接线型表示的。野外测量时，知道测的是什么点，是房屋还是道路等，当场记下该测点的编码和连接信息，成图时利用测图系统中的图式符号库，只要知道编码，就可以从库中调出与该编码对应的图式符号成图。也就是说，如果测得点位，又知道该测点应与哪个测点相连，还知道它们对应的图式符号，那么就可以将所测的地形图绘出来了。

5.2.1.2 地形编码

1. 地形编码的原则

由于数字测图采集的数据信息量大、内容多、涉及面广，只有数据和图形一一对应，构成一个有机的整体，才具有广泛的使用价值，因此，必须对其进行科学的编码。编码的方法是多种多样的，但不管采用何种编码方式，遵循的原则基本相同。

(1) 一致性。要求野外采集的数据或测算的碎部点坐标数据，在绘图时能唯一地确定一个点，并在绘图时符合图式规范。

(2) 灵活性。要求编码结构充分灵活，适应多用途数字测图的需要，为地形数据信息编码的进一步扩展（如在地理信息管理和规划、建筑设计等后续工作中）提供方便。

(3) 简易实用性。尊重传统方法，容易为野外作业和图形编辑人员理解、接受和记忆，并能正确、方便地使用。

(4) 高效性。能以尽量少的数据量容载尽可能多的外业地形信息。

(5) 可识别性。编码一般由字符、数字或字符与数字组合而成，设计的编码不仅要求能够被人识别，还要求能被计算机用较少的机时加以识别，并能有效地对其管理。

2. 一般测图系统所采用的地形编码方案

(1) 三位整数编码。三位整数是最少位数的地形编码，它主要参考地形图图式符号，对地形要素进行分类、排序编码。按照《1∶500、1∶1000、1∶2000地形图图式》，地形要素分为10大类：①测量控制点；②居民地；③工矿企业建筑物和公共设施；④独立地物；⑤道路及附属设施；⑥管线及垣栅；⑦水系及附属设施；⑧境界；⑨地貌与土质；⑩植被。

在每一大类中又有许多地形要素，在设计三位整数编码时，第一位为类别号，代表上述大类，第二、三位为顺序号，即地物符号在某大类中的序号。例如，编码105，1为大类，即控制点类，05为图式符号中顺序为5的控制点即导线点。又如201为居民地类的一般房屋中的混凝土房。

三位整数编码的优点是编码位数最少、最简单，操作人员易于记忆和输入；按图式符号分类，符合测图人员的习惯；与图式符号一一对应，编码带有图形信息；计算机可自动识别、自动绘图。

(2) 四位整数编码。四位整数编码，其地形编码制定的原则同前，只是考虑到系统的发展，多留一些编码的冗余，以便编码的扩展，此外，还考虑到与原图式中编码的相似性。原图式的编号就有三位，在一个编号下还要细分几种类型，如图式中烟囱及烟道的编号为 327，此编号下还分 3 种：①烟囱；②烟道；③架空烟道。若采用三位编码，则按顺序依次编下去，而四位编码则可编为 3271、3272、3273。

(3) 其他编码。在有些测图软件中，还采用了如下的一些编码方案：

1) 拼音字母编码，如独立房编码为“DLF”。此法对于同音异义的字容易混淆，重码率较高，所以有一定的缺陷。

2) 多位编码，如五位、六位、七位数字编码。多位编码都是各自测图软件中自定义的编码体系。如五位数字编码规定，前三位为整数，后两位为小数，整数为地物编码，定义地物的类别，如把常用的地物分为点、建筑物、圆形物、地面线状地物、地上（高空）线状地物以及独立地物等 6 大类；二位小数用来进一步说明地物的方向或流向、楼层等。又如七位数字编码，前三位为结合图式规定的地物编码，后四位则是将系统绘图要求等情况考虑进去，第四、五位为同测站上的同类地物的编号，第六、七位为组成一个地物测点的顺序号。

5.2.1.3　连接信息

连接信息分为连接点和连接线型。当测点是独立地物时，只要用地形编码来表明它的属性，知道这个地物是什么，应该用什么样的符号来表示就可以了。如果测的是一个线状或面状地物，需要明确本测点与哪个点相连，以什么线型相连，才能形成一个地物。所谓线型是指直线、曲线或圆弧线等，如图 5.5 所示的物体，2 点必须与 1 点以直线相连，3 点须与 2 点直线相连，4 点与 3 点、5 点与 4 点则以圆弧相连，5 点与 1 点以直线相连，有了定位、编码，再加上连接信息，就可以正确地绘出该地物了。

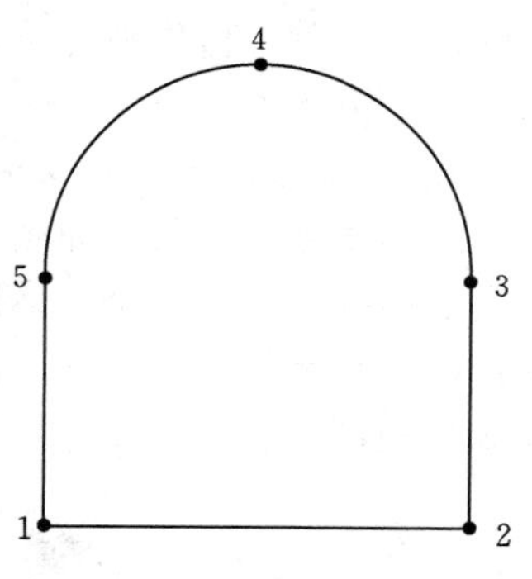

图 5.5　绘图示意

综上所述，对每一个点来说，获取了描述点的 3 类信息，就具备了计算机自动绘图的必要条件。

5.2.2　数据采集

5.2.2.1　全站仪、卫星定位数据采集

在野外实地，用全站仪或卫星定位设备，直接测定地形点的三维坐标。采集数据的同时，绘制地形草图。到室内将野外采集的数据传输到计算机，利用绘图软件，参照野外绘制的草图，进行人机交互编辑，形成规范的地形图。这种方式也被称之为地面数字测图。关于全站仪坐标测量及卫星定位 RTK 坐标测量的方法，在第 3 章和第 4 章中已经介绍，这里不再赘述。

5.2.2.2　原图（底图）数据采集

在已进行过测绘工作的测区，有存档的纸介质或聚酯薄膜地形图，即为原图或底图。可以通过如下的方法将纸质原图转化为数字化图。

(1) 利用数字化仪对原图数字化。数字化仪主要由鼠标器、数字化板和微处理器组成，如图 5.6 所示。利用数字化仪对纸质图数字化时，把待数字化的图件固定在数字化板上，如图5.7所示。首先对图幅的4个图廓点进行数字化，即进行图幅定位。再对图中的控制点进行采集并与坐标值比较，满足要求后，用鼠标器依次采集图幅内各地物地貌的特征点位置。

图5.6 数字化仪

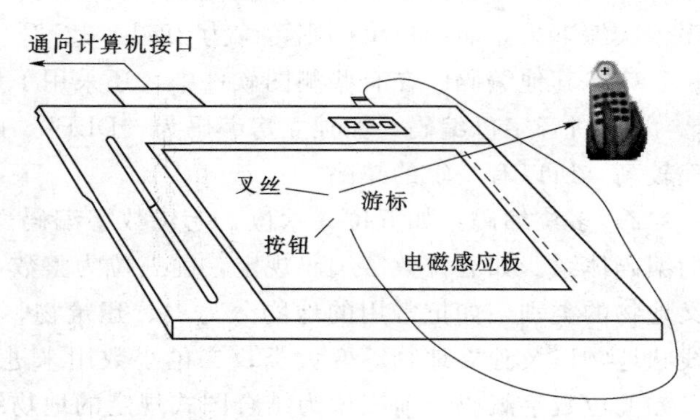

图5.7 利用数字化仪进行数据采集

（2）扫描仪数字化。图纸扫描仪，如图5.8所示。扫描仪可以将图形、图像快速地扫描数字化后存入计算机。扫描仪扫出的图形是栅格形式，所以还需要利用矢量化软件将栅格图形转换为矢量图形，再供数字化成图软件使用。利用扫描仪，因速度快、不受人为因素的影响、手工操作强度小，以及计算机运算速度、存储容量的提高和矢量化软件的踊跃出现，已成为将纸质图转换为数字化图的主要方法。

5.2.2.3 三维激光扫描仪数据采集

三维激光扫描仪，如图5.9所示。利用三维激光扫描仪测量，对地形、地貌进行高分辨率的扫描，得到三维立体图像，将全站仪或卫星定位RTK的逐点测量变成了“面”的测量，并且在扫描的时候不需要与被测物体接触，作业人员劳动强度小、作业效率高。三维激光扫描仪测量，作为一种全新的测量技术，正被越来越多地引起重视和利用。

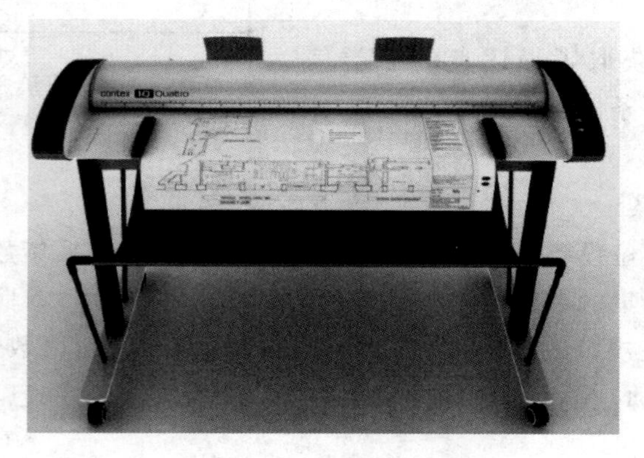

图5.8 图纸扫描仪

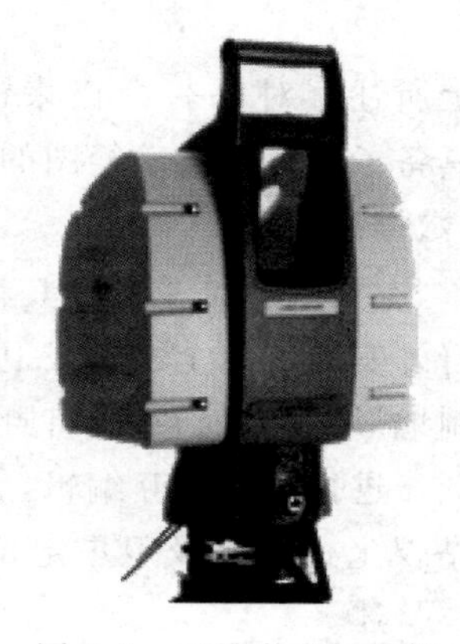

图5.9 三维激光扫描仪

5.2.2.4 摄影测量照片数据采集

以航空或地面摄影测量获取的相片（胶片或数码相片）作为数据源，利用解析测图仪、航片扫描仪、计算机3D量测等方法采集地形特征点，如图5.10所示，将采集的特征点数据传输到计算机，经过软件处理，生成数字地形图。利用航空数字测图进行大比例尺地形绘制和更新，已成为地形测量的重要手段和先进的方法。它可以提供丰富的数字正射影像图（DOM）、数字高程模型（DEM）、数字栅格地图（DRG）、数字线划地图（DLG），被统称作“4D”产品。

(a)

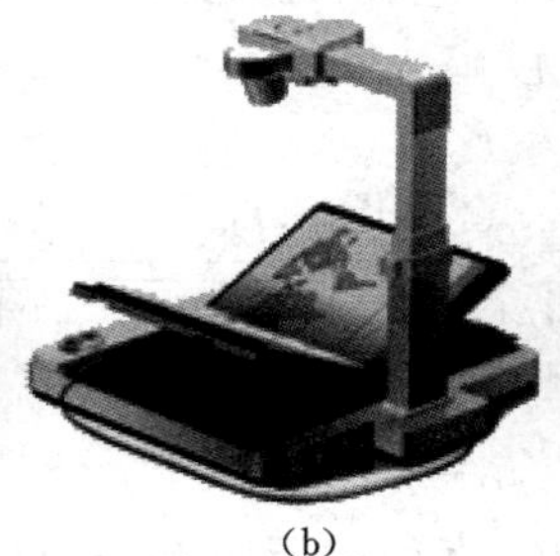
(b)

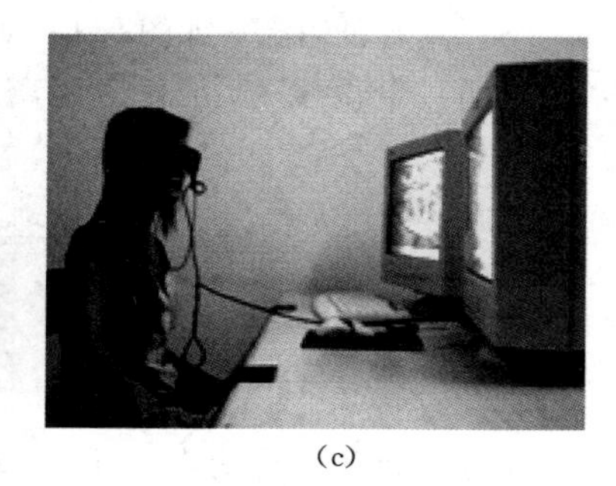
(c)

图 5.10 解析测图仪、航片扫描仪、计算机 3D 量测

5.2.2.5 间接测算碎部点的坐标

有些碎部点的位置无法用全站仪或卫星定位接收机进行测量，这时可采用“测算法”测算结合，获得碎部点的坐标。

碎部点坐标“测算法”的基本思想是：野外数据采集，利用全站仪测定能观测到的碎部点的坐标，然后充分利用直线、直角、平行、对称等几何特征，计算出其他的碎部点的坐标。下面介绍几种常用的碎部点测算方法。

（1）极坐标法。如图 5.11 所示，已知：$P_1(x_1, y_1, H_1)$，$P_2(x_2, y_2, H_2)$。待求：P_Q 点的坐标 (x_Q, y_Q, H_Q)。

观测：在 P_1 点后视 P_2，后视方向方位角为 α_0，量取仪器高 i 及觇标高 l，照准 P_Q，测得水平角 β、天顶距 z 和斜距 S，则

$$x_Q = x_1 + S\sin z\cos(\alpha_0+\beta)$$
$$y_Q = y_1 + S\sin z\sin(\alpha_0+\beta)$$
$$H_Q = H_1 + S\cos z + i - l$$

（2）延长量边法。如图 5.12 所示，已知：起始点 $P_1(x_1, y_1, H_1)$ 和方向点 $P_2(x_2, y_2, H_2)$。待求：P_Q 点的坐标 (x_Q, y_Q, H_Q)。

观测：丈量边长 D，则

$$\gamma = \frac{D}{\sqrt{(x_2-x_1)^2+(y_2-y_1)^2}}$$

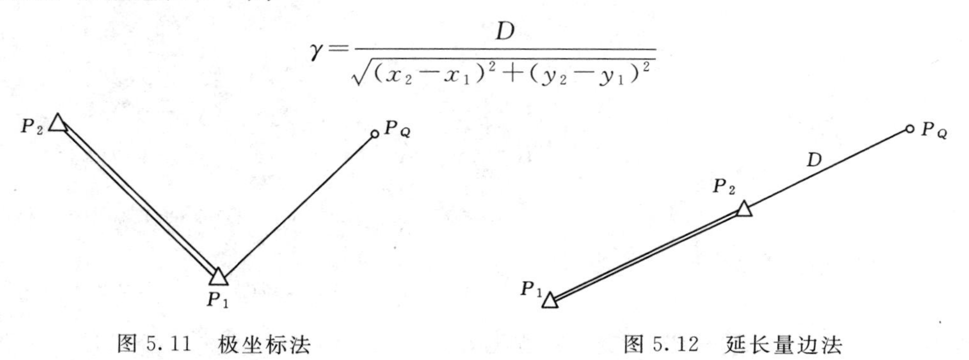

图 5.11 极坐标法　　　　图 5.12 延长量边法

$$x_Q=x_2+\gamma(x_2-x_1)$$
$$y_Q=y_2+\gamma(y_2-y_1)$$

注意：自 P_1 开始，沿 $P_1\rightarrow P_2$ 方向距离 D 为正；反之为负，高程无效。

（3）垂直量边法。如图5.13所示，已知：起始点 P_1，止点 P_2。待求：P_Q 点的坐标。

观测：量得过 P_2 的垂直距离 D。

计算：

$$\gamma=\frac{D}{\sqrt{(x_2-x_1)^2+(y_2-y_1)^2}}$$
$$x_Q=x_2+\gamma(y_2-y_1)$$
$$y_Q=y_2+\gamma(x_2-x_1)$$

注意：自 P_2 开始，沿 $P_1\rightarrow P_2$ 方向，右转90°，D 为正；左转90°，D 为负，高程无效。

（4）垂足法。如图5.14所示，已知：起始点 P_1，止点 P_2，参考点 P_3。待求：垂足点 P_Q 的坐标。

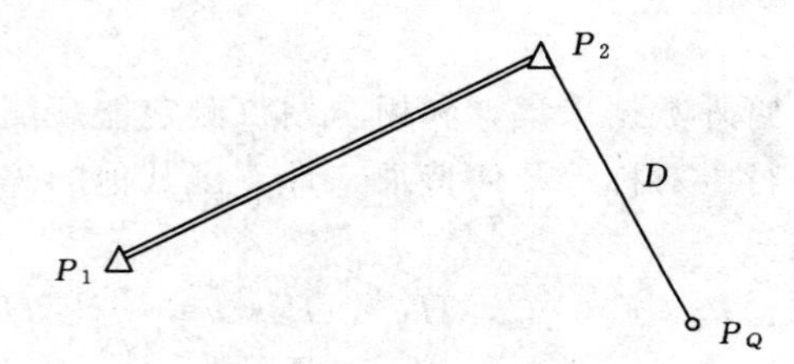

图5.13 垂直量边法

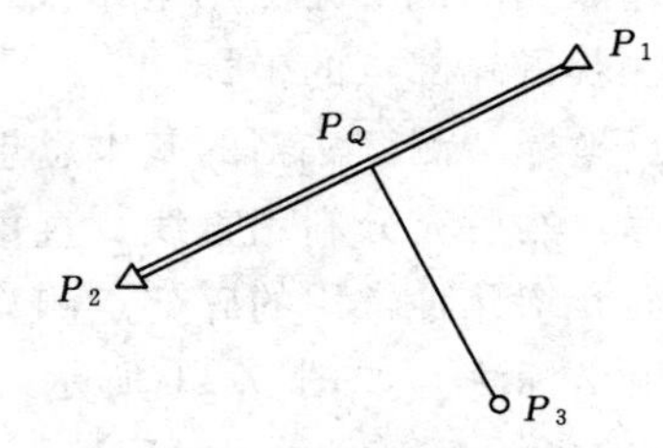

图5.14 垂足法

算法：

$$d=\sqrt{(x_2-x_1)^2+(y_2-y_1)^2}$$
$$D=[x_1(y_2-y_3)-x_2(y_1-y_3)+x_3(y_1-y_2)]/d$$
$$x_Q=x_3+D(y_2-y_1)/d$$
$$y_Q=y_3+D(x_1-x_2)/d$$

（5）两直线相交法。如图5.15所示，已知：两直线的4点 P_1、P_2、P_3、P_4。待求：两直线交点 P_Q 的坐标。

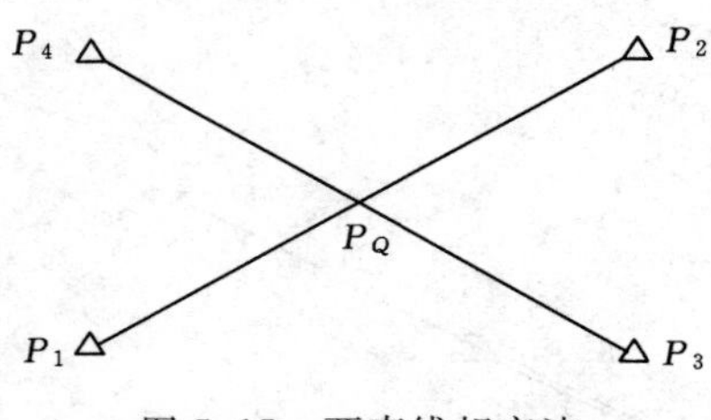

图5.15 两直线相交法

算法：

$$c_1=(x_2-x_1)y_1-(y_2-y_1)x_1$$
$$c_2=(x_4-x_3)y_3-(y_4-y_3)x_3$$
$$K=(y_2-y_1)(x_3-x_4)-(y_4-y_3)(x_1-x_2)$$
$$x_Q=\frac{1}{K}[(x_1-x_2)c_2-(x_3-x_4)c_1]$$
$$y_Q=\frac{1}{K}[(y_4-y_3)c_1-(y_2-y_1)c_2]$$

注意：$P_1\rightarrow P_2$ 与 $P_3\rightarrow P_4$ 相交，高程无效。

(6) 平行线交会法。如图 5.16 所示，已知：两已知直线的四点 P_1、P_2、P_3、P_4。待求：P_Q 点的坐标。

观测：平行线间距 D_1、D_2。

计算：

$$d_1=\sqrt{(x_2-x_1)^2+(y_2-y_1)^2}$$

$$d_2=\sqrt{(x_4-x_3)^2+(y_4-y_3)^2}$$

$$x_Q=\frac{(x_2-x_1)(d_2D_2+x_3y_4-x_4y_3)-(x_4-x_3)(d_1D_1+x_1y_2-x_2y_1)}{(x_2-x_1)(y_4-y_3)-(x_4-x_3)(y_2-y_1)}$$

$$y_Q=\frac{(y_2-y_1)(d_2D_2+x_3y_4-x_4y_3)-(y_4-y_3)(d_1D_1+x_1y_2-x_2y_1)}{(x_2-x_1)(y_4-y_3)-(x_4-x_3)(y_2-y_1)}$$

注意：距离 D_1、D_2 的符号同垂直量边，右正左负，高程无效。

(7) 垂线交会法。如图 5.17 所示，已知：两直线 P_1、P_2、P_4、P_5，垂足点 P_3、P_6。待求：交点 P_Q 的坐标。

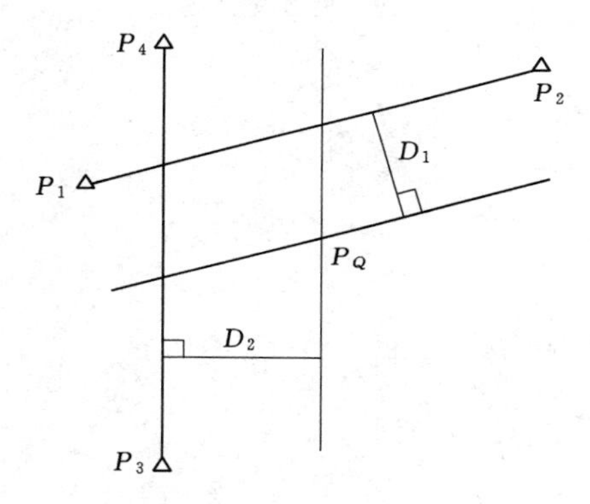

图 5.16 平行线交会法

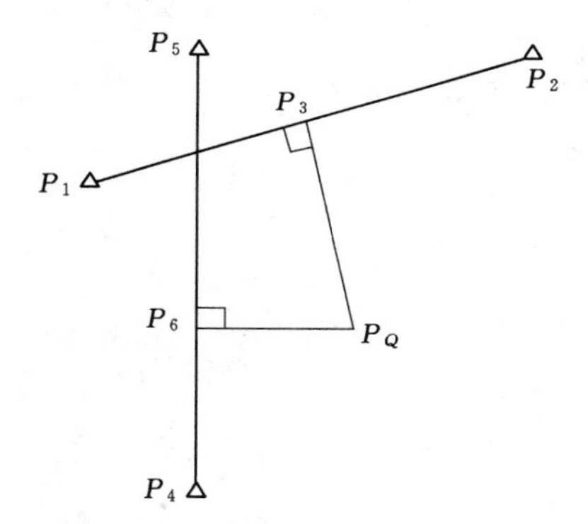

图 5.17 垂线交会法

算法：

$$K_1=\frac{x_2-x_1}{y_2-y_1}$$

$$K_2=\frac{x_5-x_4}{y_5-y_4}$$

$$x_Q=\frac{K_2x_3-K_1x_6+K_1K_2(y_3-y_6)}{K_2-K_1}$$

$$y_Q=\frac{x_6-K_2y_6-x_3+K_1y_3}{K_2-K_1}$$

注意：高程无效。

(8) 两点前方交会法。如图 5.18 所示，已知：测站点 P_1、P_2。待求：交会点 P_Q 的坐标。

观测：测得水平角 β_1、β_2。

算法：

$$x_Q=\frac{x_1\cot\beta_2+x_2\cot\beta_1+(y_2-y_1)}{\cot\beta_1+\cot\beta_2}$$

$$y_Q=\frac{y_1\cot\beta_2+y_2\cot\beta_1-(x_2-x_1)}{\cot\beta_1+\cot\beta_2}$$

注意：P_1、P_2 及 P_Q 编号按逆时针排列，高程无效。

(9) 后方交会法。如图 5.19 所示，已知：P_1、P_2、P_3。待求：P_Q 点的坐标。

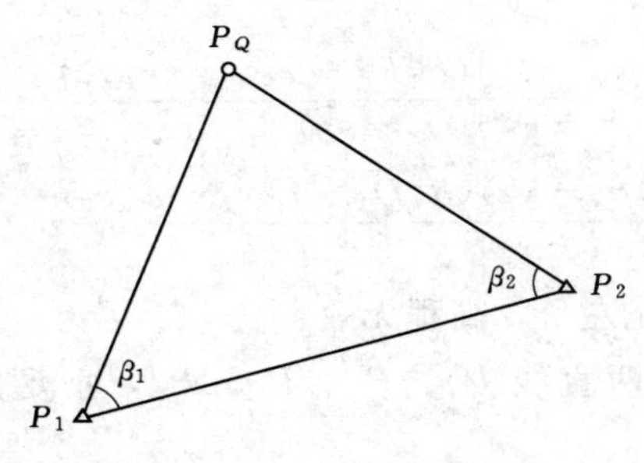

图 5.18　两点前方交会法

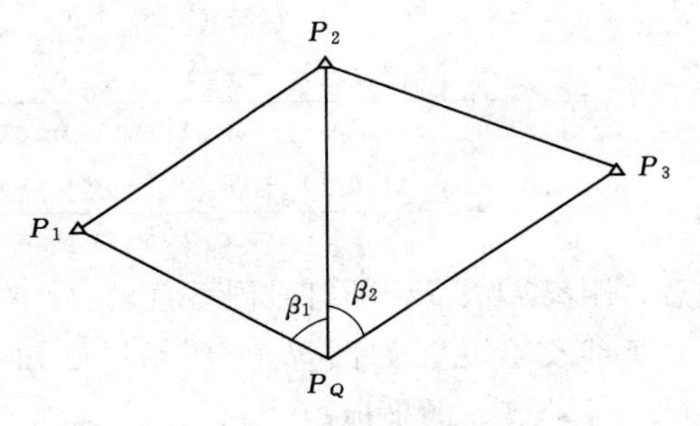

图 5.19　后方交会法

观测：测水平角 β_1、β_2。

算法：

$$a=x_1-x_2+\frac{y_1-y_2}{\tan\beta_1}$$

$$b=y_2-y_1+\frac{x_1-x_2}{\tan\beta_1}$$

$$c=x_2-x_3-\frac{y_2-y_3}{\tan\beta_2}$$

$$d=y_3-y_2-\frac{x_2-x_3}{\tan\beta_2}$$

$$K=\frac{a+c}{b+d}$$

$$x_Q=x_2+\frac{a-Kb}{1+K^2},$$

$$y_Q=y_2+K\,\frac{a-Kb}{1+K^2}$$

注意：P_1、P_2、P_3 及 P_Q 点号按顺时针排列，高程无效。

(10) 距离交会法。如图 5.20 所示，已知：P_1、P_2。待求：交会点 P_Q 的坐标。

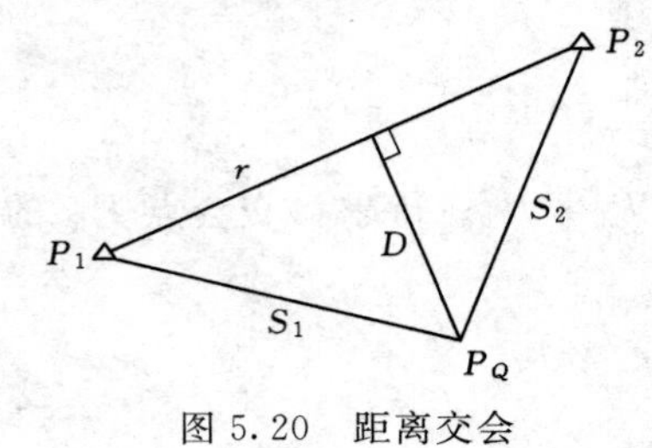

图 5.20　距离交会

观测：测量长度 S_1、S_2。

算法：

$$d=\sqrt{(x_2-x_1)^2+(y_2-y_1)^2}$$

$$a=(x_2-x_1)/d,b=(y_2-y_1)/d$$

$$r=\frac{d^2+S_1^2-S_2^2}{2d},D=\sqrt{S_1^2-r^2}$$

$$x_Q = x_1 + ra - Db, y_Q = y_1 + rb - Da$$

注意：P_1、P_2 及 P_Q 点按顺时针排列，高程无效。

5.3　数字测图软件及使用

5.3.1　数字测图软件功能

数字成图软件有多种，目前，国内比较有代表性的数字测图软件有南方测绘仪器公司研发的基于 AutoCAD 的 CASS 软件、北京清华山维公司开发的 EPSW 测绘系统等。

数字测图软件一般都具备：数据采集、数据输入、数据处理、图形生成、图形编辑、图形管理、图形输出等功能；在图形编辑处理方面的功能均较强，符合测绘人员的操作习惯；能与主要仪器设备（如全站仪）进行通信，生成的符号、注记满足国家最新的图式规范要求等。

5.3.2　数字成图软件使用

5.3.2.1　CASS 数字成图软件使用

下面介绍用 CASS 数字测图系统（设在计算机上的安装位置为 C：\ CASS 8.0），生成编辑一幅地形图的整个过程。

1. 数据格式

CASS 数字成图系统要求的测量坐标文件数据格式为

点号，编码，y 坐标（横坐标），x 坐标（纵坐标），H（高程）

或　　点号，，y 坐标（横坐标），x 坐标（纵坐标），H（高程）

如图 5.21 所示，为 CASS8.0 数字成图系统自带的一个成图练习数据文件（文件名：STUDY. DA）中前 5 个点的数据，默认路径在 C：\ CASS8.0 \ DEMO \ STUDY. DAT。

```
1,,53167.880,31194.120,495.800
2,,53151.080,31152.080,495.400
3,,53151.080,31165.220,494.500
4,,53174.690,31109.490,499.300
5,,53161.730,31117.070,497.400
```

图 5.21　CASS 要求的数据格式

2. 展点

进入 CASS 主界面，如图 5.22 所示。鼠标单击顶部“绘图处理”菜单项，即出现如图 5.23 所示的下拉菜单。

选择“展野外测点点号”命令，即出现一个对话窗，如图 5.24 所示。

这时，需要输入坐标数据文件名。可按 WINDOWS 选择打开文件的方法操作，也可直接通过键盘输入，在“文件名（N）：”文本框中输入 C：\ CASS 8.0 \ DEMO \ STUDY. DAT，单击“打开（O）”按钮，便可在屏幕上展出野外测点的点号，如图 5.25 所示。

3. 绘平面图

灵活使用工具栏中的缩放工具进行局部放大以方便编图。先把左上角放大，选择右侧屏幕菜单的“交通设施/城际公路”按钮，弹出如图 5.26 所示的界面。

找到“平行的省道”并选中，单击“确定”按钮。返回展点界面，鼠标右击最下面一行中的“对象捕捉”，即弹出如图 5.27 所示的界面，选中全部复选框后，单击“确定”按钮。

依次捕捉点击 92、45、46、13、47、48 各点后按 Enter 键（或在命令行依次输入 92、

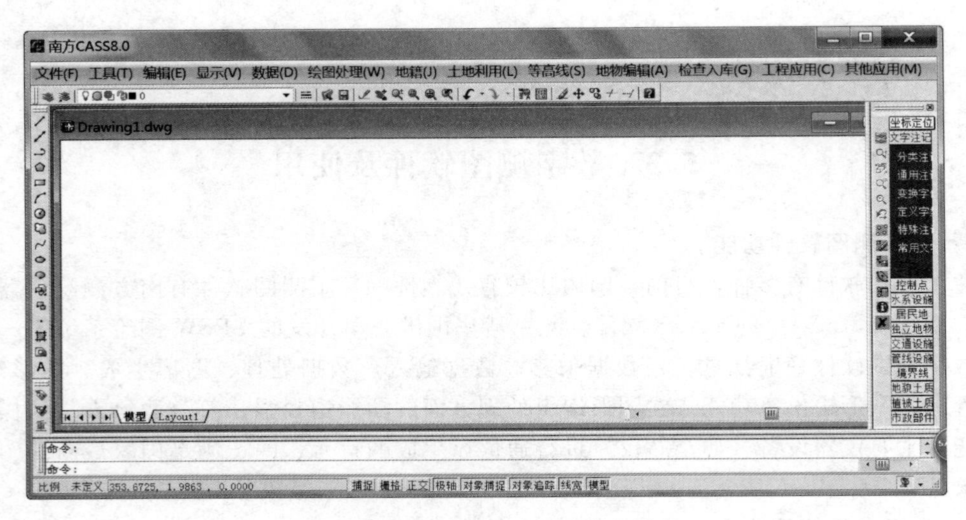

图 5.22　CASS 数字成图系统主界面

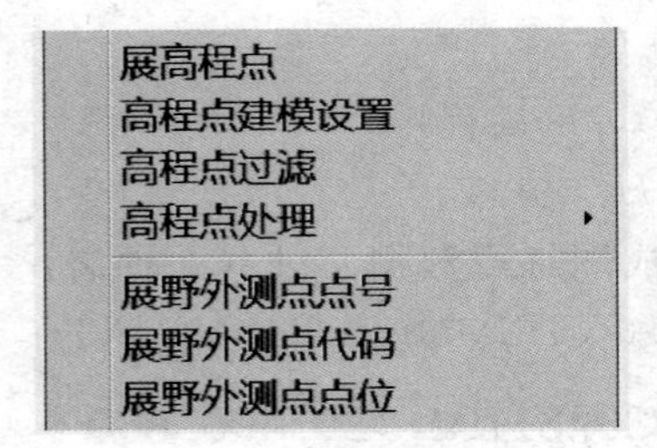

图 5.23　展点提示界面

图 5.24　提示输入坐标数据文件名界面

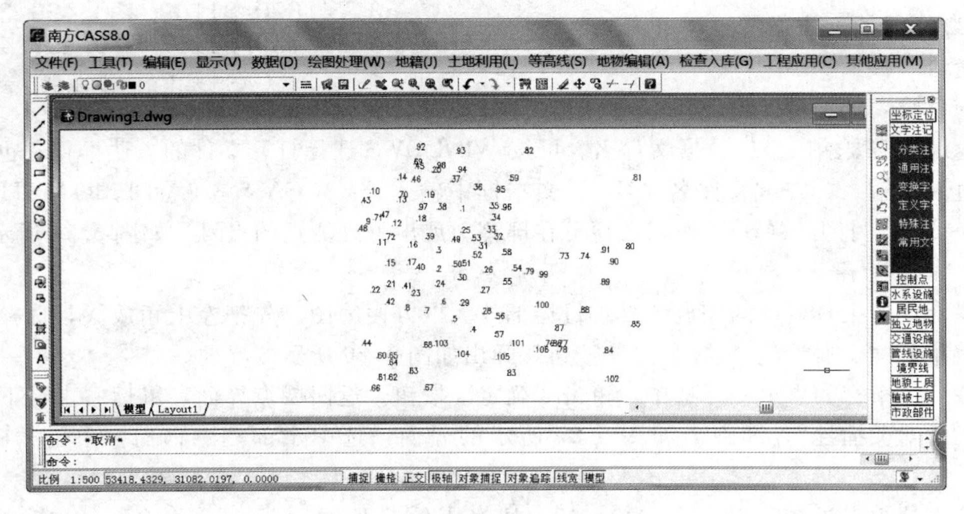

图 5.25　STUDY. DAT 展点图

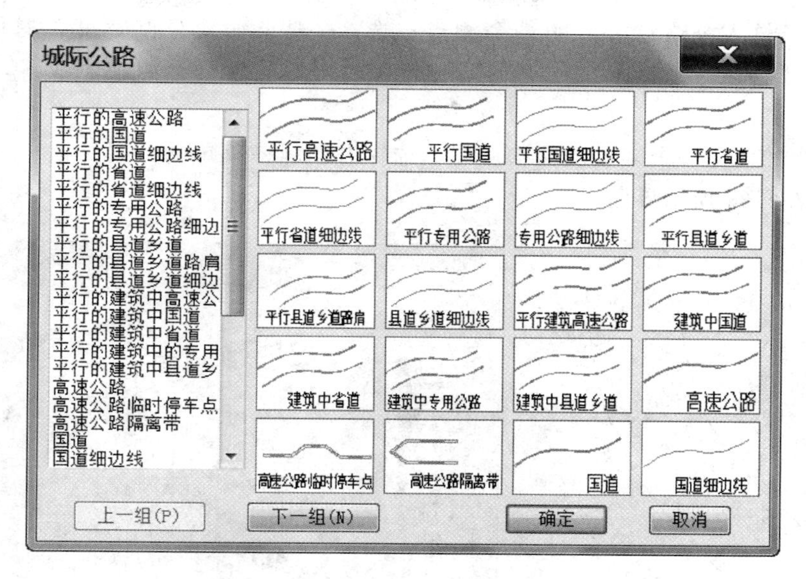

图 5.26　选择屏幕菜单“交通设施”

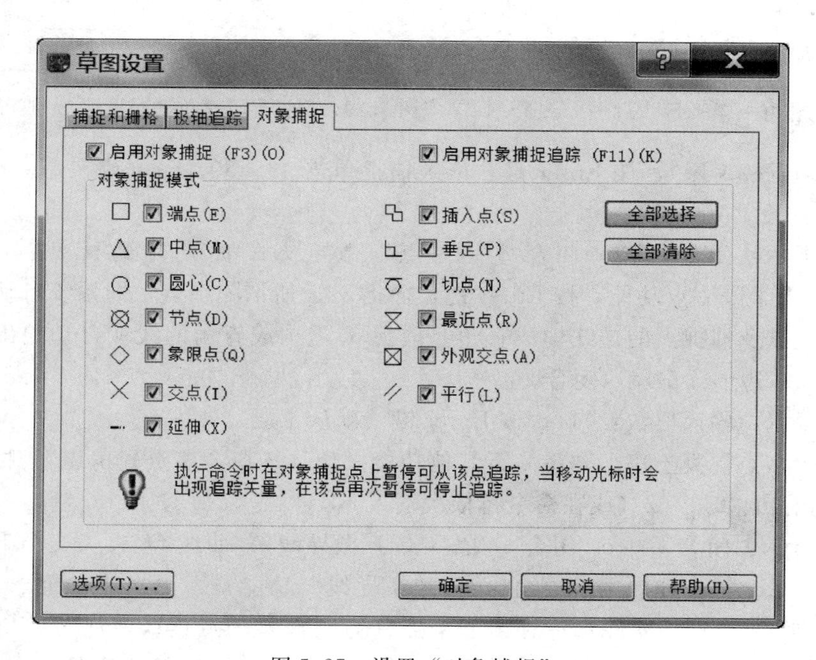

图 5.27　设置“对象捕捉”

45、46、13、47、48 各点后按 Enter 键。注意：每输一个点的点号即要按 Enter 键，全部输入后，再按一次 Enter 键）。

命令区提示：拟合线〈N〉?，输入 Y，按 Enter 键。说明：输入 Y，将该边拟合成光滑曲线；输入 N（默认为 N），则不拟合该线。

命令区提示：1. 边点式/2. 边宽式〈1〉：按 Enter 键（默认 1）。说明：选 1（默认为1)，将要求输入公路对边上的一个测点；选2，要求输入公路宽度。捕捉对面一点(19号点)，或在命令区输入19并按Enter键，这时平行城际公路就生成了，如图5.28所示。

下面介绍如何作一个多点混凝土房屋。选择右侧屏幕菜单的“居民地/一般房屋”选项，弹出如图5.29所示界面。

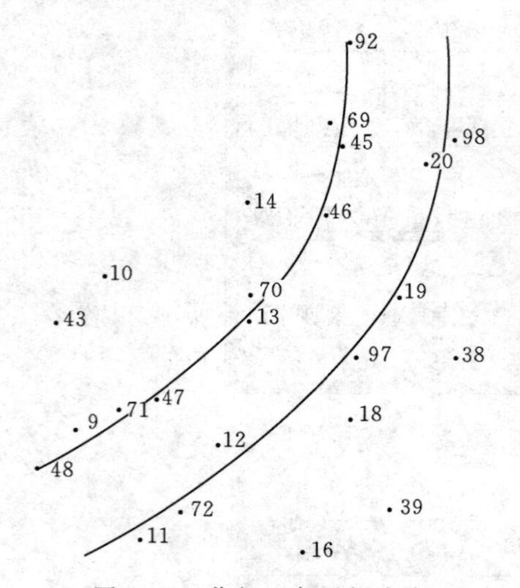

图5.28 作好一条平行公路

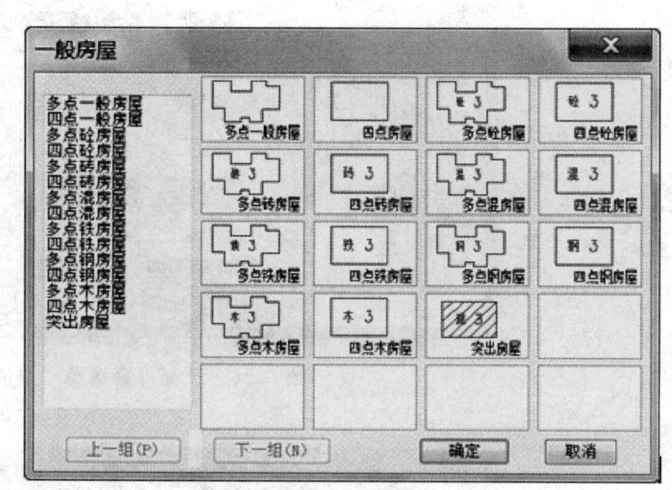

图5.29 选择屏幕菜单“居民地/一般房屋”

选择“多点砼房屋”，按Enter键。依次捕捉单击49、50、51（或在命令区依次输入49、50、51并按Enter键）。

命令区提示：闭合C/隔一闭合G/隔一点J/微导线A/曲线Q/边长交会B/回退U/。输入J，即选择了隔一点功能，按Enter键，捕捉52。所谓隔一点，即系统自动算出一点，使该点与前一点及捕捉点的连线构成直角。捕捉53，构成直角的线就自动绘出。输入C，按Enter键，多边形（房屋）闭合。

命令区提示：输入层数：〈1〉，按Enter键（默认1层）。

再作一个多点混凝土房，熟悉一下其他功能操作。选择“多点砼房屋”，按Enter键。依次捕捉点击60、61、62（或在命令行依次输入60、61、62并按Enter键）。

命令区提示：闭合C/隔一闭合G/隔一点J/微导线A/曲线Q/边长交会B/回退U/。输入A，按Enter键，即启用微导线功能。“微导线”功能是，由当前点至下一点的转折角度（°）和距离（m），软件将计算出一个点并与刚输入的点连线。注意，角度输入时，正值为向右转折，负值为向左转折。若为直角转折，则角度可以输入字母K，或直接用鼠标向左或向右点击一下。本例在62点上侧一定距离处单击，表示微导线的方向，然后在命令区输入距离（4.5m），一小段线就自动绘出了。捕捉63，输入J按Enter键（隔一点），捕捉64，捕捉65，输入C按Enter键，完成闭合。命令区提示：输入层数：〈1〉，输入2，按Enter键，完成了一个2层混凝土房的绘图。

两栋房子绘好后，效果如图5.30所示。

类似以上操作，分别利用右侧屏幕菜单绘制其他地物。

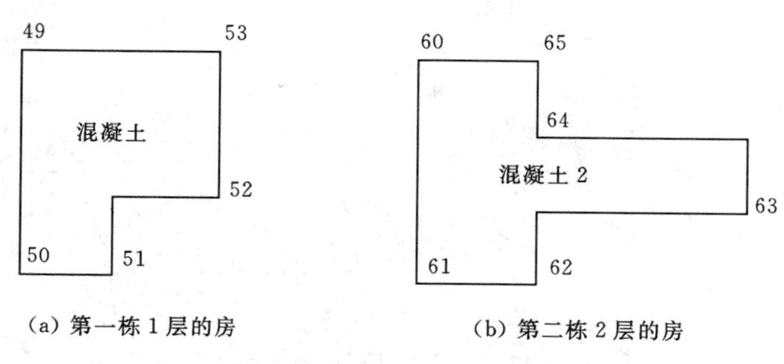

(a) 第一栋 1 层的房　　(b) 第二栋 2 层的房

图 5.30　作好的两栋房效果图

在“居民地”菜单中，用 3、39、16 三点完成利用三点绘制 2 层砖结构的四点房；用 68、67、66 绘制不拟合的依比例围墙；用 76、77、78 绘制四点棚房。

在“交通设施”菜单中，用 86、87、88、89、90、91 绘制拟合的小路；用 103、104、105、106 绘制拟合的不依比例乡村路。

在“地貌土质”菜单中，用 54、55、56、57 绘制拟合的坎高为 1m 的陡坎；用 93、94、95、96 绘制不拟合的坎高为 1m 的加固陡坎。

在“独立地物”菜单中，用 69、70、71、72、97、98 分别绘制路灯；用 73、74 绘制宣传橱窗；用 59 绘制不依比例肥气池。

在“水系设施”菜单中，用 79 绘制水井。

在“管线设施”菜单中，用 75、83、84、85 绘制地面上输电线。

在“植被园林”菜单中，用 99、100、101、102 分别绘制果树独立树；用 58、80、81、82 绘制菜地（第 82 号点之后仍要求输入点号时直接按 Enter 键），要求边界不拟合，并且保留边界。

在“控制点”菜单中，用 1、2、4 分别生成埋石图根点，命令区提问点名时分别输入 D121、D123、D135。

将图层按钮　点开，关掉展点号（ZDH）图层，　，所有点号及点位标志将被关闭不显示。作好后的平面图效果如图 5.31 所示。

4. 绘等高线

（1）展高程点。选取“绘图处理”菜单下的“展高程点”命令，屏幕弹出数据文件的对话框，找到 C：\CASS 8.0\DEMO\STUDY.DAT，点击“确定”按钮，命令区提示“注记高程点的距离（米）:”，直接按 Enter 键，表示不对高程点注记进行取舍，全部展出来。

（2）建立 DTM 模型。选取“等高线”菜单下“建立 DTM”命令，弹出如图 5.32 所示对话框。

根据需要选择建立 DTM 的方式和坐标数据文件名，然后选择建模过程是否考虑陡坎和地性线，单击“确定”按钮，生成如图 5.33 所示的 DTM 模型。

（3）绘制等高线。选取“等高线”菜单下“绘制等高线”命令，弹出如图 5.34 所示的对话框。

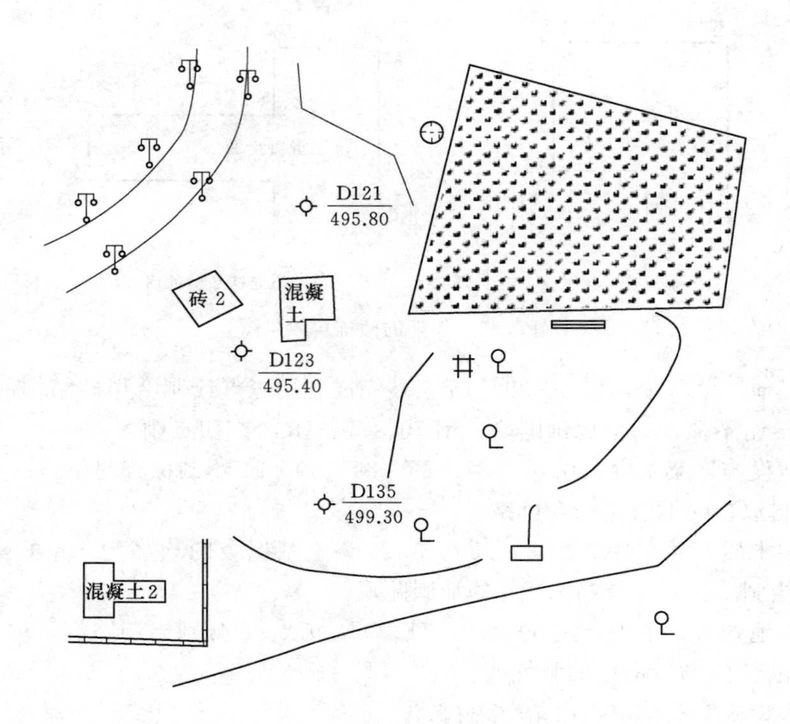

图 5.31　STUDY 的平面图

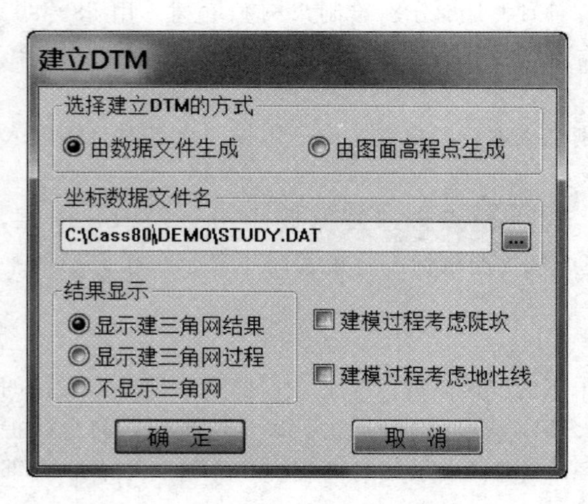

图 5.32　建立 DTM 对话框

输入等高距，选择拟合方式，单击“确定”按钮，系统马上绘制出等高线，关掉三角网图层后，效果如图 5.35 所示。

再选择“等高线”菜单下的“等高线修剪”命令，如图 5.36 所示。选取“批量修剪等高线”子命令，在弹出的对话框中选择“建筑物”复选框，软件将自动搜寻穿过建筑物的等高线并将其进行整饰。选取“切除指定二线间等高线”子命令，依提示依次选取左上角的道路两边，系统将自动切除等高线穿过道路的部分。选取“切除穿高程注记等高线”子命令，系统将自动搜寻，把等高线穿过注记的部分切除。

(4) 加注记。下面说明如何在公路上注“经纬路”三个字。先在需要添加文字注记的位置（大约道路的中线）绘制一条拟合的多功能复合线，然后选取右侧屏幕菜单的“文字注记”菜单下的“通用注记”命令，弹出如图 5.37 所示的界面，在如图 5.37 所示界面的“注记内容”文本框中，输入“经纬路”，“注记排列”选择“屈曲字列”按钮，“注记类型”选择“交通设施”按钮，输入文字大小，按“确定”按钮后光标变成小方框形状，单击绘制的拟合多功能复合线，即完成注记，最后删除绘制的多功能复合线。

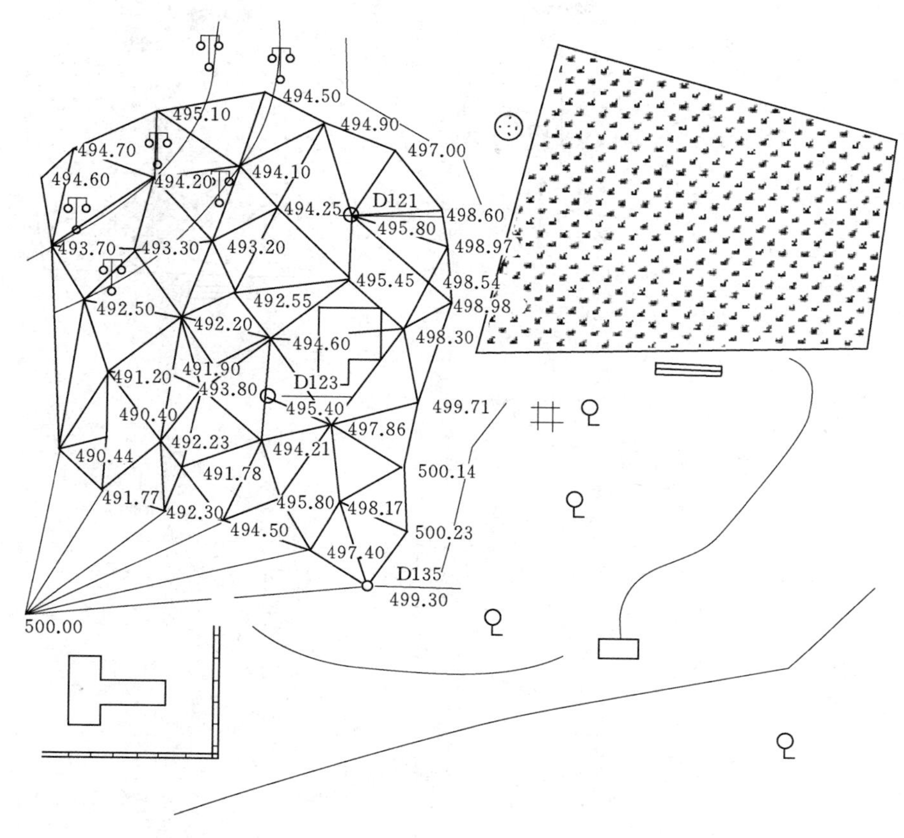

图 5.33　建立 DTM 模型

经过以上各步，编辑完成的图，效果如图 5.38 所示。

5. 加图框

选取“绘图处理”菜单下的“标准图幅（50×40）”命令，弹出如图 5.39 所示的界面。在“图名”文本框中输入“建设新村”；在“左下角坐标”的“东”“北”文本框内分别输入“53050”“31050”；选中“删除图框外实体”复选框，然后单击“确认”按钮。这样这幅图就作好了，如图 5.40 所示。

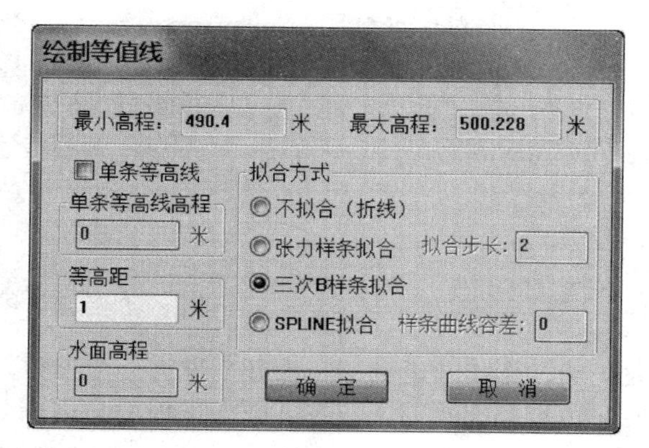

图 5.34　“绘制等高线”对话框

5.3.2.2　EPSW 电子平板测图系统的使用

1. 作业准备

(1) 工程名设定。本软件约定，将一期作业的整个测区（既可以是全部测区，也可以

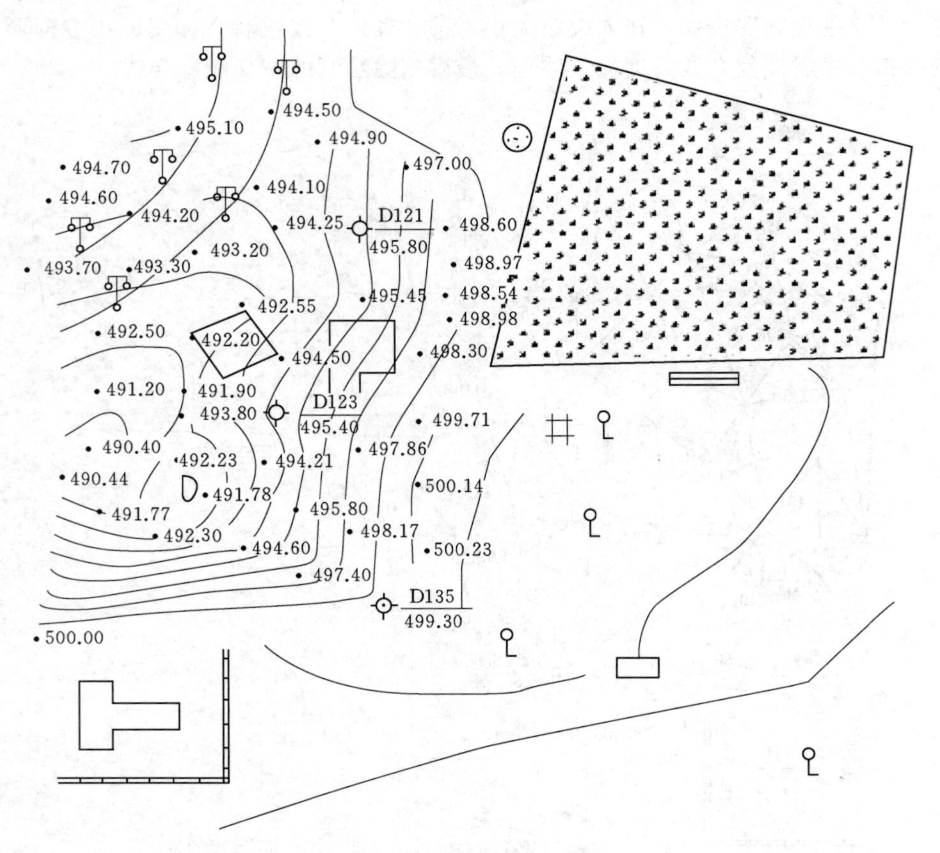

图 5.35　绘制等高线

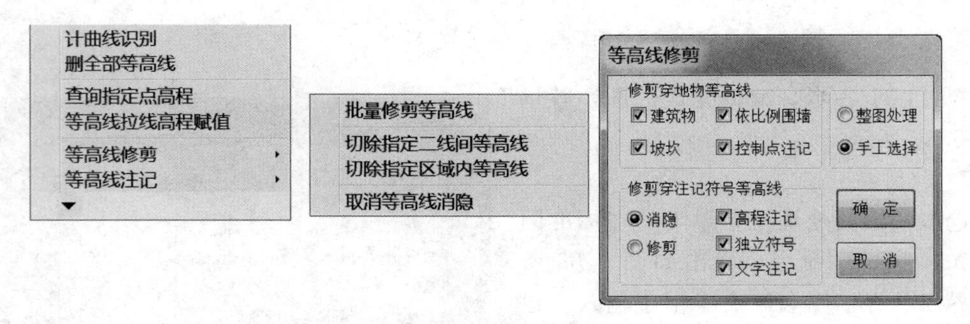

图 5.36　“等高线修剪”菜单

是划给一个作业组的一片测区）称为一个工程。测区划分的大小视作业组的作业能力及计算机内存的大小而定。每一个工程均要起一个名字，称为工程名设定。

单击主菜单的“作业准备”，弹出作业准备的下拉式菜单，再单击此下拉菜单的“工程名设定”项，然后，再单击弹出的提示框中的“是”或“否”按钮（如果要保留原来的工程，则单击“是”，如果不保留原来的工程，则单击“否”）。接着弹出一个“打开 EPS 工程”的对话框，如图 5.41 所示。

先选择驱动器，在文件夹栏选择自己的文件夹（本例为 c：\ aaa）。再选择文件类型

(＊.eps)，并在文件名编辑栏中输入 EPS 文件名，即新建工程名，这里假定新建工程名为：exl.eps。

输入完毕后，单击“确定”按钮，就完成了新工程的建立工作。

文件名最多由 6 个字符或 3 个汉字组成，后缀.EPS 是系统自动默认的，不必键入。确定后，对话框消失，在主界面的标题栏中显示出本工程的工程名：c：\aaa\exl.eps。

（2）全站仪设置。选择“作业准备”菜单下的“全站仪器设定”项，显示如图 5.42 所示的对话框，进行如下设置：

1）选择通信端口。在对话框的最上部设置了“通讯端口”选择框。单击选择框右边的下箭头可调出通信端口下拉菜单，可在

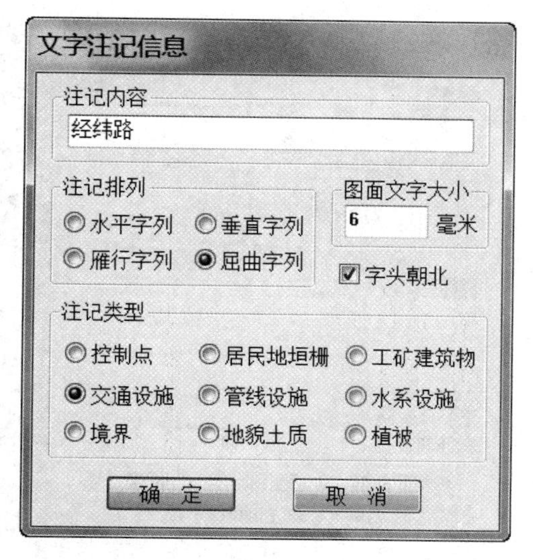

图 5.37 “文字注记信息”对话框

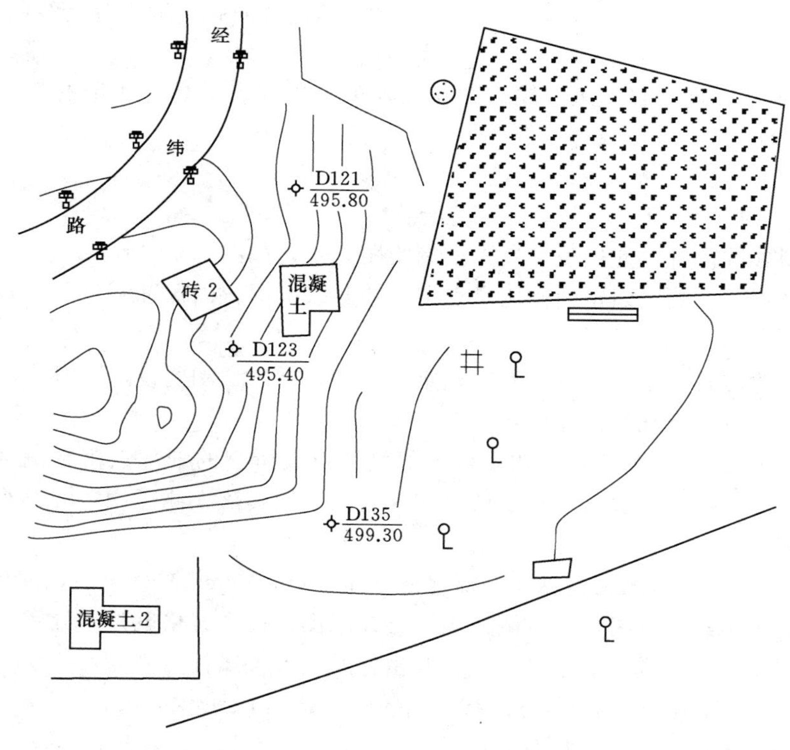

图 5.38 编辑后的地形图

COM1、COM2、COM3 及 COM4 中任选一个通讯端口。当然必须是计算机中所具备的通讯端口。

2）选择全站仪。选择全站义的操作有两种情况：

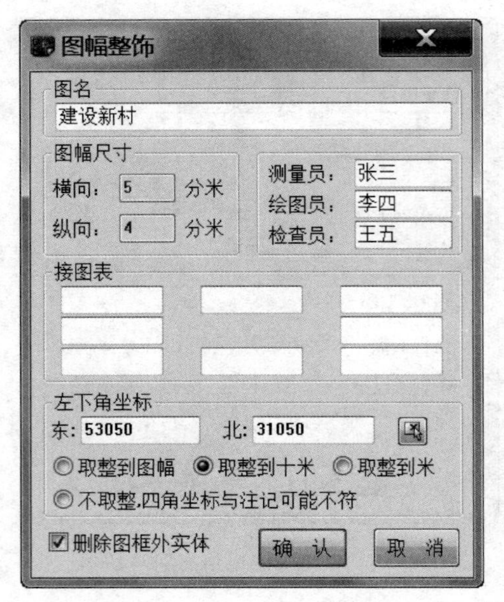

图 5.39　输入图幅信息

a. 对话中已经列出了所使用的全站仪型号，在这种情况下，可在对话框中直接选择所用类型的全站仪。对话框中部显示了可与本软件直接通讯的部分全站仪型号，将光标指向所用全站仪，单击选中，再单击"确定"按钮，返回主界面，就完成了全站仪的设定。

b. 对话框中未列出所使用的全站仪型号，这种情况下就要使用对话框中的"编辑ComSay"功能。

(3) 作业参数设置。选择"作业准备"菜单下的"作业参数设置"项，弹出"参数设置"对话框，如图 5.43 所示。在此对话框中可进行以下几项设置：

1）绘图比例。输入绘图比例尺的分母，可以设定出图的比例尺。

2）等高线间距。输入等高线间距，以 m 为单位。

3）高程位数。此编辑框中应输入两位数，第一位数表示高程注记的整数位数，第二位数表示高程注记的小数位数。

4）标杆高。输入照准点的标杆高度，即棱镜高度。

输入完毕，按"确认"按钮，返回主界面。

(4) 绘图参数设置。此项设置用来控制绘图方式，如图 5.44 所示。

(5) 测区划定。测区划定的作用是划定一个测区范围，以保证测量数据被包含在这样一个范围中。

选定"作业准备"菜单中的"测区设定"功能，弹出"测区设定"对话框，如图 5.45 所示。该功能项有以下几方面作用：

1）限定屏幕最大可视区域。如果输入的已知点或所测的细部点落在测区外，屏幕将不显示该点，但数据并不丢失，只要调整测区范围，使其落入测区中，并结合窗口缩放功能，便可看到。

2）确定分幅数。当测区边界及分幅规格（如 50cm×50cm）确定后，并确认了此项操作，屏幕上显示出黑色方格，表示测区内共分几幅图，每个方格就是一幅图。

(6) 控制点录入。现有 3 个已知点，其坐标及其有关属性分别为：

第一点　点名 dx－2，编码：105，*X*（北坐标）＝304170.782，*Y*（东坐标）＝92626.438，标杆高＝1.500，状态＝1。

第二点　点名：dx－3，编码：105，*X*（北坐标）＝304262.033，*Y*（东坐标）＝93162.406，标杆高＝1.500，状态＝1。

第三点　点名：dx－4，编码：105，*X*（北坐标）＝304293.079，*Y*（东坐标）＝93331.578，标杆高＝1.500，状态＝1。

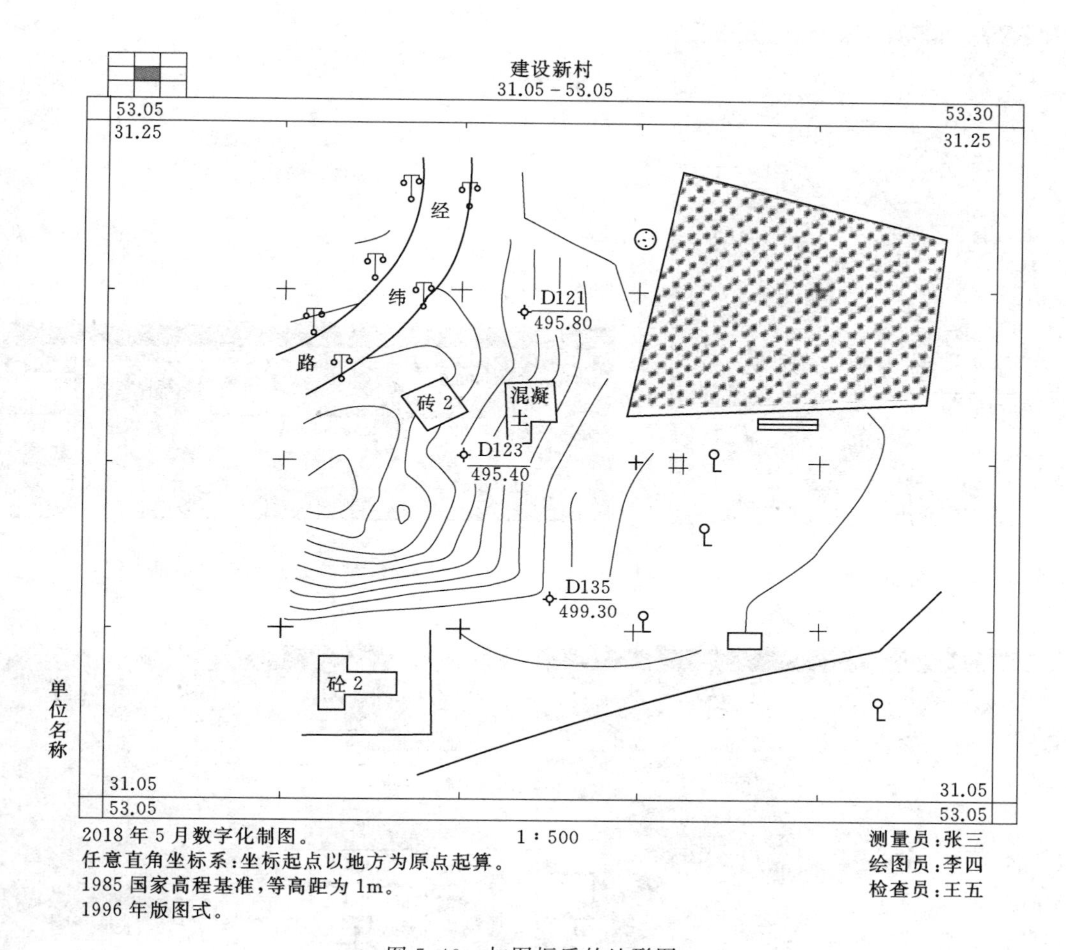

图 5.40 加图框后的地形图

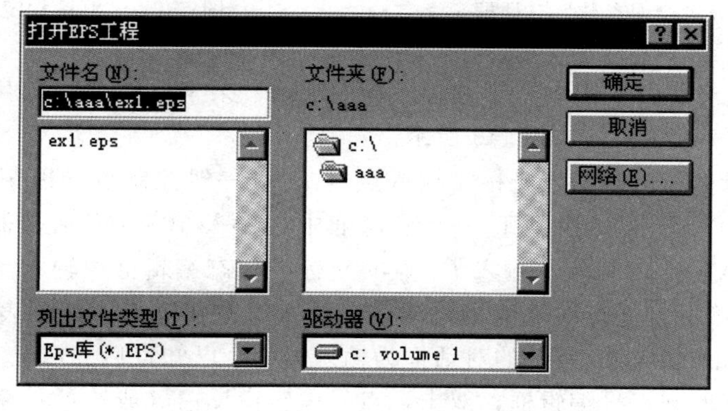

图 5.41 “打开 EPS 工程”对话框

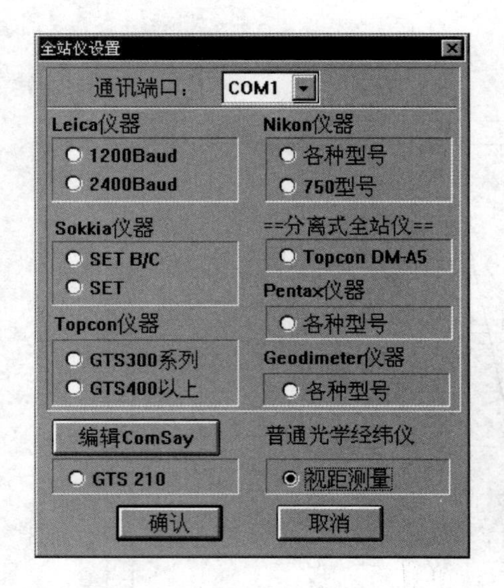

图5.42 “全站仪设置”对话框

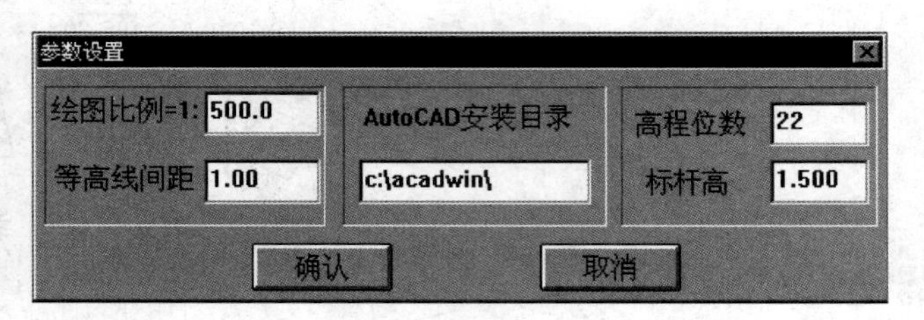

图5.43 “参数设置”对话框

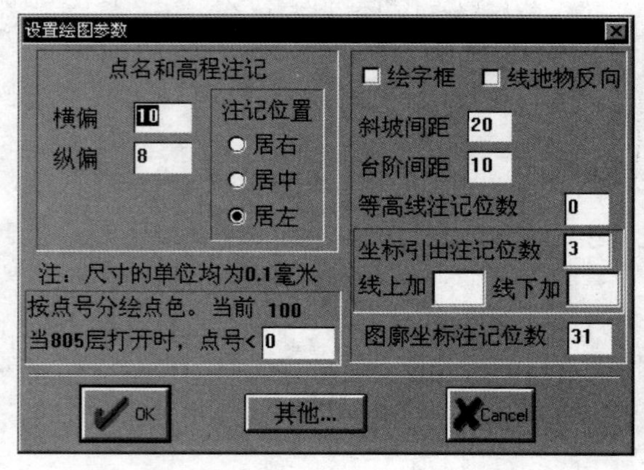

图5.44 “设置绘图参数”对话框

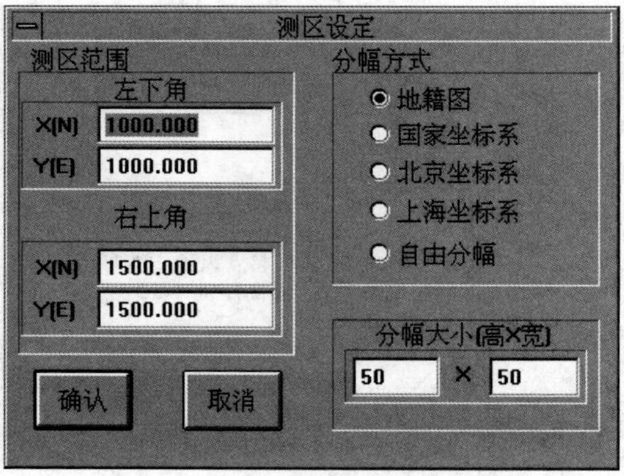

图5.45 “测区设定”对话框

录入：将上述3个已知点录入。选择“作业准备”菜单下的“控制点录入”功能，弹出“控制点录入”对话框，如图5.46所示。

单击点号编辑框，出现输入光标。输入点号 P_1（一般控制点号以字母开头以区别于碎部点）。使用“Tab”键切换到下一个编辑框中，输入105（表示控制点），继续使用“Tab”键在各输入框之间切换，输入 P_1 点的坐标，状态编辑框中输入1（状态1目前定义为系统保留）。第一点坐标输入完毕，单击“插入”按钮，上边的列表框内就会出现第一点的一条记录（如图5.46所示的对话框为输入第一个已知点后的情况）。

将输入光标移回到点号编辑框，双击，点号编辑窗反白（或蓝色）显示，表明已处于被覆盖状态。按同样的方法输入第二个及第三个控制点（P_2、P_3）的点号、编码、X、Y、H 及状态。

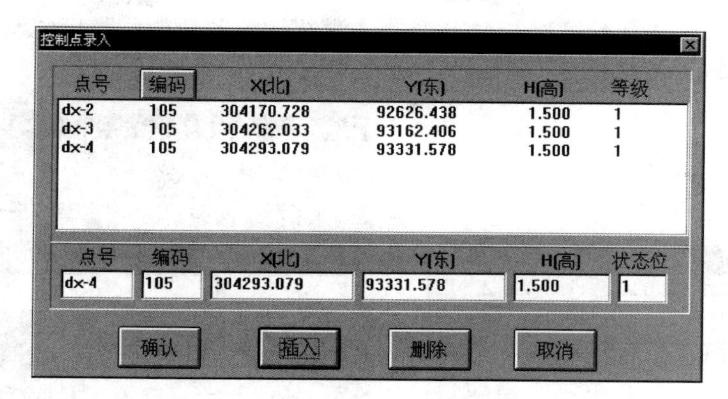

图 5.46 “控制点录入”对话框

控制点全部录入后，单击“确认”按钮，关闭对话框。图 5.46 为 3 个控制点全部输入后，未按“确认”按钮前，对话框的显示情况。

单击加速棒中的“刷”按钮，将出现明显的 3 个黑点，这就是录入的控制点。

修改：

1）在未按“插入”按钮前，如果要对刚键入的数据进行修改，可将光标移到相应的位置，删去原来的内容，键入新内容。

2）对已经插入的记录进行修改，必须在列表窗中找到该记录，双击左键，该记录将在编辑框中显示出来。此时，按“删除”按钮，可将该条记录删除；如果不想删除，而是要对该记录进行修改，将输入光标移到要修改的编辑框中，就可进行必要的修改。修改后，再按“插入”按钮，经过修改的该记录就被放入列表框。注意，修改之后必须按“插入”按钮，否则，修改无效。

2. 设站

(1) 测站设置。进行碎部点采集之前以及进行导线测量之前都必须把仪器架设到测站上。对于碎部点采集，测站应设在已知点上。对于导线测量，测站则应设在每一个导线点（已知点或新布设的导线点）上。

测站设置的操作步骤如下：

执行“图根控制”菜单下的“测站设置”功能，弹出如图 5.47 所示的“测站设置”对话框。对话框的“测站号”和“后视点”均为已知点的点号。

已知点可以是“控制点录入”功能输入的点，也可能是用导线测量方法测得的点。简言之，测站点和后视点可以是本工程名下任意已存在的点。

测站号及后视号既可用键盘输入（注意，若已知点中有字母，必须区分字母的大小写)，也可用鼠标在屏幕上捕捉获得。

仪器高由键盘输入，默认值为 1.50m。

三个编辑框确定之后，按“确认”按钮，就完成了测站设置工作。图 5.47 对话框为按“确认”钮前的情况。

返回主界面后，状态行内显示出当前测站点号、后视点号及仪器高等内容。此时，将全站仪照准后视点，并将水平度盘读数置 0。完整的设置测站的工作到此结束。

（2）测站检核。执行图根控制菜单下的“测站检核”功能，弹出“测站检核”对话框，如图5.48所示。

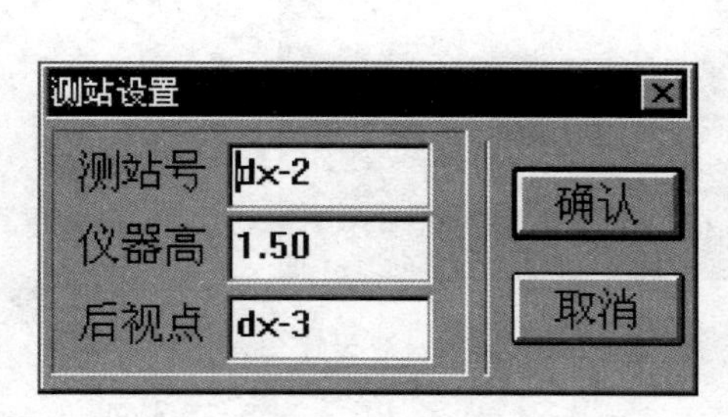

图5.47　“测站设置”对话框

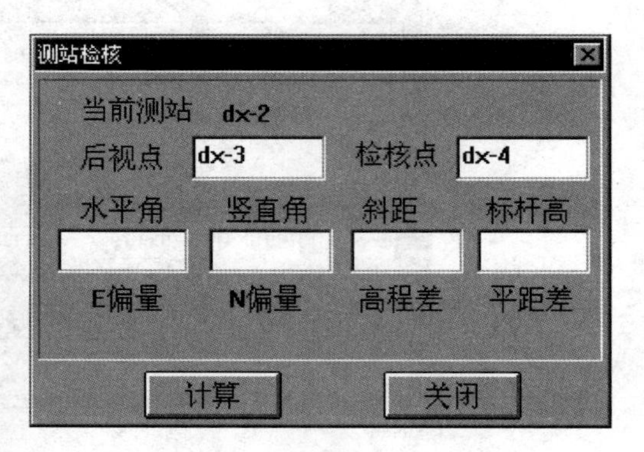

图5.48　“测站检核”对话框

系统自动将测站点及后视点的点号调入对话框。检核点可以手工输入检核点的点号，也可用光标在屏幕上捕捉。检核点可以是任何一个已知点，也可以是后视点。

检核点输入后，用全站仪照准检核点，按计算机上的F1键，进行测量。测量数据（包括水平角、竖直角、斜距及标杆高）自动传入电子平板，并自动填入测站检核对话框中的相应编辑框中。

按对话框中的“计算”按钮后，对话框中相应位置上出现观测结果与理论值或原测值之间的坐标差，即E（横坐标）偏量、N（纵坐标）偏量、高程差及平距差。

3. 碎部点数据采集

设站之后，就可立即进行极坐标测量。若在未设站的情况下执行极坐标测量功能，就会出现相应的提示框。这时，可单击提示框中的“确定”按钮返回。正确设站后，再重新执行极坐标测量功能。

执行“极坐标测量”功能，弹出极坐标测量对话框，如图5.49所示。对话框中各参数的含义及有关操作如下：

图5.49　“极坐标测量”对话框

（1）地物号。EPSW中的每个细部点，或者属于某个地物，或者单独构成一个独立地物。地物类别用不同的地物编码来区分。在测量过程中，每测完一个地物，系统自动为其进行统一的顺序编号，称之为地物号。地物号由系统统一管理。只有对地物进行编辑时，捕捉到地物后，用户才能看到地物号。此编辑框一般不必输入或更改。

（2）点号。点号是细部点的点号，系统默认从100开始计数。每测完一点，点号自动加1。一般情况下不必自行输入，除非有特别的理由，一定要特殊编号时，也要以字母开头编写点号，这样既可防止点的重复，又可以增加可记忆性。

如需自行定义点号，将光标移到点号的输入框，捕捉即可更改点号。点号可以是符号、数字、字母或汉字，最多为7个字符或3个汉字。

(3) 连接。连接是指与当前点相连的点的点号，必须是已测细部点或其他已知点。可按以下4种方法获得连接点号。

1) 默认值：系统自动连接前一点。

2) 用功能键自动“回忆”，如“F2”“F3”等。

3) 用光标在屏幕上捕捉，即当输入光标位于“连接”编辑框中时，滑动光标，把光标箭头指向图中需要连接的点并单击，连接点号将显示在对话框中。

4) 当输入光标位于“连接”编辑框中时，用数字键入连接点号。

若是进行某个地物的第一点观测，连接编辑框应为空。

(4) 编码。编码输入有4种方法：

1) 默认值：系统自动提取前一点的编码。

2) 直接用键盘输入。

3) 利用“F4”功能键“回忆”。

4) 编码查询。在编码编辑框中输入小写字母“*a*”，进入如图5.50所示的编码查询窗口。

用右侧的列滚动按钮查找所需的编码，查到后，单击编码，该编码就自动进入编码编辑框中。

(5) 直线。“直线”按钮是用来确定用什么样的线型将当前点与连接点连接起来。

将光标指在“直线”按钮上，单击鼠标，此按钮变成“曲线”，再按变为“圆弧”，再按变为“整圆”，再按一下又变回“直线”。

直线：两点间以直线相连。

曲线：3点以上连线以曲线相连，仅有两点相连为直线。

圆弧：3个点以圆弧相连接，仅有两点仍以直线相连。多于3个点，以最后3个点作圆弧。前几个点作为独立点存在而不参加连接。

整圆：以连接点为圆心，以当前点到连接点的距离为半径画圆。

线型的缺省值为直线。

(6) 方向。“方向”按钮是用来确定有向地物的方向的。单击一下，此按钮变为“反”，再击一下又变为“正”。仅当地物有方向时，此按钮才有意义，如画坎子时，先连线，选择正、反切换可看到陡坎方向的变化。

(7) 水平角、竖直角（天顶距）、斜距。水平角为测站到当前测点方向与后视方向的水平夹角（右旋角即顺时针旋转）；竖直角为天顶垂线与视线在竖面内的夹角；斜距为测站到当前测点（棱镜）的倾斜距离。这3个参数均可以由全站仪直接传输。全站仪照准测点方向后，按“F1”，这时，全站仪开始进行观测（有些全站仪需要按仪器键盘上的数据发送键如“REC”才能开始观测或发送数据），水平角编辑框中出现“Wait...”显示，表示等待接收全站仪的观测数据，若接收成功，以上3个编辑框中就显示出所测数据。如果接收失败，在水平角编辑框中显示出通讯失败的信息。

也可用键盘键入这3项数据。

(8) 杆高。一般棱镜高度定好了就不要改变，这样可以提高作业效率。因为输入这个

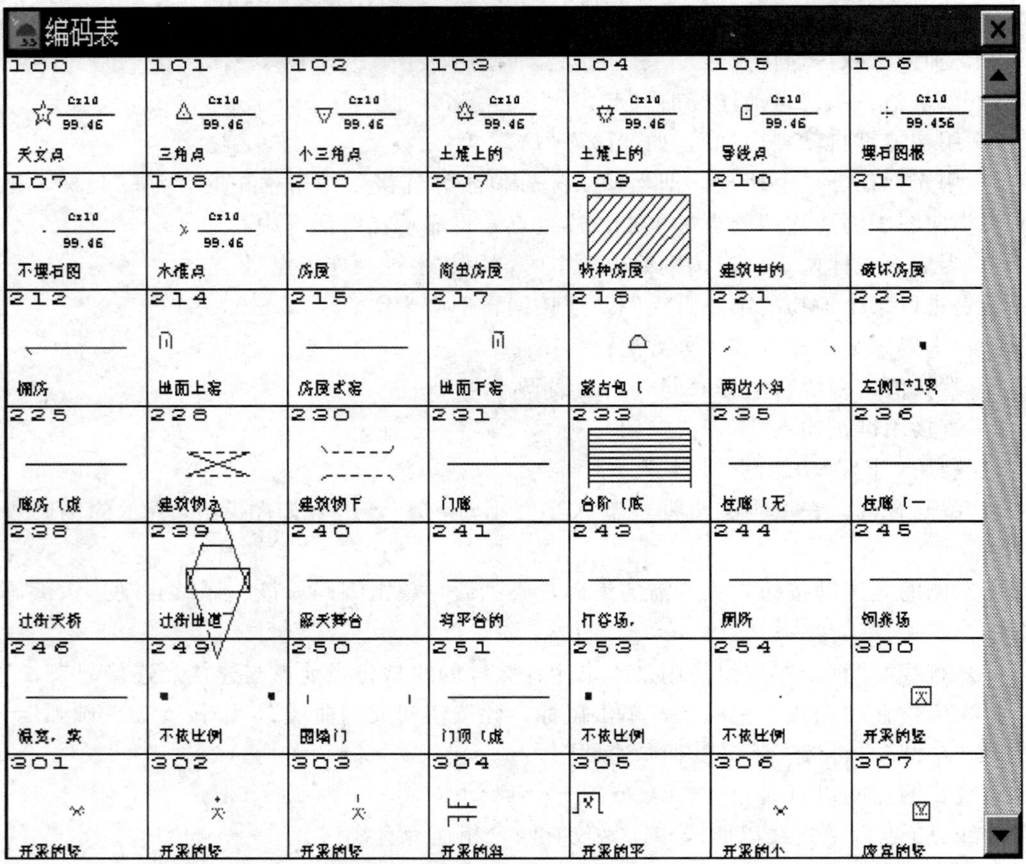

图 5.50　编码查询窗口

参数后，就被记忆下来，直到被修改为止。

可在两处输入标杆高。一是在“作业准备”菜单下的“作业参数设置”中可设置（前已述及）。在此处设置后，每次打开带有标杆高的对话框，标杆高均自动进入其中的相应设置。二是在出现有标高的观测对话框时，可在相应的编辑框中进行修改，修改后，只要不关闭对话框，就一直记忆。关闭对话框后，再打开时，标高又恢复为“作业参数设置”时所设定的值。

（9）复选框。参加建模是参加等高线的计算；高程注记为是否要标注此点的高程。

缺省状态为参加建模、无高程注记。若修改，只需将光标指到要修改处单击即可，“☒”表示有效，“□”表示无效。

输入各参数后，“确认”并刷新，就可看到输入后的结果。

“确认”的方法有两种：一种是按 Enter 键确认；另一种是将光标移到对话框外，单击确认。以上参数中，点号、编码、水平角、竖直角、斜距、标杆高是必须有的，缺任何一项，确认后，都会出现“非法输入”的提示框，此时单击提示框中的“确定”按钮后，重新输入再确认。其他几项参数可按所需要自行决定。

确认后，各编辑框被清空。

按同样的方法进行下一个碎部点的采集操作。若要结束测量，则按 ESC 键或单击对话框右上角的“☒”按钮。

常用作图方法：

1）十字尺测量、直角量边。例如，采集了一条线段的两个点 A 和 B，另一点 C 位于线段 AB 的某一侧，且线段 BC 垂直于线段 AB，而且可在现场量出 C 点到 B 点的距离。这时就可用这两个功能在图形编辑区中将 C 点作出来。

2）各种交会。使用各种交会功能可以作出许多碎部点。

3）房屋测量。房屋测量包括一点房、两点房、三点房及对角房等功能，即对于一所房屋只需测量其一个房角点、或两个房角点、或三个房角点、或对角线上的两个房角点，就可利用相应的房屋作图功能将整个房屋作出来。

4）地物修改。按加速棒中的“物”按钮，再执行“图形编辑”菜单下的“对象修改”选项，就得到地物修改功能。这时，用光标捕捉要修改的地物，捉到后就可对整个地物进行反向、改线型、改高程、改编码操作。

5）注记输入。完成一个地物的测绘后，有时还要给地物加上某些注记，例如，测完一个院落或者测完一条道路，要给这个院落或道路加上单位名称或道路名称，这一工作可用注记输入来完成。

例如，要在一条道路上加道路名称“上海道”，其操作如下：执行“图形编辑”菜单下的“注记输入”功能，弹出“注记输入”对话框，如图 5.51 所示。

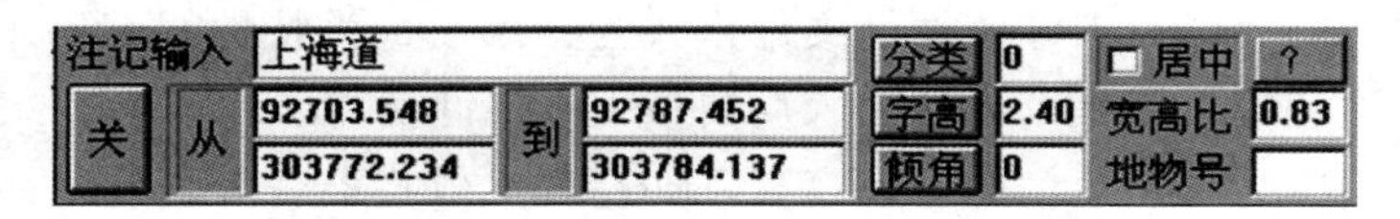

图 5.51　“注记输入”对话框

对话框中包含注记输入、分类、字高、倾角、宽高比及输入的位置（从、到）等。进入此对话框后，输入光标位于注记输入编辑框中，输入要注记的内容。

注记内容输入完毕，将输入光标移到从编辑框的上面一个框中，然后，移动光标，将输入光标移到要加注记的起点位置上并单击，再将输入光标移到要加注记的终点位置并单击，这时，从起点到终点画出一条线段，最后，单击右键确认，所输入的注记就被加到所画线段上了，所画线段消失。

4. 生成等高线

选择“数模等高线生成”菜单项，弹出“数字地面模型”对话框，如图 5.52 所示。

工程名栏中为当前工程的名称，由系统自动填入。单击“工程名”按钮可以查找工程名。复选框“建立三角网”“生成等高线”“断开等高线”代表三种进程控制。

(1) 建立三角网。将测量采集的离散高程点按一定规划构造出相互连接的三角形格网结构，配合顶点高程，作为实际地形起状的数字地面模型基础。网中每个三角形所决定的空中平面，就是该处实际地形的近似描述。

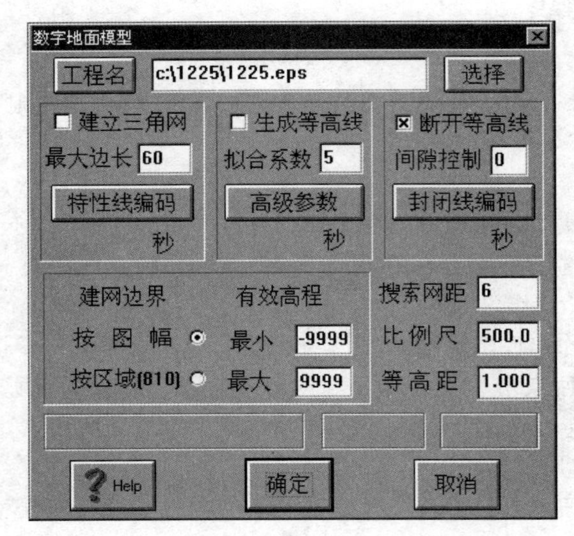

图5.52 “数字地面模型”对话框

“最大边长”是指建立三角网时三角形的最大允许边长，以m为单位。建网时边长超过该值的三角形将被舍弃，但如果最大边长设置太大，将增加计算处理时间。

“特性线编码”是指用于表达地貌走势的连线（特性线）编码。如用803连接山脊或山谷上的高程点（特征点）而形成的山脊线和山谷线。也可以是斜坡顶线、陡坎线，或其他由用户指定的特性线。指定特性线的实质是人工指导系统构建三角网。系统根据“就近连接原则”建立空中三角网（即任取一点，与到该点距离最近的点必然构成网中的一条边）。如果网中指定了特性线，构网时所有特性线段被强制作为三角网的一条边。

不同的连接方法代表了不同的地形走势，因而，特性线相交是严重的逻辑错误，系统一旦发现有相交现象，将停止建网计算，并将所有相关的特性线段以计曲线形式表示，用户可打开等高线层进行查看。

按“特性线编码”按钮，系统弹出对特性线编码文件进行编辑的文本编辑窗，即可将欲当作特性线的地物编码写入该文件。文件格式为：第一行为特性线编码个数，以后每行记录一个编码。注意，最后一个记录输入后要按Enter键换行。

特征点的高程应为参加建模的有效高程，如高程无效将被舍弃。特性线的长度应与周边高程点相适应，应避免特性线太长而出现跨越现象。

（2）生成等高线。系统根据空中三角网进行等高线追踪及光滑处理。

“拟合系数”是指计算机生成等高线时进行曲线拟合的张力强度，该值愈小，曲线愈缓和，但如果太小（尤其在点位密度不足时），可能导致曲线失控而出现交叉。

“高级参数”可允许用户进行一些特别参数的设置，一般不需用户考虑。

5. 绘图

（1）图幅命名。

1）自动生成图号。单击“图幅命名”菜单项，各图幅中便出现系统自动生成的统一图号。

2）图号及图名的修改。在某一图幅范围内双击左键，弹出如图5.53所示的“测区修改”对话框。此时光标停在图号编辑框中，使用WINDOWS的修改方法可以对图号进行修改（如果无误，可不修改）。将光标移入图名编辑框中，填入本图幅的图名。然后，按“确认”按钮退出，就完成了本图幅的图幅命名工作。此时所选定的图幅中出现了所修改的图幅号及输入的图名。

用同样的方法完成工程中其他图幅的图号及图名的编辑工作。

(2) 设定图廓。选中“作业准备”菜单下的“图廓设定”项，弹出二级菜单，再在其中选择“图廓设定”项，即可弹出“图廓设定”对话框，如图 5.54 所示。

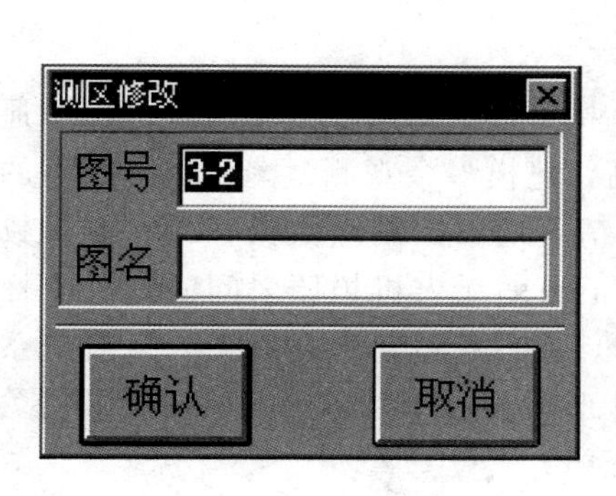

图 5.53 “测区修改”对话框

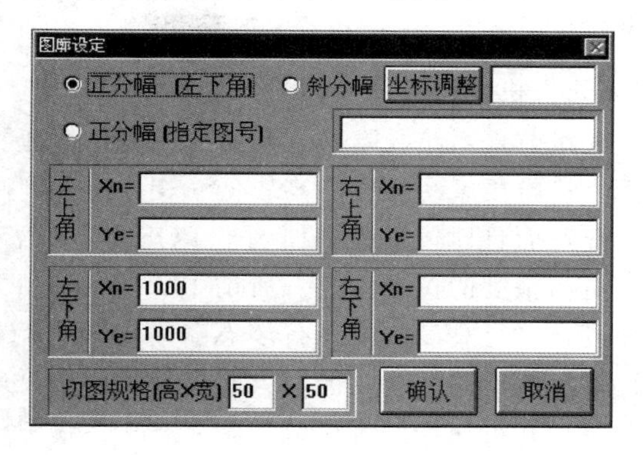

图 5.54 “图廓设定”对话框

(3) 接图表。选中“作业准备”菜单下的“图廓设定”项，弹出二级菜单，再在其中选择“接图表”项，即可弹出“接图表”对话框，如图 5.55 所示。

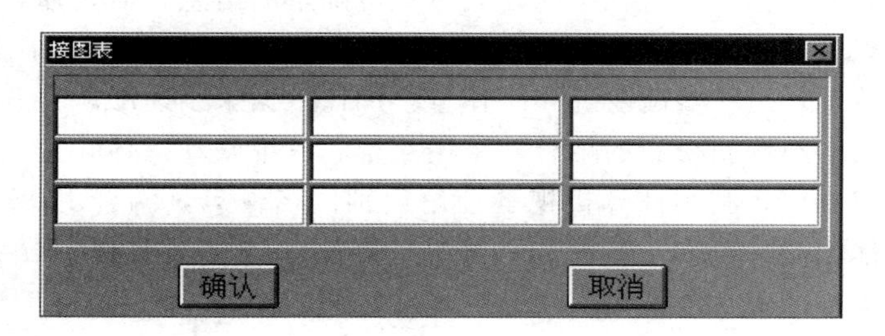

图 5.55 “接图表”对话框

可选择 3 种方式设定图幅：以图幅“左下角”为基准的正分幅图设定；以“图名”为依据的标准分幅图幅设定；以 4 个角点坐标为基准的斜分幅图幅设定。

(4) 图廓注记。选中“作业准备”菜单下的“图廓定制”项，弹出二级菜单，再在其中选择“图廓注记”项，即可弹出“图廓注记”对话框。

按照规范格式 (或特定出图要求)，将图廓的注记内容注记到指定位置上。

(5) 绘图。完成上述工作之后，就可以正式绘图了。最基本的绘图方法是使用“数据处理”菜单下的“绘制地形图 (DWG)”功能输出 DWG 图，使用此功能生成 *.DWG 的图形文件，这样就可以在 AutoCAD 中调出该文件，通过绘图仪绘图。

执行此功能，弹出“绘制地形图 (DWG)”对话框，如图 5.56 所示。

图 5.56 “绘制地形图 (DWG)”对话框

5.4 基于无人机航摄系统的大比例尺地形图测绘

5.4.1 无人机航摄系统概述

无人机航摄系统具有准入门槛低、操作便捷、机动性强等特点。与航空摄影和遥感相比，无人机航摄系统摄影航高较低、相片重叠度高，建模多余观测量多，重建数据的内符合精度高，而且建模过程中加入了POS数据和高精度地面控制点数据辅助，使得数据输出时具有高精度的位置信息。所谓POS数据，即记录的无人机拍照瞬间的三维坐标（经度、纬度、飞行高度）及飞行姿态（航向角、俯仰角和翻滚角）。利用无人机航摄系统进行大比例尺地形图测绘，能够大幅提高大比例尺地形图测绘的生产效率，成为人们关心和研究的热点并迅速得到推广应用。

起初，利用无人机航摄系统进行大比例尺地形图测绘，主要以无人机航飞正射影像图为底图，内业数据采集编辑成图后辅以外业调绘完成。正射影像图为二维影像图，在二维影像图上，有些数据或信息难以获取，比如建筑物层数、房檐宽度等。受二维影像数据自身局限性限制，内业数据采集过程中存在大量不可确定的信息，需要通过外业补绘调绘完成。无人机倾斜摄影技术的发展，使得成果数据从二维空间升级到三维空间，可全方位、立体化还原地物特征，进一步减少外业工作量，加快数据采集速度。

无人机正射摄影与倾斜摄影的结合，采用二维和三维联动一体化模式，大大降低了实景三维数据的获取难度，利用计算机视觉理论识别同名像点，结合POS数据和地面控制点数据，恢复立体模型，可同步获取同一区域的实景三维模型数据、数字正射影像数据、点云数据等多种类型的成果数据。

5.4.2 基于无人机航摄系统的大比例尺地形图测图过程

基于无人机航摄系统的大比例尺地形图测图主要包括：资料收集与分析，像控点布设，无人机航空摄影，实景三维建模，内业数据采集，外业补绘与调绘等工作，其技术流程如图5.57所示。

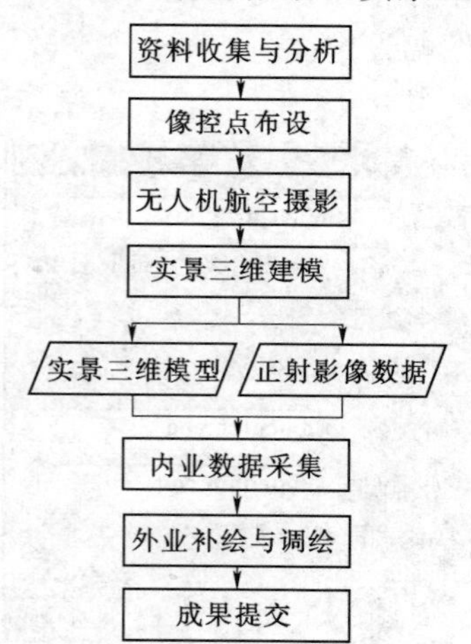

图5.57 基于无人机航摄系统的大比例尺地形图测图技术流程

1. 资料收集与分析

踏勘测区，收集测区相关资料，特别是数据资料，包括：数字线划图数据，影像图数据，数字高程模型数据，测区自然、人文地理情况等。基于踏勘情况和收集的资料信息，拟定无人机飞行方案。

(1) 无人机起降场地。根据测区的地物分布情况，一般依据道路网的分布，确定无人机的起降场地范围和行走路线。

(2) 无人机航飞高度。根据成果要求精度水平和相机主距、像元大小等参数，计算航飞高度。此外，需要注意测区范围内是否分布有高层建筑、信号塔等较高建筑物，确定航高是否符合安全作业要求。

2. 像控点布设

像控点的布设策略取决于建模精度要求、是否有 POS 数据辅助、像幅大小等因素。对于无人机倾斜摄影技术，大多采用区域网布点的像控点布设方法，即测区四周布设平高点，内部布设一定数量的平高点或高程点。根据经验，一般按间隔 10000 个像素布设一个平高点的方法进行加密。

根据拟定的像控点布设方法，并结合已有资料，在影像图上大致确定像控点的预设范围。像控点的位置选取，应在预设范围内尽量选择平整地面明显标志点，如斑马线角点、检修井盖中心点等地面点点位。当预设范围内不易寻找到标志明显的特征点时，可使用像控纸作为像控点，也可以用油漆在地面绘制标记。像控点标记如图 5.58 所示。

图 5.58 像控点标记

3. 无人机航空摄影

根据测区情况确定无人机航空摄影分区，一般优先选择路网作为分界线，同时尽量保证分区像控点分布均匀。根据初步拟定的无人机起降场地，结合现场实际情况，选择视野开阔、周围遮挡小、无明显信号干扰、远离人群和建筑物的地方作为无人机起降场地，着重避开高层楼房、信号塔等高建筑物。对于进行实景三维建模，一般采集 5 个视角的影像，分别包含 1 个正射角度和 4 个倾斜角度。

无人机航空摄影时，按照设定的航飞高度进行数据采集，其中航向重叠度一般设定为 70%～80%；旁向重叠度一般设定为 60%～70%。

4. 实景三维建模

实景三维建模包括数据准备、空三加密、建模输出几个环节。数据准备主要是整理航飞影像数据、相机文件、POS 数据以及像控点数据，使其满足软件平台的要求。将整理后的数据载入实景三维建模软件，常用的三维建模软件有 Context Capture Master、Photomesh、PhotoScan、Altizure、Pix4DMapper 等。

空三加密是实景三维建模的核心环节之一，为提高成果的位置精度水平，需要将外业采集像控点数据刺点至对应的相片，要求各个视角均选刺一定数量的相片。刺点完成后，运行空三加密，软件自动进行多视角影像密集匹配、区域网平差，确定相片之间的位置对应关系。空三完成后，可在软件平台查看空三点的密度图。

基于原始影像数据和空三成果，经三维 TIN 构建、自动纹理映射等流程，制定实景三维模型及其派生数据，包括正射影像、数字表面模型、点云等数据。其中实景三维模型和其对应的正射影像将作为大比例尺地形图测绘的数据源。

5. 内业数据采集

内业数据采用二、三维联动一体化测图模式进行采集，即利用分屏方式分别加载正射影像数据和实景三维模型数据，并使其同步，可实现二维或三维状态下的地形图测量，如图5.59所示。

图5.59　某测区正射影像和实景三维模型联动

在三维或者二维环境下采集各种类型地物的特征点、特征线，并借助地物本身和地物之间的几何关系，绘制完成地物。对于地貌信息的采集，由于实景三维模型具有高程信息，可通过直接在模型表面拾取高程点完成。常用的二维、三维一体化测图软件有EPS地理信息工作站、航天远景三维智能测图系统、DP-Modeler等。

6. 外业补绘与调绘

内业数据采集完成后，需通过外业一定数量的检测来检核内业数据成果，同时，对于内业无法测量、识别的地物，通过外业现场的补绘与调绘，进行实地确认。外业检查及补绘与调绘主要包括以下几个方面：

（1）抽样检核内业数据采集成果的精度。

（2）对内业预判的地形图要素进行核查、纠错、定性。

（3）对内业漏测和难以准确判绘的图形信息进行补绘。由于地物遮挡造成的实景三维模型的局部变形、模糊，导致少量地物要素难以准确采集的情况；线状悬空的地物，如电力线等，难以从实景三维模型中准确辨别其走向和连接关系的情况等。

（4）对内业难以获取的属性信息进行调绘，如地理名称，企事业单位名称，道路、桥梁、河流等名称，道路的铺装材料和检修井的属性信息等。一些植被的类别往往也需要进行调绘。

思考题与习题

1. 数字测图概念、特点是什么？

2. 数字测图分类有哪些？

3. 数字测图系统的构成有哪些？

4. 数字测图的数据采集有哪些方法？

5. “CASS 数字成图系统”的特点是什么？

6. “CASS 成图系统”要求的数据格式是什么？某碎部点的点号为 A，用全站仪测得其坐标和高程为：$x=3587642.236$m，$y=442567.908$m，$H=15.354$m。若将该点导入“CASS 成图系统”，满足要求的数据格式是什么？

7. “CASS 数字成图系统”如何绘制地物？

8. “CASS 数字成图系统”如何绘制等高线？

9. 基于无人机航摄系统的大比例尺地形图测图有何特点？

10. 基于无人机航摄系统的大比例尺地形图测图基本流程是什么？

第6章 遥感（RS）技术

6.1 遥 感 总 述

遥感技术包括传感器技术，信息传输技术，信息处理、提取和应用技术，目标信息特征的分析与测量技术等。

6.1.1 遥感的概念

遥感即遥远的感知，是在不直接接触的情况下，对目标物或自然现象远距离探测和感知。具体地讲，是指在地表、高空或外层空间的各种平台上，运用各种传感器获取反映地表特征的各种数据，通过传输，变换和处理，提取有用的信息，实现研究地物空间形状、位置、性质、变化及其与环境的相互关系。

1960年，美国人伊夫林·L·布鲁依特（Evelyn L Pruitt）提出“遥感”这一术语。1962年，在美国《环境科学遥感讨论会》上，遥感一词被正式引用。

6.1.2 遥感平台

遥感信息获取过程中搭载传感器的工具称为遥感平台，大体上分为4类。

1. 地面平台

地面遥感平台指用于安置遥感器的支架、遥感塔、遥感车等，高度在100m以下，在上面放置地物波谱仪、辐射计、激光扫描仪、全景相机等。

2. 水下平台

水下平台包括水下机器人、水下潜器等，可搭载水下相机、多波束剖面声呐设备等水下传感器。

3. 航空平台

航空平台指高度在100m以上、100km以下，用于各种资源调查、空中侦察、摄影测量的平台，如飞艇、气球、无人机、飞机等。

4. 航天平台

航天平台一般指高度在240km以上的航天飞机和卫星等，其中高度最高的要数气象卫星GMS所代表的静止卫星，它位于赤道上空36000km的高度上。GeoEye、SPOT等地球资源卫星高度也在500～900km之间。

6.1.3 遥感系统构成

遥感系统是实现遥感目的的方法、设备和技术的总称，是一种多层次的立体化观测系统。任何一个遥感任务的实施，均由遥感数据获取、有用信息提取及遥感应用三个基本环节组成。

遥感数据获取是指，在遥感平台和遥感器所构成的数据获取技术系统的支持下，获取测量信息。按具体任务的性质和要求的不同，可采用不同的组合方式。

遥感数据提取是从遥感数据中提取有用信息，可以通过人工目视判读，也可采用计算机程序进行数据处理。

遥感应用主要包括对某种对象或过程的调查制图、动态监测、预测预报及规划管理等，具有许多其他技术不能取代的优势，如宏观、快速、准确、直观、动态性和适应性等。

6.1.4 遥感的特点

1. 探测范围大

对于航空和航天遥感来讲，航摄飞机高度可达10km左右，地球卫星轨道高度更可达到900km左右。一张卫星图像覆盖的地面范围可达到3万多km^2。比如，只需要600张左右的卫星图像就可以把我国全部覆盖。

2. 获取资料的速度快、周期短

实地测绘地图，要几年、十几年甚至几十年才能重复一次，而遥感只需很短的时间就可以覆盖大范围的区域，以陆地卫星为例，每16天就可以覆盖地球一遍。

3. 受地面条件限制少

航空和航天遥感，不受高山、冰川、沙漠和恶劣气候条件的影响，更无交通状况、作业设备、作业人员等条件的限制。

4. 手段多，获取的信息量大

可用不同的波段和不同的遥感仪器取得所需的信息，不仅能利用可见光波段探测物体，而且能利用人眼看不见的紫外线、红外线和微波波段进行探测；不仅能探测地表，而且可以探测到目标物的一定深度的性质；微波波段还具有全天候工作的能力。

5. 用途广

遥感技术已广泛应用于测绘、农业、林业、地质、地理、海洋、水文、气象、环境保护和军事侦察等许多领域。

6.2 遥感信息获取技术

总体上，遥感信息获取形式包括电磁波（光、热、无线电）和声波两种。电磁波形式又分为可见光与反射红外遥感、热红外遥感和微波遥感几种基本方式；声波形式包括单波束声波和多波束声呐。

6.2.1 可见光与反射红外遥感

可见光与反射红外遥感，是指利用可见光（0.4～0.7μm）和近红外（0.7～2.5μm）波段的遥感。前者是人眼可见的波段；后者是反射红外波段，人眼不能直接看见，但其信息能被特殊遥感器所接受。它们共同的特点是，其辐射源是太阳，在这两个波段上只反映地物对太阳辐射的反射，根据地物反射率的差异，可以获得有关目标物的信息。它们都可以用摄影方式和扫描方式成像。

摄影成像遥感系统选用光学摄影波段，通过照相机直接成像，是一种分幅成像系统，一幅相片的所有内容都在瞬间同时获得。遥感摄影系统以航空摄影系统为主，航空平台高，具有摄影范围大的优势。

扫描成像是逐点逐行地以时序方式获取二维图像，有两种主要的形式：①对物面扫描成像，其特点是对地面直接扫描成像，这类仪器有红外扫描仪、多光谱扫描仪、成像光谱仪、自旋和步进式成像仪及多频段频谱仪等；②瞬间在像面上先形成一条线图像，甚至是一幅二维影像，然后对影像扫描成像，这类仪器有线阵列 CCD 推扫式成像仪、电视摄像机等。

如图 6.1 所示，一种摄影成像遥感系统（SWDC），主体由四个高档相机（单机像素数为 3900 万或 2200 万，像元大小 6.8μm 或 9μm）经外视场拼接而成，如图 6.2 所示为拼接四镜头。SWDC 系统中集成了卫星定位、数字罗盘、自动控制和精密单点定位等关键技术。

图 6.1　SWDC 航空数码相机

图 6.2　拼接四镜头

如图 6.3 所示是资源三号测绘卫星，简称 ZY3，于 2012 年 1 月 9 日发射，是中国第一颗民用高分辨率光学传输型测绘卫星。它搭载了 4 台光学相机，数据主要用于地形图制图、高程建模以及资源调查等。ZY3 能长期、连续、稳定地获取立体全色影像、多光谱影像以及辅助数据，可对地球南北纬 84 度以内的地区实现无缝影像覆盖。

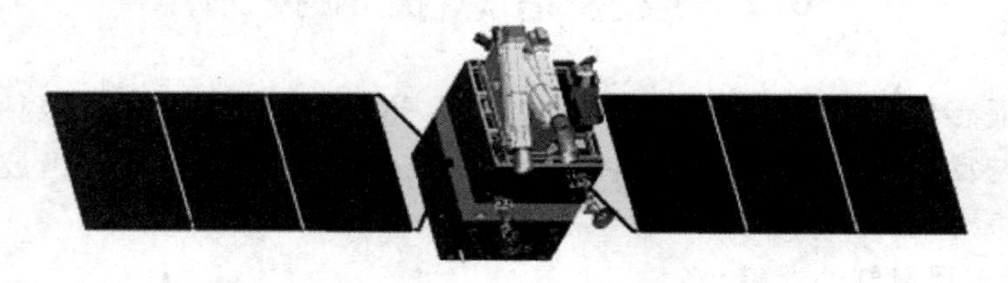

图 6.3　资源三号测绘卫星

另外，还值得提到的是近年来迅速发展的无人机测量系统。无人机测量系统包括硬件设备和影像处理软件系统。硬件设备包括：无人机飞行平台（固定翼和旋翼），飞行控制系统，地面监控系统，发射与回收系统，遥感任务设备，任务设备稳定装置，影像位置和姿态采集系统等。软件系统包括：影像数据快速检查、纠正、拼接；DOM（数字正射影像图）、DEM（数字高程模型）、DRG（数字栅格地图）、DLG（数字线划地图）生产等工具。一些无人机测量系统采用全球卫星导航系统（GNSS），按实时动态差分定位模式，实现自主规划飞行路线，无需地面控制点，可达到厘米级精度。

6.2.2 热红外遥感

热红外遥感指通过红外（8～14μm）敏感元件，探测物体的热辐射能量，显示目标的辐射温度或热场图像的遥感。地物在常温下热辐射的绝大部分能量位于此波段，在此波段地物的热辐射能量，大于太阳的反射能量。热红外遥感具有昼夜工作的能力。

6.2.3 微波遥感

微波遥感指利用波长 1～1000mm 的电磁波遥感。通过接收地面物体发射的微波辐射能量，或接收遥感仪器本身发出的电磁波束的回波信号，对物体进行探测、识别和分析。微波遥感的特点是对云层、地表植被、松散沙层和干燥冰雪具有一定的穿透能力，又能夜以继日地全天候工作。

微波遥感有主动、被动之分。记录地球表面对人为微波辐射能的反射属于主动遥感，其主动在于它自身提供能源而不依赖太阳和地球辐射，最有代表性的遥感器是成像雷达；记录地球表面发射的微波辐射属于被动遥感。

图 6.4 所示为德国研制的一颗高分辨率雷达卫星（TerraSAR－X），它携带一颗高频率的 X 波段合成孔径雷达传感器，能以聚束式、条带式和推扫式 3 种模式成像，并拥有多种极化方式。可全天时、全天候地获取用户要求的任一成像区域的高分辨率影像。TanDEM－X 于 2010 年 6 月 21 日发射，卫星在 3 年内反复扫描整个地球表面，最终绘制出高精度的 3D 地球数字模型。

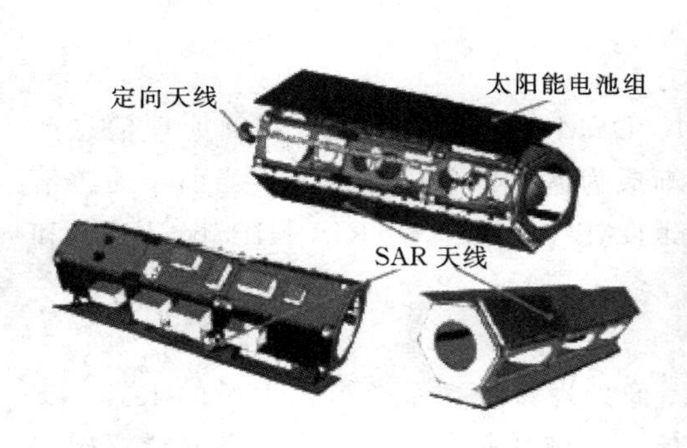

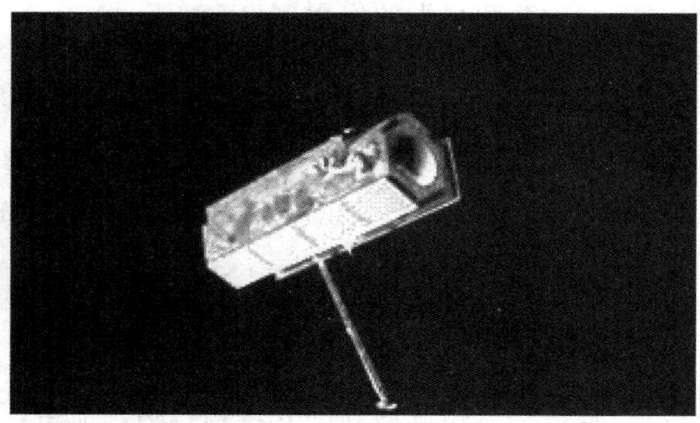

图 6.4　TerraSAR－X 卫星

6.2.4 声波遥感

声波遥感主要用于水下测深，包括单波束测深和多波束声呐测深。单波束测深，每次测量只能获得测量船正垂下方一个测点的深度数据。多波束探测，每发一次声波能获得多达数百个水底测点的深度数据。两者相比，多波束声呐测深实现了海底地形地貌的宽覆盖、高分辨探测，把测深技术从“点-线”测量变成“线-面”测量，促进了水底三维地形的测量效率和水底遥测质量的大幅度提高。

多波束声呐测深，其原理是利用发射换能器基阵向水底发射宽覆盖扇区的声波，由接收换能器基阵对水底回波进行窄波束接收，如图 6.5 所示。通过发射、接收波束相交，在水底与船行方向垂直的条带区域形成数以百计的照射“脚印”，对这些“脚印”内的反向散射信号同时进行到达时间和到达角度的估计，再进一步通过获得的声速剖面数据，计算

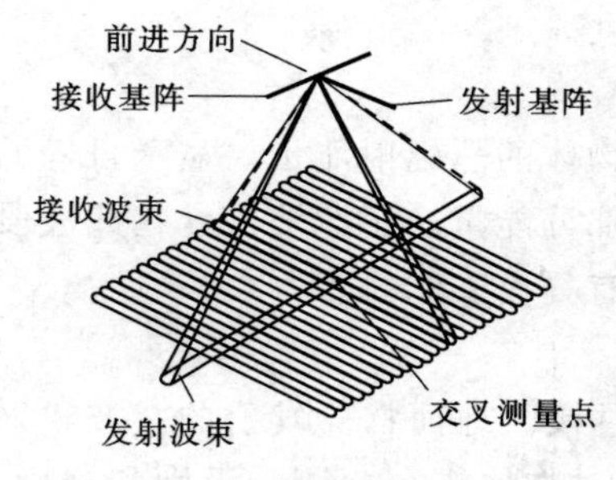

图6.5　多波速测深原理

得到该点的水深值。沿指定测线连续测量，并将多条测线测量结果合理拼接后，便可得到该区域的水底地貌。

自20世纪60年代以来，航天技术、传感器技术、控制技术、电子技术、计算机技术及通讯技术的发展，大大推动了遥感技术的发展。当今，各种运行于空间、翱翔于空中的遥感平台连续不断地多尺度地对地球进行着观测，各种先进的对地观测系统源源不断地向地面提供着丰富的信息。目前，遥感信息获取技术正朝着“微观”和“宏观”两个方向发展，将来卫星遥感将形成一个多层次、立体、多角度、全方位和全天候的对地观测网。

6.3　遥感信息提取

概括地说，遥感信息提取包括目视判读提取和计算机自动提取两种方式。

6.3.1　目视判读提取

目视判读是综合利用地物的色调或色彩、形状、大小、阴影、纹理、图案、位置和布局等影像特征，并结合其他非遥感数据资料，进行综合分析和逻辑推理，以达到较高的专题信息提取的准确度。目视判读多用于提取具有较强纹理结构特征的地物，判读中，有关专家的经验会起很大的作用。

6.3.2　计算机自动提取

遥感信息提取的数据成果主要是4D（DOM、DEM、DRG、DLG）基础地理信息产品，此外，三维矢量模型、可量测实景影像也逐渐成为遥感信息提取内容。当前，遥感信息提取的主流软件有“ERDAS IMAGINE”“ERDAS LPS”“CARIS HIPS&SIPS”和“Kubit OrbitGIS”等。

1. ERDAS IMAGINE

“ERDAS IMAGINE”是面向企业级的遥感图像处理系统，系统提供大量的工具，支持对各种遥感数据源影像的处理，包括：航空、航天遥感的全色、多光谱、高光谱遥感图像，雷达、激光雷达等形成的遥感图像。产品呈现方式从打印地图到3D模型。面向不同需求的用户，系统的扩展功能采用开放的体系结构，以IMAGINE Essentials、IMAGINE Advantage、IMAGINE Professional 3种形式为用户提供了基本、高级、专业三档产品架构。

IMAGINE Essentials是入门级的核心模块，提供了关于影像制图、可视化、影像增强和几何校正等基本工具，同时还具有企业级访问能力，可以连接ArcSDE、Oracle Spatial及OGC Services等数据源。IMAGINE Essentials的核心是Viewer，它提供了多窗、高效的交互显示和处理的能力。用户可以通过Viewer，将文件和OGC服务中的影像或其他地理数据进行显示、合成、链接、分析和表达，以获取更多的信息。

IMAGINE Advantage是ERDAS IMAGINE核心的中间级别，它是在IMAGINE Essentials的基础上，提供了更多更高级的精确的制图和图像处理功能。增加的主要功能有：

并行批处理能力，度量精度评价工具，正射校正，镶嵌，RPF 产品，图像处理和空间分析，增强了对 ECW/JPEG2000 支持的能力，建模语言，知识分类器。

IMAGINE Professional 是核心模块的最高级产品，它是目前用于生成、可视化、纠正、投影、建模、分类、压缩等影像处理最强大的产品之一。IMAGINE Professional 提供 IMAGINE Essentials 和 IMAGINE Advantage 的全部功能，增加了图形数据建模、高级分类和雷达分析工具等功能。

2. ERDAS LPS

“ERDAS LPS”数字摄影测量处理系统，对多种航空、航天遥感资源，支持数据输入、传感器模型设置、坐标系统定义、传感器内定向、影像自动匹配、区域网空三加密、DTM 的自动提取和编辑、DOM 生产、DLG 的采集、纹理提取、三维模型建立等全线数据生产需求。

LPS 系统的扩展模块，诸如光束法空中三角测量系统、数字地面模型提取、地形编辑器、数字测图系统、立体分析、影像匀光器等模块供用户自由选择。LPS 的核心功能和各扩展模块结合起来形成一个完整的空间数据生产工作流，为高精度高效率的空间基础数据生产提供可靠的系统保障。

3. CARIS HIPS&SIPS

“CARIS HIPS&SIPS”是水深数据处理系统。软件主要功能：编辑测船配置文件，建立新 HIPS 项目，将原始数据转换成 HIPS 格式，保存工作过程文件，编辑辅助传感器数据，编辑卫星定位和运动传感器数据，读入和编辑声速剖面文件并声速剖面改正（声速剖面改正可选最近距离或最近时间），输入潮位数据，合并数据（将水深数据与辅助传感器数据合并产生三维地理坐标数据），计算每个水深点的总传播误差，建立地域图表（地域图表用于生成数据处理及最终成果图用的加权网格模型），生成网格化水深地形曲面，编辑条带水深数据及子区水深数据（直接手工编辑或统计滤波以地理坐标为查考的水深数据，可同时处理多条测线），重新计算水深地形曲面，生成光滑水深曲面，数据输出，生成各种图件等。

4. Kubit OrbitGIS

“Kubit OrbitGIS”由移动测量软件（Orbit Mobile Mapping）、无人机测量软件（Orbit UAS Mapping）、无人机和移动联合测量软件（Orbit Obliques）组成。

Orbit Mobile Mapping 可以输入、处理、管理全景影像和点云联合数据，提取点、线、面、体、属性等信息，将提取的信息发布在 IOS 移动端和网页端。

Orbit UAS Mapping 可以采集无人机 LiDAR（Light Detection And Ranging，光探与测量）数据和无人机影像数据。LiDAR 数据即利用卫星定位和机载激光扫描设备，获得数字表面模型（Digital Surface Model，DSM）的离散点，数据中含有空间三维信息和激光强度信息。基于 LiDAR 数据或正摄影像、立体影像，实现 2 维和 3 维特征提取、体积分析、纵横断面分析、等高线/DTM 生成等。

Orbit Obliques 是倾斜摄影测量软件，可联合处理无人机和移动测量车采集的影像和点云。

6.4　遥感的应用

随着遥感技术的发展，特别是高空间高分辨率遥感影像的出现，给遥感技术带来了新的机遇与挑战，前景十分广阔。目前其应用领域已经涉及测绘、农业、林业、水文、地质、海洋、工程建设、城市规划、环保、考古和军事等多个方面。

6.4.1　遥感在测绘方面的应用

遥感影像用于测绘、修编、修测中小比例尺的地形图，尤其是测绘云层覆盖、森林覆盖、冰川、水下等一些特殊条件下的地形图和各种专题地图，如地质图、地貌图、气象气候图、土壤图、植被图、行政区域图、城市平面图，等等，具有成图速度快、价格低廉等特点。尤其是微波雷达探测具有一定的穿透能力，所以其图像用于气候潮湿多雨多云雾地区的测绘更具有优越性。

地球观测卫星通过侧向镜可获得良好的立体影像，从而可采集数字高程模型（DEM）和进行立体测图，并可制作正射影像，也可用作 1∶50000 比例尺地形图的修测。随着卫星影像分辨率的提高，绘制更大比例尺的地形图将成为可能。优于 1m 级高空间分辨率的卫星相片，可全面替代测绘 1∶25000 比例尺地形图的航空摄影，又可用于 1∶10000 比例尺地形图的修测。

近年来，无人机测量系统的发展，特别是无人机倾斜摄影技术的快速发展，使得利用遥感技术进行大比例尺地形图测绘成为可能。无人机航飞航高较低且相片重叠度高，重建可量测实景模型多余观测量多，重建数据的内符合精度高，提取数据具有高精度的位置信息，能够满足大比例尺地形图测绘的高精度要求。

6.4.2　遥感在资源调查中的应用

遥感资料用于调查许多自然资源状况，如植被资源、土地资源、地质矿产资源、水资源和海洋资源等。

在调查植被资源方面，主要用于农作物、森林、草场、芦苇、沼泽和水生物等资源的调查，例如：调查农作物的种类、产量、种植面积、长势、单位面积产量及病虫害等内容。在森林资源方面，可以调查树种的分布、覆盖面积、森林区划界限以及森林火灾、病虫害等情况。我国利用陆地卫星 TM 图像和中国的国土资源普查卫星图像进行了“三北”防护林的资源调查和评估，对 400 万 km^2 的国土进行了植被资源调查，编制了 1∶500000 的土地类型、森林分布、森林动态、草场等级土地评价等图件，并建立了国家森林资源调查数据库。

在土地资源调查方面，主要调查土地资源数量、质量及分布情况。利用遥感相片可以调查各种地貌类型，如丘陵、山地、平原、冰川、风沙和岩溶地貌等，还可用于调查土壤的类型、肥力、利用现状、分布状况及变化规律。

遥感具有宏观、快速的对地观测特点，有时整个盆地或山脉都能容纳在一张相片上，特别适于地表形态、地质构造的观察。微波遥感具有一定的穿透性，不仅对地表而且对地下的地质体、地质构造的观察具有独特的效果。一定的地貌类型与一定的地质构造有密切的关系，而一定的地质构造又与成矿条件有很大的关系，利用遥感图像上与矿化有关的地物（如岩石、土壤、植被等）的影像特征（如线性体、环形体）、色调异常和热辐射异常等信息，提供有利地段的找矿预测依据，再结合物探、化探和地质等其他勘探资料进行成矿预测。

6.4.3 遥感在环境监测与抗灾方面的应用

利用遥感影像可以揭示环境条件变化、环境污染性质及污染物的扩散规律。由于遥感是从空中对地面环境进行大面积同步连续监测，突破了以往在地面监测的局限性，已成为环境监测与预报的有效手段，可用于天气、洋流、台风和飓风等的预报，洪涝灾害、森林火灾、大气污染、水域污染、城市热岛效应的监测，各种灾害、污染的范围、程度、损失的评估。

1987年5月7日我国大兴安岭发生火灾后，中国科学院遥感卫星地面接收站利用陆地卫星资料成功地处理出东西两个火灾区的火灾形势与火灾位置分布图，卫星每次经过灾区后，地面站即及时将灾情的有关数据准确通报给灭火指挥部，为灭火救灾的指挥决策提供了技术保障。

2008年5月12日，我国四川汶川地区发生8.0级的强烈地震，由于灾区通讯中断，地面交通瘫痪，许多重灾区的灾情信息无法获知，遥感成了灾情监测的重要手段。中国科技部国家遥感中心迅速反应，紧急行动，立即开始对灾区历史存档的雷达数据进行分析处理，及时送往国家减灾中心。对“北京一号”小卫星影像信息进行重点处理，制作出汶川地区遥感背景图，送往抗震救灾指挥部，为后续灾后评估提供了信息支撑。同时，科技部会同国家测绘局派出航空遥感专家组，奔赴四川灾区，进行航空遥感飞机实时拍摄，并及时分析处理，为抗震救灾提供了优质的遥感信息和技术服务。

思考题与习题

1. 什么是遥感，遥感信息有何特点？
2. 遥感技术系统的组成是怎样的？
3. 遥感信息获取形式有哪些？
4. 遥感信息提取方法有哪些？
5. 遥感技术有哪些应用？

第7章　地理信息系统（GIS）

7.1 概　　述

7.1.1 信息、地理信息与地理信息系统

随着科学技术的发展，人类社会已经进入信息时代，信息、信息技术、信息产业正受到全社会空前的重视和广泛的应用。

广义地说，信息（Information）就是客观事物在人们头脑中的反映。

地理信息（Geographic Information）是指所研究对象的空间地理分布的有关信息，它是表示地表物体及环境固有的数量、质量、分布特征、属性、规律和相互联系的数字、文字、音像和图形等的总称。地理信息不仅包含所研究实体的地理空间位置、形状，也包括对实体特征的属性描述。例如，应用于土地管理的地理信息，既能够表示某点的坐标或某一地块的位置、形状、面积等，也能反映该地块的权属、土壤类型、污染状况、植被情况、气温、降雨量等多种信息。因此，地理信息除具有一般信息所共有的特征外，还具有空间位置的区域性和多维数据结构的特征，即在同一地理位置上具有多个专题和属性的信息结构，同时还有明显的时序特征，即随着时间的变化的动态特征。将这些采集到的与研究对象相关的地理信息，以及与研究目的相关的各种因素有机地结合，并由现代计算机技术统一管理、分析，从而对某一专题产生决策，就形成了地理信息系统。

地理信息系统（Geographic Information System，GIS）是在计算机硬件、软件及网络技术支持下，对有关地理空间数据进行输入、处理、存储、查询、检索、分析、显示、更新和提供应用的计算机系统。从学科组构的角度来看，地理信息系统是集计算机科学、地理学、测绘遥感学、环境科学、城市科学、空间科学、信息科学和管理科学为一体的新兴边缘学科和交叉学科。

7.1.2 GIS的形成与发展

长久以来，地图是人类用于描述现实世界的主要手段。随着计算机的问世和计算机技术的发展，人们常使用计算机技术来描述和分析产生在地球空间上的各类现象，并较为系统地进行了计算机辅助制图和空间分析的研究，其成果为后来地理信息系统的发展奠定了坚实的基础。

地理信息系统的出现，在国际上已经有50多年的历史。20世纪60年代，加拿大Rogev F Tomlinson和美国Duane F Marble在不同地方、从不同角度提出了地理信息系统的概念。1962年，Tomlinson提出利用数字计算机处理和分析大量的土地利用地图数据，并建议加拿大土地调查局建立加拿大地理信息系统（CGIS），以实现专题图的叠加、面积量算等。到1972年，CGIS全面投入运行和使用，成为世界上第一个运行型的地理信息系

统。20世纪80年代，由于社会的迫切需求和多年经验的积累，使地理信息系统有了明显的进步，它在土地与房地产管理、资源调查、环境保护、市政建设与管理、大型工程的前期分析和实施监控、区域与国家的宏观分析和调控等方面均取得了显著的成效，逐渐形成一种新兴的产业并逐步应用于各行各业。

我国从20世纪80年代初开始对地理信息系统研究和实验，多年来，经历了起步阶段和发展阶段，目前已经进入产业化阶段，并逐步在国民经济和社会生活中得到广泛应用。

地理信息系统之所以能发展成为一门科学技术乃至一种产业，其历史背景和原因很多，但主要的原因可以归纳为以下几点：

1. 资源环境信息的丰富

国土规划、区域开发、环境保护和大型工程规划设计，全国人口普查、土地资源详查和工业资源普查，海洋、陆地和大气方面各种监测站网的布置，卫星与航空多层次遥感遥测，既获取并积累了大量数据，而且又迫切要求科学地利用数据，故急需一个科学的系统来存储和管理这些巨量信息。

2. 科学技术的突飞猛进

20世纪中叶以来，信息科学、计算机技术、遥感技术、网络通讯技术的快速发展与应用，为GIS的发展提供了强有力的技术支撑。

3. 交叉学科的发展

政府部门的规划、决策、管理的工作方式在迅速改变。20世纪50年代常规的调查报告和统计的形式、60年代的专题图和地图集，这些曾经盛极一时的信息表达形式，在其信息层次、信息载量、更新周期和信息处理等方面，已难以适应快速发展的现代化建设多学科综合应用的需要。80年代出现的以计算机为主体，同时得到遥感、遥测技术、系统工程方法支持的信息系统，成为了政府部门规划、决策和管理智能化现代化的保证。

4. 人类社会观念的进步

随着社会的进步，人类开始意识到对于自然资源的利用不能是简单的掠夺，而应当可持续地利用。吸取过去的经验教训，对自然资源采取科学地管理，就显得十分必要。

7.1.3 GIS的特征

1. 统一的地理定位

所有的地理要素，在一个特定投影和比例的参考坐标系统中进行严格的空间定位。

2. 信息源输入的数字化和标准化

来自系统外部的多种来源、多种形式的原始信息，由外部格式转换成便于计算机进行分析处理的内部格式，对这些原始信息予以数字化和标准化，即对不同精度、不同比例尺、不同投影坐标系统的形式多样的外部信息，按统一的坐标系和统一的记录格式进行格式转换、坐标转换，形成数据文件，存入数据库内。

3. 多维数据结构

由于地理信息不仅包括所研究对象的空间位置，也包括其实体特征的属性描述，同时还有明显的时序特征，因此，GIS的空间数据组织形式是一个由空间数据（三维空间坐标及其拓扑关系）、属性数据及时态数据所组成的多维数据结构。

7.1.4 GIS与其他系统的关系

GIS是在地球科学与数据库管理系统（DBMS）、计算机图形学（Computer

Graphics）、计算机辅助设计（CAD）、计算机辅助制图（CAM）等与计算机技术相关学科相结合的基础上发展起来的。故GIS与它们存在着许多交叉与相互覆盖的关系，但它们之间也有很大的区别。

1. GIS与管理信息系统（MIS）的主要区别

一般而言，管理信息系统（如情报检索系统、财务管理系统等）只有属性数据库的管理而无体现空间地理位置的地图数据或地图图形，有时即使存储了图形，也是以文件形式管理，图形要素不能分解、查询，也没有拓扑关系，因此亦称为非空间信息系统。而GIS则要对空间图形数据库和属性数据库共同管理、分析和应用，亦称为空间信息系统。

2. GIS与CAD和CAM的主要区别

（1）CAD、CAM不能建立地理坐标系和完成地理坐标变换。

（2）GIS的数据量比CAD和CAM的数据量大得多，数据结构、数据类型亦更为复杂，数据间联系紧密，这是因为GIS涉及的区域广泛、精度要求高、变化复杂、要素众多、相互关联，单一结构难以完整描述。

（3）CAD、CAM不具备地理意义的空间查询和分析功能。

3. GIS与DBMS的主要区别

与GIS相比较，数据库管理系统（DBMS）尚存在两个明显的不足：

（1）缺乏空间实体定义能力。流行的数据库结构，如网状结构、层次结构和关系结构等，都难以对地理空间数据结构进行全面、灵活、高效的描述。

（2）缺乏空间关系查询能力。通用的DBMS的查询主要是针对实体的查询，而GIS不仅要求对实体查询，还要求对空间关系进行查询，如关于方位、距离、包容、相邻、相交和空间覆盖关系等的查询。因此，通用DBMS尚难以实现对地理数据空间查询和空间分析。

7.1.5 GIS与其他学科的联系

地理信息系统的不断发展，已经成为信息科学的一个组成部分，既依赖于地理学、测绘学等基础学科，又取决于计算机科学、航天技术、遥感技术、人工智能与专家系统的进步和发展，是一门从属于信息科学的边缘学科，同时又为以上这些学科的发展提供了更高的平台。

7.1.6 GIS的发展趋势

目前，GIS进入了新的发展阶段，不仅成为包括硬件生产、软件研制、数据采集、空间分析及咨询服务的全球性的新兴信息产业，而且已经发展成为一门处理空间数据的现代化综合学科，成为地球空间信息科学的重要组成部分。

1. 与其他学科结合更加紧密、应用更加广泛

从GIS的产生和发展来看，GIS与测绘、遥感（RS）、全球导航卫星系统（GNSS）有机地集成在一起，使得测绘、遥感、制图、地理、管理和决策科学相互融合，成为快速而实时的空间信息分析和决策支持工具。“3S”技术就是以地理信息系统为核心的集成技术，构成了对空间数据适时进行采集、更新、处理、分析以及为各种实际应用提供科学的决策咨询的强大技术体系。

2. 国家基础地理信息系统建设成为数字地球最主要的基础设施

1998年美国前副总统戈尔（Al Gore）提出数字地球（Digital Earth）的概念，指出：

数字地球是一个以地理坐标（经纬网）为依据，将人类对地球观测的全球性的、动态的、高分辨率的、数字化的资源、环境，乃至社会经济的海量数据进行整合，并由计算机及其网络进行管理和综合分析所形成的一个能立体表达的新型“地球仪”——虚拟地球。也就是用数字的方法将地球、地球上的活动及整个地球环境的时空变化等方面的所有信息加以数字化并装入计算机中，由计算机对这些海量的地理数据进行描述，并在网络上流通，使普通百姓能够方便地获得各种各样的有关地球的信息。因此，也可以认为“数字地球”就是信息化的地球，当今社会就是信息化的社会。

数字地球是地球科学与信息科学的高度综合，也是国家信息基础设施与国家空间数据基础设施的高度的综合，GIS 在其中扮演极为重要的角色，其建设与发展和国家空间数据基础设施的建设与发展紧密相连。

3. 基于互联网的 GIS 是未来 GIS 发展的主流

GIS 始终与计算机技术密切相关，如今计算机网络的迅速发展、信息高速公路的建设，使大量的数字化后的地理信息和空间数据，方便、快速、及时地传送到任何需要的地方去，实现信息共享，并更广泛地发挥其应用价值。运用互联网将无数个分布于不同地点、不同部门、相互独立但具有相同软件平台的 GIS 连接起来，将系统的分析功能与数据管理分布在开放的网络计算机环境之中，以实施空间数据的互交换、互运算和互操作的地理信息系统称为超媒体网络地理信息系统。当然，不同厂商的 GIS 软件及不同工作站的数据库间实施空间数据的互交换、互运算和互操作，则应通过统一的标准和接口相连接，形成开放式地理信息系统（Open GIS），这是 GIS 发展的主流。

4. 构件式 GIS 的发展

数字地球的建立是一个极为庞大的工程，需要世界各地的人们参与，即便是建立一个小型的 GIS 也不是一两个人所能完成的，因此，把庞大的 GIS 软件系统分解成可按应用需要组装的组件，通过标准的系统环境，有效地实现系统集成，这就是构件式 GIS。一旦实现了这一步，全世界的人都可以参与 GIS 的建设，完善数据库，建立丰富的组件库，用户可根据需要拼装调用。

7.2 GIS 的 构 成

完整的 GIS 主要由 4 个部分构成：计算机硬件系统、计算机软件系统、地理空间数据和系统管理操作人员。硬件和软件是 GIS 的必要组成部分，地理数据库是 GIS 的核心部分，而 GIS 人才是整个地理信息系统运作成功与否的关键。

7.2.1 计算机硬件系统

GIS 的硬件是指计算机系统的硬件环境及外围设备，包括电子的、电的、磁的、机械的、光的元件或装置。系统的规模、精度、速度、功能、形式、使用方法甚至软件，都与硬件有极大的关系，受硬件指标的支持或制约。如图 7.1 所示，GIS 硬件配置一般包括：

（1）计算机主机。计算机主机包括从主机服务器到桌面工作站乃至网络系统的一切计算机资源。

（2）数据输入设备。数据输入设备包括数字化仪、图像扫描仪、解析和数字摄影测量

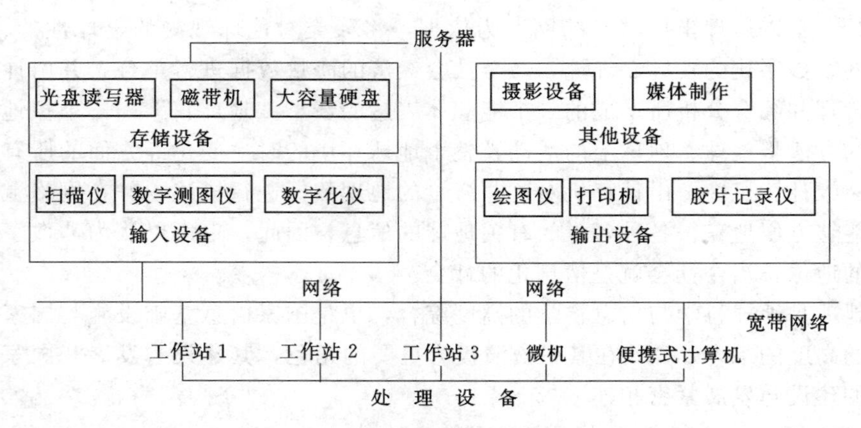

图 7.1　GIS 的硬件组成

仪、手写笔、光笔、键盘、通信端口等，以及全站仪、卫星定位测量设备等测绘仪器。

（3）数据存储设备。数据存储设备包括盘刻录机、磁带机、光盘塔、活动硬盘、磁盘阵列等。

（4）数据输出设备。数据输出设备包括矢量式绘图仪、彩色喷墨绘图仪、激光打印机等。

（5）网络通信设备。网络通讯设备是指在网络系统中用于数据传输和交换的光缆、电缆。

7.2.2　计算机软件系统

计算机软件系统指 GIS 运行所必需的各种程序，包括计算机系统软件、地理信息系统软件、应用分析软件等。

1. 计算机系统软件

计算机系统软件是用户开发和使用计算机的程序系统，通常包括操作系统、汇编程序、编译程序、诊断程序、库程序以及各种维护使用手册、程序说明等。

2. 地理信息系统软件

地理信息系统软件，可以是通用的 GIS 软件也可包括数据库管理软件、计算机图形软件包、图像处理软件等。GIS 软件按功能可分为以下几类。

（1）数据输入。将系统外部的原始数据（多种来源、多种形式的信息）传输给系统内部，并将这些数据从外部格式转换为便于系统处理的内部格式。如将各种已存在的地图、遥感图像数字化，或者通过通讯或读磁盘、磁带的方式录入遥感数据或其他系统已存在的数据，还包括以适当的方式录入各种统计数据、野外调查数据和仪器记录的数据。

（2）数据存储与管理。数据存储和数据库管理涉及地理元素（表示地表物体的点、线、面）的位置、连接关系及属性数据如何构造和组织等。用于组织数据库的计算机系统称为数据库管理系统（DBMS）。空间数据库的操作包括数据格式的选择和转换、数据的连接、查询、提取等。

（3）数据分析与处理。对单幅或多幅图件及其属性数据进行分析运算和指标量测，在这种操作中，以一幅或多幅图作为输入，而分析计算结果则以一幅或多幅新生成的图件表示，在空间定位上仍与输入的图件一致，故可称为函数转换。函数转换还包括错误改正、格式变性和预处理。

（4）数据输出。将地理信息系统内的原始数据或经过系统分析、转换、重新组织的数据，以某种用户可以理解的方式，提交给用户以地图、表格、数字或曲线等形式表示于某种介质上，或采用显示器、胶片拷贝、打印机、绘图仪等输出，也可以将结果数据记录于磁存储介质设备，或通过通讯方式传输到用户的其他计算机系统。

（5）用户接口。该模块用于接收用户的指令、程序或数据，是用户和系统交互的工具，主要包括用户界面、程序接口与数据接口。系统通过菜单方式或解释命令方式接收用户的输入。由于地理信息系统功能复杂，且用户又往往为非计算机专业人员，用户界面是地理信息系统应用的重要组成部分，它通过菜单技术、用户询问语言的设置，还可采用人工智能的自然语言处理技术与图形界面等技术，提供多窗口和鼠标选择菜单等控制功能，为用户发出操作指令提供方便。该模块还随时向用户提供系统运行信息和系统操作帮助信息，使地理信息系统成为人机交互的开放式系统。

在新的 GIS 技术和时代背景下，GIS 服务的供给者以 Web 的方式供给资源和功能，而用户则采用多种终端随时随地访问这些资源和功能，GIS 平台变得更加简单易用、开放和整合，使得 GIS 为“所有人”使用成为现实，为“Web GIS”赋予了全新的内涵。目前世界上商品化的 GIS 软件有很多，这里简要介绍两个比较常用的地理信息系统软件，一是美国 GIS 软件产品“ArcGIS”，另一是国产 GIS 软件产品“SuperMap GIS”。

（1）ArcGIS。ArcGIS 是一套完整的“GIS 平台”产品，具有地图制作、空间数据管理、空间分析、空间信息整合、发布与共享的能力。ArcGIS 以用户为中心的 Named User 授权模式，形成以 Named User 为纽带、三大组成部分有机结合的支撑平台，是新一代 Web GIS 应用模式。产品包括：ArcGIS for Desktop、ArcGIS for Server、ArcGIS Online 和 CityEngine。

1）ArcGIS for Desktop。ArcGIS for Desktop 是为 GIS 专业人员提供的用于信息制作和使用的工具，包括地理分析和处理，提供编辑工具、地图生产过程，数据和地图分享。其主要功能：空间分析、数据管理、制图和可视化、高级编辑、地理编码、地图投影、高级影像、数据分享、可定制 GIS 桌面应用。

2）ArcGIS for Server。ArcGIS for Server 是基于 SOA（Service - oriented Architecture，面向服务的体系结构）架构的 GIS 服务器，通过它可以跨企业或跨互联网，以服务形式共享二维或二维地图、地址定位器、空间数据库和地理处理工具等 GIS 资源，并允许多种客户端（如 Web 端、移动端、桌面端等）使用这些资源创建 GIS 应用。其主要功能：空间数据管理、提供 Web 服务、空间可视化、在线编辑、空间分析和地理处理、实时数据处理分析、以地图为核心的内容管理 Web 应用、移动应用。

3）ArcGIS Online。ArcGIS Online 是基于云的协作式平台，允许组织成员使用、创建和共享地图、应用程序和数据，以及访问权威性地图和 ArcGIS 应用程序。通过 ArcGIS Online，可以访问 ESRI（Environment System Research Institute）的安全云，在其中可将数据作为发布的 Web 图层进行管理、创建和存储。由于 ArcGIS Online 是 ArcGIS 系统的组成部分，还可以利用其扩展 ArcGIS for Desktop、ArcGIS for Server、ArcGIS Web

API 和 ArcGIS Runtime SDK 的功能。ArcGIS Online 主要功能：使用和创建地图、访问即用型图层和工具、作为 web 图层发布数据、协作和共享，使用任何设备访问地图、使用 Microsoft Excel 数据制作地图、自定义 ArcGIS Online 网站以及查看状态报告。ArcGIS Online 还可用作构建基于位置的自定义应用程序的平台。

4）CityEngine。CityEngine 提供基于程序规则建模，可以使用二维数据快速、批量、自动的创建三维模型。与 ArcGIS 的深度集成，可以直接使用 GIS 数据来驱动模型的批量生成，保证三维数据精度、空间位置和属性信息的一致性。同时，还提供如同二维数据更新的机制，可以快速完成三维模型数据和属性的更新。CityEngine 主要功能：基于规则批量建模、动态城市规划设计、三维数据编辑与更新、三维场景共享。

（2）SuperMap GIS。SuperMap GIS 是具有完全自主知识产权的国产大型地理信息系统软件平台，包括组件式 GIS 开发平台，服务式 GIS 开发平台，嵌入式 GIS 开发平台，桌面 GIS 平台，导航应用开发平台以及相关的空间数据生产、加工和管理工具。

SuperMap 服务式 GIS 平台也是基于面向服务的架构，提供完整的 GIS 服务，不仅是高性能的企业级 GIS 服务器，还是可扩展的服务式 GIS 开发平台。主要功能：服务定制、个性化服务集成、多源服务无缝聚合、分布式集群、服务扩展、服务配置、部署与管理、多种客户端 SDK（Software Development Kit，软件开发工具包）。在传统二维 GIS 服务的基础上增加了三维 GIS 服务，提供了三维 Web 客户端 SDK，实现了二、三维一体化。

SuperMap Objects 6R 系列是基于 Realspace 的二、三维一体化的组件式 GIS 开发平台，适用于快速开发专业级 C/S 结构应用系统。SuperMap 组件式 GIS 平台包括支持 Java、NET 和 COM 组件的系列产品。在多种开发环境下通过二次开发，能够将 GIS 的功能融入业务应用系统，使业务应用系统具备空间数据采集、入库、显示、编辑、查询、分析、制图输出、三维显示等 GIS 核心功能。

SuperMap iMobile for Android/iOS 是基于 Android、iOS 等智能移动系统的组件式 GIS 开发平台，用于快速开发、定制面向行业领域和公众服务的移动 GIS 应用系统。它基于 SuperMap 共相式 GIS 内核与智能移动终端系统有机结合，提供二、三维一体化的专业移动 GIS 功能。主要功能：离线地图浏览、在线服务访问、多源数据聚合、空间定位与查询、空间分析、数据采集与编辑、动态专题图、路径导航、三维地图。

SuperMap 桌面 GIS 平台软件提供空间数据的采集、管理、编辑、浏览、查询、分析、制图输出、三维显示等 GIS 核心功能，并具有海量空间数据管理和多源数据无缝集成能力。

3. 应用分析软件

应用分析程序由系统开发人员或用户编制，用于某种特定应用任务，是系统功能的扩充与延伸。优秀的应用程序应该是透明和动态的，与系统的物理存贮结构无关，且随着系统应用水平的提高而不断优化和扩充。应用程序作用于地理专题数据或区域数据，构成 GIS 的具体内容，这是用户最为关心的真正用于地理分析的部分，也是从空间数据中提取地理信息的关键。用户进行系统开发的大部分工作是开发应用程序，应用程序的水平在很大程度上决定系统的实用和优劣。

7.2.3　地理空间数据

地理空间数据是指以地球表面空间位置为参照的自然、社会和人文景观数据，可以是图形、图像、文字、表格和数字等，由系统的建立者通过数字化仪、扫描仪、键盘、磁带机或其他通讯系统输入到 GIS，是系统程序作用的对象，是 GIS 所表达的现实世界经过模型抽象的实质性内容。不同用途的 GIS 其地理空间数据的种类、精度都是不同的，但基本上都包括以下几方面特点。

（1）某个已知坐标系中的位置。标识地理实体在某个已知坐标系中的空间位置，可以是经纬度或平面直角坐标，也可以是矩阵的行、列数等。

坐标系统的选择根据具体应用要求，可以选择国际或全国通用坐标系统，也可以选择局部（地方）坐标系统。在我国，依照国际惯例并结合我国的具体实际，一般采用与我国基本图系列一致的地图投影系统，如大比例尺采用高斯-克吕格投影、中小比例尺采用兰伯特投影，在某些城市或工程系统中，则可能采取独立的地方坐标系统。

（2）实体间的空间相关性。实体间的空间相关性即拓扑关系，表示点、线、面实体之间的空间联系，如网络结点与网络线之间的枢纽关系，边界线与面实体间的构成关系，面实体与岛或内部点的包含关系等。空间拓扑关系对于地理空间数据的编码、录入、格式转换、存储管理、查询检索和模型分析等有重要意义，是地理信息系统的重要特色。

（3）非几何属性。非几何属性即与几何位置无关的属性，常简称属性（Attribute），是与地理实体相联系的地理变量或地理意义。属性分为定性和定量的两种，前者包括名称、类型、特性等，如岩石类型、土壤种类、土地利用类型、行政区划等；后者包括数量和等级，如面积、长度、土地等级、人口数量、降雨量、河流长度、水土流失量等。非几何属性一般是经过抽象的概念，通过分类、命名、量算、统计得到。任何地理实体至少有一个属性，而地理信息系统的分析、检索和表示主要是通过属性的操作运算实现的，因此，属性的分类系统和量算指标，对 GIS 的功能有重要的影响。

地理数据具有周期性和时间性，过时的信息不具备现势性。可在 GIS 中以时间属性标注数据特征，当然增加时间表达维会增加数据处理的难度。

由于地理数据具备以上种种特性，在 GIS 中，地理数据的表达非常复杂，难以用简单的数据结构进行表达和再现，因此，要求选用合理的数据结构和数据管理系统统一组织地理数据库系统，才能迅速有效地利用地理数据。

7.2.4 系统管理操作人员

人是 GIS 中的重要构成因素。GIS 人员既包括从事 GIS 系统开发的专业人员，也包括 GIS 产品的用户或称终端用户。从事 GIS 工作的人员应熟悉数据的整合、管理、GIS 应用服务、用户需求调查、工作流程的组织、有关机构的管理协调等。专业 GIS 人员需涉及软件工程、GIS 功能、数据结构、系统设计、地理模型等领域。GIS 系统从设计、建库、管理、运行直到用来分析决策处理问题，自始至终都需要有专门的技术人才，他们必须掌握 GIS 的基本知识，熟悉所利用的工具和分析问题的模型及数据的性质，才能使 GIS 系统更好地运作。

7.3 GIS 的基本功能

GIS 的基本功能体现在 6 个方面，如图 7.2 所示。

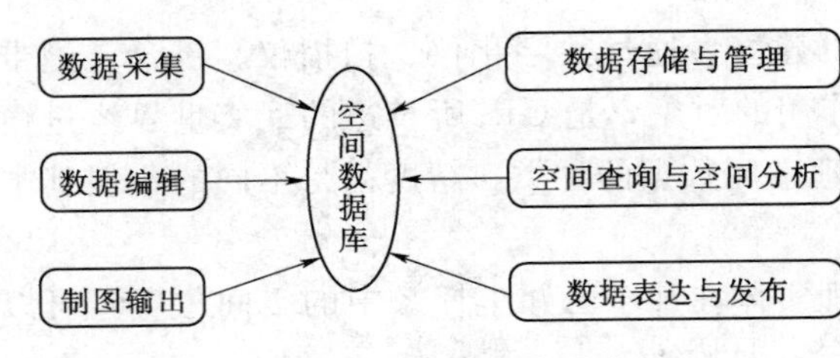

图 7.2　GIS 的基本功能

7.3.1　数据采集

GIS 的核心是地理数据库，建立 GIS 的第一步就是要将地面上的实体图形数据和描述它的属性数据输入到数据库中。数据输入即建立 GIS 数据库的过程，就是将系统外部的原始数据传输到系统内，并经过编码将其由外部格式转换为计算机可读的内部格式，此过程也称为数据采集，它包括数字化、规范化和数据编码 3 方面的内容。数据输入方法通常有键盘输入、手工数字化、扫描矢量化和已有的数据文件输入。

7.3.2　数据编辑

（1）图形数据编辑。通过野外实测或航测内业仪器实测或对现有地图数字化或对航片的扫描等方式获取图形数据之后，用功能很强的图形编辑系统对图形进行编辑。图形编辑系统应具备文件管理、数据获取、图形编辑窗口显示、参数控制、符号设计、图形编辑、自动建立拓扑关系、属性数据输入与编辑、地图修饰、图形几何功能、查询及图形接边处理等功能。

（2）属性数据编辑。属性数据是用来描述实体对象的特征和性质等的数据，许多 GIS 都采用关系型数据库管理系统进行管理。关系型数据管理系统能为用户提供一套功能很强的数据编辑和数据库查询语言，系统设计人员可利用数据库语言建立友好的用户界面，以方便用户对属性数据的输入、编辑和查询。

7.3.3　数据存储与管理

地理对象通过数据采集与编辑后，送到计算机的外存设备上，如硬盘、光盘、磁带等。因地理数据十分庞大，需要数据管理系统来管理，其功效类似于对图书馆的图书进行编目、分类存放，以便于管理人员或读者快速查找所需的图书。

7.3.4　制图输出

GIS 是一个功能极强的数字化制图系统，它具有输出各种地图的功能。如全要素地图、行政区划图、利用现状图、规划图、交通图、等高线图等分层专题图。通过分析还可以得到各类分析用图，如坡度图、剖面图、透视图等。此外，在及时更新，对数字地图进行整饰，添加符号、颜色和注记，图廓整饰等方面也极为方便。

7.3.5　空间查询与空间分析

空间数据间存在着复杂的空间关系，这些关系可归纳为连通、邻接、相邻、相交、包含、相对位置、高度差等。因 GIS 中包容了这些空间关系，只要有与查询稍有关系的信息，即可迅速准确地获得所需的信息，例如，决定废物填埋的合适地点，寻找消防站到失火点的最佳路径，查找某个区域的最佳视点等。可见，GIS 的空间查询非常方便，应用极为广泛。

空间分析是一组分析结果依赖于所分析对象位置信息的技术，空间分析由以下几部分内容组成。

（1）空间量测。

1）质心测量：目标的中心点位置。

2）几何测量：坐标、距离、方向、面积、体积、周长、表面积等。

3）形状测量：形状系数计算。

（2）空间变换。经过一系列的逻辑或代数运算，将原始地理图层及其属性转换成新的具有特殊意义的地理图层及其属性。因空间数据的复杂性，空间变换的操作十分复杂，合理有序的空间变换是有效的空间分析的前提。空间变换一般都在同等属性间进行，如在土地评价中，必须将土地类型、土地湿度、土地结构、土地地貌等多层因素转换成土地适宜性后，才能运用数学运算方法进行土地分析。

（3）空间内插。用数学拟合方法在已有观测点的区域内估计未观测点的特征值，包括整体趋势面拟合与局部拟合两大类。

（4）空间依赖。空间依赖包括拓扑空间查询、缓冲区分析、叠加分析等。

（5）空间查询。空间查询包括基于空间关系特征的查询、基于属性特征的查询以及基于空间关系和属性特征的查询3种方式。

（6）空间决策支持。通过应用空间分析的各种手段对空间数据进行处理变换，提取隐含于空间数据中的某些事实和内在关系，并以图形和文字形式直观地表达，为实际应用目标提供科学、合理的支持。空间决策支持过程包括确定目标、建立定量分析模型、寻求空间分析手段、结果的合理性与可靠性评价4个阶段，常用于诸如最佳路径选择、选址、定位分析、资源分配等经常与空间数据发生关系的领域，以及由这些领域所延伸的其他部门。

空间分析具有很强的目的性，是一种面向应用的空间数据分析处理方法，许多复杂的空间查询和空间决策，一般采用缓冲区建立、图层叠置、特征信息的提取和合并、数学分析模型的建立等方法来解决。空间分析在GIS中占有重要位置，是GIS的核心功能。

7.3.6 数据表达与发布

随着计算机技术的发展，特别是互联网技术的发展，用户可以查询和使用集中在服务器终端的大量空间数据，实现空间数据的合理共享。为此，空间数据必须具有标准的定义、表达和发布形式。元数据（Metadata）作为描述数据的数据，对数据的质量、表达形式和数据的内容等进行具体描述。GIS的空间数据发布功能，即是利用元数据把空间数据向用户描述的过程，从而能使用户合理、有效地使用空间数据。

万维网（Web）GIS，就是利用互联网技术来扩展和完善GIS的一项新技术，它是由地理信息系统和互联网技术相结合产生的一种新的技术方法。人们可以利用它在互联网上获取各种空间信息，并可进行各种地理空间分析。

7.4 GIS的空间数据结构

GIS的空间数据结构（Spatial Data Structure）是指这种空间数据在系统内的组织和编码形式，也称为图形数据格式，是适合于计算机系统存储、管理和处理地理信息的逻辑结构，是地理实体的空间排列方式和相互关系的抽象描述，是对数据的一种理解和解释。

空间数据编码，是指根据一定的数据结构和目标属性特征，将经过审核的地形图、专题地图和遥感影像等资料，转换为适合于计算机识别、存储和处理的代码或编码字符的过程。由于 GIS 数据量极大，一般需要采用压缩数据编码方式以节省空间。

GIS 数据结构主要有两种类型，矢量数据结构和栅格数据结构，如图 7.3 所示。两类数据结构都可用来描述地理实体的点、线、面 3 种类型。

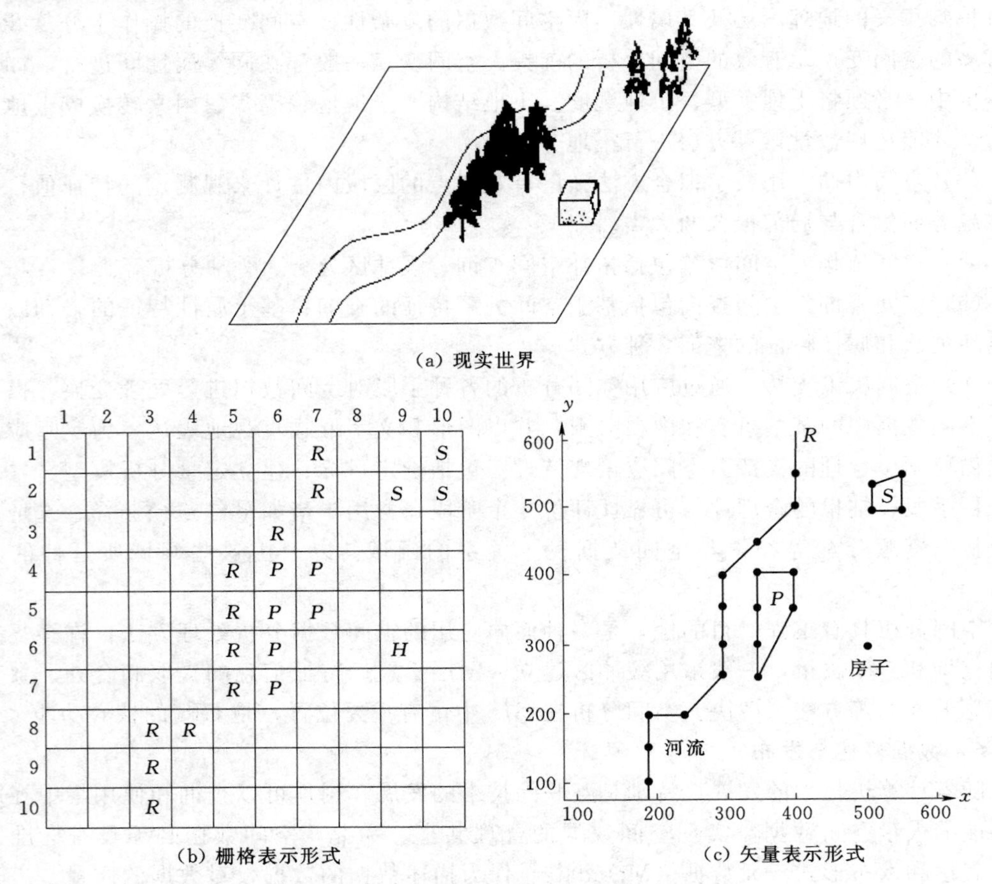

(a) 现实世界

(b) 栅格表示形式

(c) 矢量表示形式

图 7.3　空间数据结构的两种类型

7.4.1　矢量数据结构编码的基本内容

矢量数据结构是通过记录坐标的方式，用点、线、面等基本要素尽可能精确地表示各种地理实体。点用空间坐标对表示，线用一串坐标对表示，面为由线形成的闭合多边形。矢量数据表示的坐标空间是连续的，可以精确定义地理实体的任意位置、长度、面积等。

1. 点实体

点实体包括由单独一对（x，y）坐标定位的一切地理或制图实体，如控制点、电线杆、水井等。在矢量数据结构中，除点实体的（x，y）外还应存储其他一些与点实体有关的数据来描述点实体的类型、制图符号和显示要求，如控制点的等级、点名，电线杆是通讯或高、低压，水井为自流或机动等。点实体是在空间上不可再分的地理实体，可以是具体的，也可以是抽象的，如地物点、文本位置点或线段网络的结点等。如果点是一个与其他信息无关的符号，则记录时应包括符号类型、大小、方向等有关信息。如果点是文本实体，记录的数据应包括字符大小、字体、排列方式、比例、方向以及与其他非图形属性的联系方式等信息。

2. 线实体

线实体为一串由两对以上的（x，y）坐标定义的能反映各类线性特征的直线元素的集合。

线实体通常由 n 个坐标对组成，主要用于描述连续而复杂的线状地物，如道路、河流、等高线等符号线和多边形边界，通常也称为“弧”或“链”，包括如下内容：

（1）唯一标识码。唯一标识码用来建立系统的排列序号。

（2）线标识码。线标识码用来确定该线的类型。

（3）起点、终点。起点、终点可以用点号或坐标表示。

（4）坐标对序列。坐标对序列用来确定线的形状，在一定距离内，坐标对越多，则每个小线段越短，与实体曲线越接近。

（5）显示信息。显示时采用的文本或符号，如线的虚实、粗细等。

（6）其他非几何属性。

若线与结点一起构成网络，则产生线与线之间的连接判别问题，即拓扑关系中的连通性，因此，还需要在线的数据结构中建立“指针”指示其连接方向。除此以外，在结点上还应记录有交汇线的夹角，这样才能建立起正确的网络。连通性关系对于网络中路径搜寻，如最佳路径计算和全网络流程分析都是非常重要的。如图 7.4 所示为某一城市道路路线图，现要选择一条从 A_1 到达 A_2 最优行车路线。从图 7.4 中可得出 A_1 到 A_2 的多条路线：如 $A_1-b-d-g-i-A_2$；$A_1-b-d-e-f-i-A_2$；$A_1-b-c-d-g-i-A_2$；$A_1-b-d-e-f-i-A_2$；$A_1-b-d-g-f-i-A_2$；$A_1-b-c-e-f-i-A_2$。根据道路具体条件，选定最优路径。

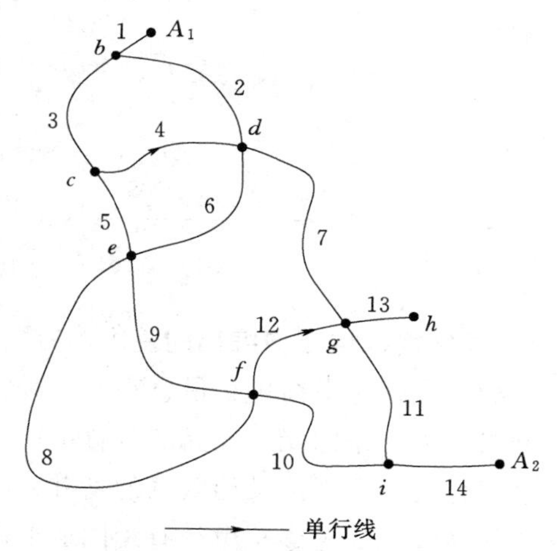

图 7.4　用线要素表示地理实体

3. 面实体

对于面实体，常采用闭合多边形的概念，它是描述地理空间信息的最重要的一类数据。行政区、土地类型、植被分布等具有名称属性和分类属性的地理实体均可用闭合多边来表示。用于 GIS 的多种专题制图都必须处理闭合多边形问题。

研究多边形数据结构的目的是描述它的拓扑特征，如形状、相邻关系、层次结构等。闭合多边形数据结构的构造方法对多边形的要求如下：

（1）组成地图的每一个闭合多边形应有唯一的形状、周长和面积。任何规则街区也不能设想它们具有完全一样的形状和大小。

（2）地理分析要求的数据结构应能够记录每一个闭合多边形的邻域关系。

（3）专题图上的闭合多边形并不都是同一等级的多边形，而可能是在多边形内联套一些多边形（次级，也称“洞”），例如湖泊的水涯线与土地利用图上各多边形同级，而湖中的岛屿则为“洞”。闭合多边形矢量编码方法很多，常用的是拓扑结构法，所谓拓扑结构是指确定各地理实体关系的数学模型。为了准确描述空间目标的位置和空间关系，在涉及空间目标的角度、方向、距离和面积时，应以几何坐标为基础运用解析几何方法来分析。在涉及空间目标之间的相邻、相连、包容、里面、外面等关系时，则采用拓扑几何的方法来解决。拓扑结构数据模型的用途之一就是在进行空间分析时可基于空间关系而不必使用坐标数据。许多空间分析，如综合分析或连通性分析都是很费时的运算，只有使用拓扑数据，才能提高计算速度，许多 GIS 系统都是采用拓扑矢量数据结构。如图 7.5 所示为面实体的多边形结构。

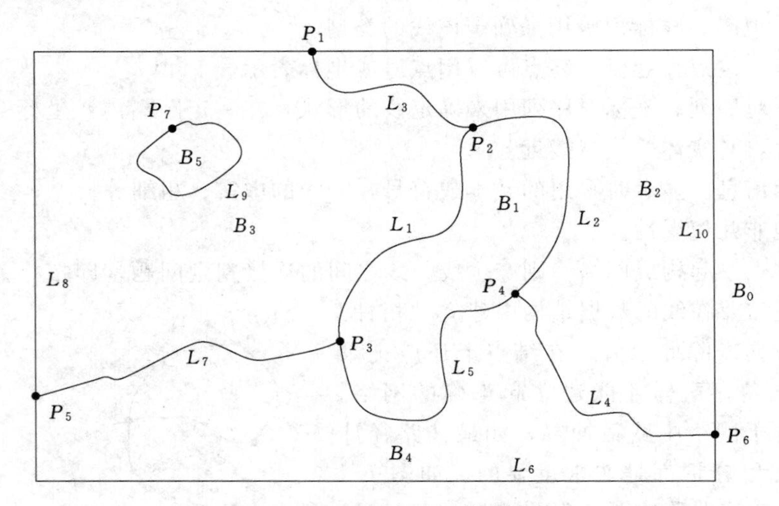

图 7.5　用面要素表示地理实体

7.4.2　栅格数据结构编码的基本内容

栅格数据是最简单、最直观的一种空间数据结构，它是将地面划分为均匀的网格，每个网格作为一个像元，像元的位置由所在行、列号确定，像元所含有的代码表示其属性类型或仅是与其属性记录相联系的指针。在栅格结构中，一个点（如房屋角）由单个像元表达，一条线（如道路）由具有相同取值的一组线状像元表达，一个面状地物（如池塘）由若干行和列组成的一片具有相同取值的像元表达。

栅格数据的编码方法有多种，常见的有栅格矩阵法、行程编码、块码和四叉树编码等。其中四杈树编码是一种更有效的压缩数据的方法。

四叉树编码又称为四分树、四元树编码，它把 $2^n \times 2^n$ 像元组成的阵列当作树的根结点，树的高度为 n 级（最多为 n 级）。每个结点又分别代表西北、东北、西南、东南 4 个象限的 4 个分支，如图 7.6（a）所示。4 个分支中要么是树叶，要么是树叉，如图 7.6（b）所示。树叶用方框表示，它说明该 1/4 范围或全属多边形范围（黑色）或全不属多边形范围（在多边形以外，空心四方块），因此不再划分这些分枝。树杈用圆圈表示，它说明该 1/4 范围内，部分在多边形内，部分在多边形外，因而继续划分，直到变成树叶为止。四叉树编码正是按照这一原则划分，逐步分解为包含单一类型的方形区域，其最小的方形区域为一个栅格像元。图像区域划分的原则是将区域分为大小相同的象限，而每一个象限又可根据一定规则判断是否继续等分为次一层的 4 个象限。其终止判据是：不管是哪

7	7	7	6	6	6	6	6
7	7	7	7	7	6	6	6
7	7	7	7	7	7	6	6
4	4	4	7	6	6	6	6
4	4	4	4	4	6	6	6
4	4	4	6	6	6	6	6
0	0	4	4	6	6	6	6
0	0	0	0	6	6	0	0

2	32	33
	3 30	31
0	1	

(a) 象限图

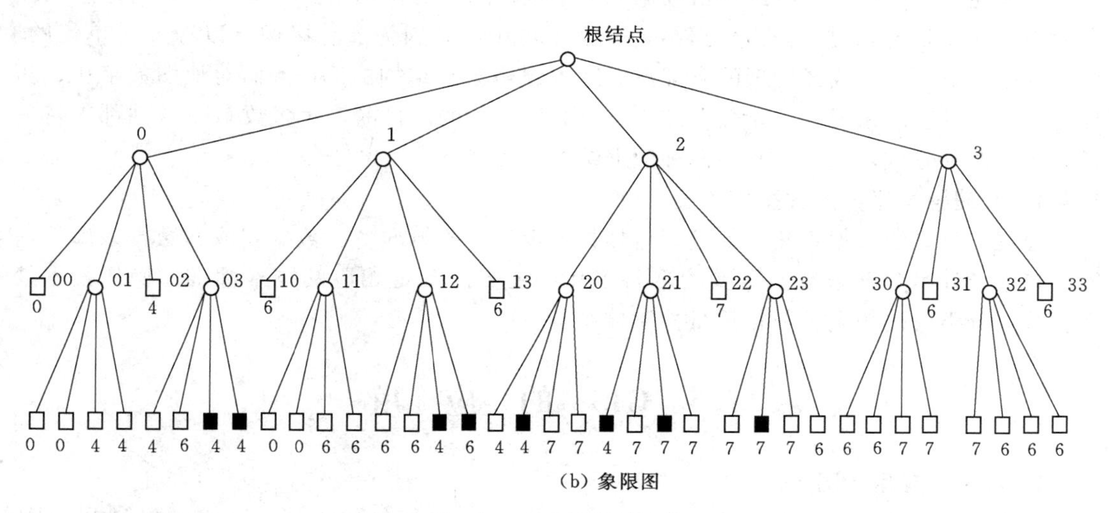

(b) 象限图

图 7.6 四叉树编码结构

一层的象限，只要划分到仅代表一种地物或符合既定要求的几种地物时则不再继续划分，否则一直分到单个栅格像元为止。

四叉树编码有许多优点：

(1) 容易且有效地计算多边形的数量特征。

(2) 阵列各部分分辨率是可变的，边界复杂部分四叉树较高即分级多，分辨率也高，而不需表示的细节部分则分级少，分辨率低，因而既可精确表示图形结构，又可减少存储量。

(3) 栅格到四叉树及四叉树到简单栅格结构的转换比其他压缩方法容易。

(4) 多边形中嵌套不同类型的小多边形表示较方便。四叉树编码的最大缺点是：树状表示的变换不具有稳定性，相同形状和大小的多边形可能得出不同四叉树结构，故不利于形状分析和模式识别。

7.4.3 矢量数据与栅格数据的区别

1. 矢量数据结构

矢量数据结构优点是数据结构严密，数据量小，精度较高，用网络连接法能完整地描述拓扑关系，图形输出精确美观，能实现图形数据和属性数据的恢复、更新、综合。缺点是数据结构复杂，矢量多边形地图或多边形网很难用叠置方法与栅格图进行组合，显示和绘图费用高，特别是高质量绘图、彩色绘图和晕线图等，技术复杂，数学模拟比较困难，多边形内的空间分析不容易实现。

2. 栅格数据结构

栅格数据的优点是数据结构简单，空间数据的叠置和组合十分容易、方便，数学模拟方便，容易进行各类空间分析，技术开发费用低。缺点是图形数据量大，用大像元减少数据量时，可识别的现象结构将损失大量信息，图形输出不精美，难以建立网络连接关系，投影变换耗时多。

从上述比较中可以了解到栅格数据和矢量数据结构的适用范围。对于一个与遥感相结合的地理信息系统来说，栅格数据结构是必不可少的，因为遥感影像是以像元为单位的，可以直接将原始数据或经处理的影像数据纳入栅格数据结构的GIS。而对地图数字化、拓扑建立、矢量绘图来说，矢量数据结构又是必不可少的。目前，大多数GIS软件都支持矢量和栅格两种方式，以充分利用两种数据结构的优点。

7.4.4 地理信息系统的数据库建设

地理信息系统数据库建立的过程包括技术设计、资料准备、数据获取和数据入库等内容。技术设计是数据采集前重要的准备工作，主要是制定相应的技术标准、操作技术规程、数据分类编码规则及数据质量控制体系等。

7.5 GIS的应用

7.5.1 GIS的应用范围

GIS的应用范围极为广泛，凡是需要考虑空间地理位置的地方都可能用到GIS。GIS在信息社会中已经深入到各行各业乃至各家各户，成为人们生产、生活、学习、工作中不可缺少的强有力的信息工具。下面介绍其在几个方面的应用。

1. 全球资源环境动态监测

将GIS与RS数据结合，建立全球资源环境动态监测系统。目前，许多资源卫星以其短周期（几天至十几天）的重复观测、优于1m甚至0.5m的地面分辨率及多波段扫描提供大量的遥感观测数据，为实现全球变化动态监测提供了强有力的技术保障。

2. 国家基础产业服务

如全国范围的自然资源调查、环境研究、土地详查与利用、森林管理、农作物估产、各种灾害预测与防治、国民经济调查和宏观决策分析等。

3. 城乡建设管理

如土地管理、房地产经营、污染治理、环境保护、交通规划、管线管理、市政工程服务和城市与乡镇规划等。我国许多城市先后建立了地籍管理信息系统、城市规划管理信息系统、市政管网信息系统、城市防洪防汛管理信息系统、交通管理信息系统等。

4. 企业生产经营管理

如利用航测方法建立和更新矿区G1S（包括DEM），在此基础上设计开采面作业计划、矿石运输线路、废矿石堆放位置，从而使生产作业达到最佳状态。

5. 商业服务

通过 GIS 为商业和企业创造空间竞争优势，如为了有偿使用和转让土地使用权，引资开发新的产业，很多地区都投资建立了相关的信息系统，充分显示了 GIS 的商业价值。

6. 指导工程施工

工程施工中将数字摄影测量系统（DPS）与 GIS 相结合，飞机每天摄影一次采集数据，用 GIS 给出土方量、工时等各种费用以及建设场地施工状况以指导施工。

7. 军事服务

在战争中，将 GIS 与遥感信息集成，用自动影像匹配和自动目标识别技术处理卫星和高低空侦察机，实时获得战场数字影像，及时地将反映战场现状的正射影像图叠加到数字地图上，为军事决策提供实时服务。

7.5.2 GIS 的应用举例

7.5.2.1 GIS 在城市管理中的应用

城市是人类政治、经济、文化活动的中心，在现代经济迅速发展的形势下，城市在不断地扩大，人口聚集、交通发达、工厂林立、商业繁荣，人流、车流、物流频繁，同时居住拥挤、污染严重、生态环境恶化，火灾和交通事故时有发生，因此需要建立综合性和动态性的城市地理信息系统，为决策者提供城市信息，使各类决策建立在更为科学、更加实际可行的基础上。

城市地理信息系统的数据分为基础数据和专题数据。基础数据是指城市最基本的空间位置数据，包括各种平面和高程控制点、建筑物、道路、水系、境界、地形、植被、地名等，主要用于表示城市基本面貌及作为各种专题信息的空间定位。它具有统一性、精确性和基础性。专题地理数据是指各种专题性的城市地理信息，包括城市规划、土地利用、交通网络、房地产、地籍、环境等，用于表示城市某一专业领域要素的地理空间分布及规律，具有专业性、统计性和空间性的特点。两类信息都来自地形图、专题地图、统计表册及其他资料载体，都具有空间属性（在什么位置）、时间属性（产生于哪个时间）、专题属性（代表什么内容）和统计属性（数量与质量）。

城市地理信息系统，简单地说，是一种运用 GIS 技术，实现对城市各种空间和非空间数据的管理和应用，以处理城市空间实体及其关系为主的技术系统，它是地理信息系统的一个分支，是城市基础设施之一，也是一种城市现代化管理、规划和科学决策的先进工具，为城市基础设施建设提供强有力的技术保障。

1. 城市地理信息系统结构

城市地理信息系统结构包括基础层（基础地理信息子系统）、专题层（专题地理信息子系统）及综合层（城市综合地理信息子系统）3 个层次。基础地理信息子系统由测绘部门根据需要而建立，专题地理信息子系统则在基础地理信息系统基础上，根据用户需求提取专题数据和相关属性数据后，由用户或相关部门负责建立。城市综合地理信息子系统是从城市整体综合管理和长远决策目标考虑，预先有所计划，待基础层和专题层的信息系统建成之后，再着手进行最高层的综合子系统。整个城市地理信息系统由政府主管部门主持建立。城市地理信息系统的总体框架如图 7.7 所示。

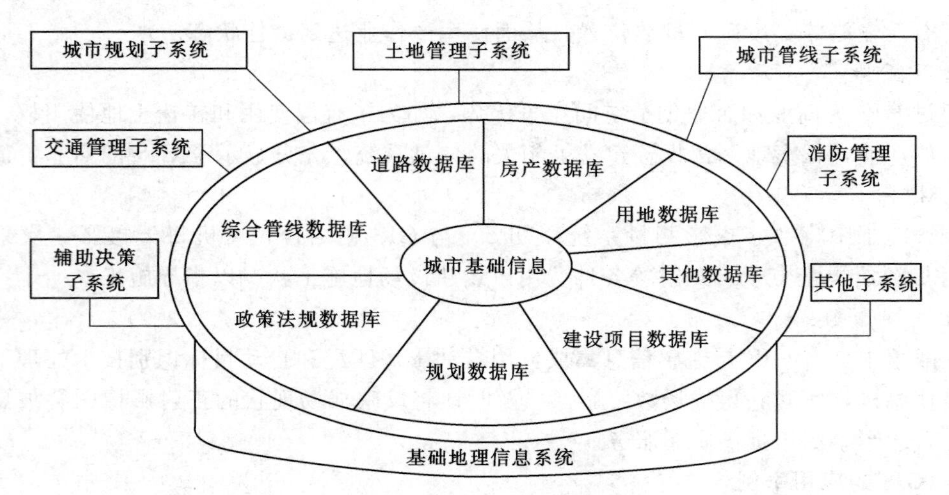

图 7.7　城市地理信息系统总体框架

2. 城市地理信息系统的功能

城市地理信息系统的功能，除了 GIS 必备的数据处理、分析和表达等方面的技术性功能外，更重要的体现于应用性功能方面。

（1）管理功能。管理功能是对各类城市信息实行统一管理、数据共享、快速检索、实时交换及可视化输出，形成一个动态的城市管理系统，对城市实现现代化管理。

（2）评价分析功能。评价分析功能是对城市建设和城市管理中的一些重要问题，如交通网络、投资环境、规划管理、企业选址、工程效益等，通过分析模型和辅助决策系统进行综合评价分析，提出方案供主管部门决策参考。同时也可对洪水、火灾等灾害性突发事件通过相关分析评价，做出快速反应。

（3）规划与预测功能。根据城市现状、发展趋势和潜在能力，通过不同预测模型展现可能的前景，供中长期规划和宏观调控参考。

3. 城市地理信息系统的特点

城市是人口、资源、环境和社会经济要素密集的地理综合体，与一般的 GIS 相比，城市地理信息系统具有以下主要特点：

（1）数据类型多样性和服务对象多层性。数据除基础空间数据外还有人口、资源、环境、社会经济等多种类型的专题数据，还有时态上的多时相，结构上的多层次，性质上的“空间”与“属性”以及数据来源上的矢量数据、栅格数据、统计数据等，形成了数据的多样性，以满足城市不同层次、众多部门及广大公众的需要。

（2）精度高、现势性强。为房产和地籍管理以及企业选址所用，必须建立在大比例尺图基础上，精度要求高，并且随着城市发展的加快，信息数据的更新速度要快。

（3）模型化、智能化和多功能性。由于城市地理信息系统应用性很强，必然要有一整套分析、评价、预测和优化的模型，同时需兼备管理、评价、分析和规划预测等多种功能，要求比一般 GIS 系统更为综合、更加智能化。

（4）与办公自动化紧密结合。与办公自动化紧密结合是实现现代化管理的需要。

（5）高度统一的规范标准。城市职能部门多、服务对象广，加上数据类型的多样性，为确保信息共享和系统兼容，必须要有统一的规范标准。

（6）实用性强。城市地理信息系统用户明确、目标清楚、实用性强，社会效益和经济效益也很明显。

7.5.2.2　GIS在国土资源管理中的应用

国土资源是一个国家主权管辖疆域内的全部资源的总和，因此，从广义上讲，国土资源包含3个方面：①自然资源，如土地资源、矿产资源、能源资源、水资源、气象资源、生物资源、旅游资源等；②经济资源，如工厂、矿山、交通线路、水利工程等固定资产及资金、科学技术等；③社会资源，如劳动力、社会文化水平、城镇化等。实际生活中，人们所说的国土资源常指自然资源。

国土资源是人类社会生存和持续发展的物质基础，对于一个国家来说，国土资源不仅是兴国富民的基本条件、国计民生的根本依托，还是国家安全的战略保障，因此，加强国土资源管理，实施科学合理地开发利用国土资源，有效地保护各类自然资源，不仅是人类赖以生存的需要，还是实现可持续发展的关键因素之一。

随着人们对国土资源开发利用的深度和广度的不断增加，为了提高政府有关部门对国土资源和基础设施建设开发利用的决策和管理水平，合理制定开发中长期规划，协调资源开发、环境保护、基础设施建设等与经济发展之间的关系，有效控制自然灾害及人为灾害对人类活动及经济发展所造成的影响，迫切需要建设国土资源管理信息系统，加强土地、矿产、森林、水利、旅游资源的综合开发利用，以及基础设施建设、各类自然灾害的监控、预测、防范与治理等方面研究，使有限的资源得到长久的可持续的利用。

1. 国土资源管理信息系统的结构

国土资源管理信息系统在结构上由区域基础地理信息系统和区域专题地理信息系统两部分构成。基础信息包括区域内的各种比例尺地形图、卫星遥感影像图、各类资源专题图、行政区划图，以及区域内国土面积、人口、自然、经济、社会等总体结构信息等，主要是通过各种比例尺的地形图（或行政图）、航空或卫星遥感影像图以及将人口、面积、自然、经济、社会信息等统计数据以数据文件形式输入。

区域基础地理信息系统由国家或区域测绘部门根据需要而建立。专题信息包含：自然资源信息，如土地资源、矿产资源、能源资源、气象资源及水资源等；经济资源信息，如工业、农业和第三产业等分布结构信息；社会资源信息，包括人口的构成、分布，城镇体系及城镇建设的有关信息；旅游资源信息；生态环境信息，如大气污染源的分布、治理及生态环境建设等有关信息。

区域专题地理信息系统是在基础地理信息系统基础上，根据国土资源的调查资料提取专题数据和相关属性数据后，由相关部门负责建立。区域专题地理信息系统包含若干个资源子系统，如土地资源子系统、矿产资源子系统、能源资源子系统、海洋资源子系统、气象资源子系统、水资源子系统及生态环境子系统、生物环境信息子系统等等。各个管理子系统之间既独立又相互联系，并且可以同步利用。每一个子系统分别面向不同的管理部门与用户，且符合该部门实际应用的需要，同时也与其他子系统具有一致性。

2. 国土资源管理信息系统的特点

（1）区域性。由于国土资源依托于一定的地域之上，一个国土资源管理系统对应于一个地域，如国家、省区、地市、县区、乡镇等。国土资源管理信息系统不仅是一个资源管理的专题系统，而且还是对应于一个地域的区域系统。由不同地域组成的区域系统是分层次的，区域系统包含若干区域子系统，区域子系统又由若干次级区域组成。为了便于在同级研究区域间进行资源条件的横向对比，也为了明确所研究区域的国土资源条件在更大区域系统中的地位，在建立国土资源管理信息系统的过程中，不仅要按资源类型设置专题子系统，还应依区域和层次建立资源信息数据库。

（2）综合性。国土资源是国民经济的基础，国土资源内容复杂，类型多样，不仅涉及自然资源的方方面面，如能源、土地、矿产、气候、水力、森林、海洋等，还涉及包括工业、农业、科技、第三产业在内的经济资源以及由人口、文化、城镇建设等构成的社会资源。国土资源开发利用的服务对象也涉及国民经济建设及社会管理的各业务部门，所以国土资源管理信息系统的成果是一项高度综合应用的产品。

3. 国土资源管理信息系统的主要功能

（1）信息管理。对各基础信息的图形、图像和统计数据以及各类专题信息实行统一管理、及时更新、快速检索、实时交换及可视化输出，形成一个区域的动态管理系统，实现数据共享。

（2）数据处理。数据处理包括各类数据的输入、编辑，如地形图及行政图的数字化、矢量化，遥感图像的扫描栅格化，统计数据与属性数据的输入等，以及坐标变换、投影转换，图幅拼接，属性数据与图形的连接，数据检查、修改、更新、分层入库等。

（3）空间分析。多层图形数据叠加，图形与遥感图像叠加、套合，距离、面积、坡度、剖面的计算与统计，多层要素叠加分析，图形信息与遥感信息的相互转换等。

（4）国土资源开发利用综合评价。国土资源开发利用综合评价的主要内容有：国土资源综合优势度分析，如煤、水、油、气等能源的资源丰度，矿产资源的潜在价值及资源储量，以及自然资源人（地）均占有量的计算，国土资源的组合配套与结构特征分析，区域资源综合优势度计算，优势资源及其特点的重点分析评价等；国土资源开发利用现状及潜力分析，如国土资源开发利用程度统计分析，国土资源的储存量、消耗量、需求量及可供量计算，主要限制因素的资源潜力分析，新资源及代用品研制开发可行性研究等；国土资源承载力测算，如国土资源对人口、经济发展的承载力，环境对国土资源开发利用及其负效应的承载力问题；国土资源合理开发与保护辅助决策研究，包括生态环境动态监测模型，灾害评价与预测模型，资源开发动态监测模型，国土资源优化配置、合理利用与可持续发展动态规划模型等。

7.5.2.3　GIS在区域水资源实时监控管理中的应用

1. 水资源实时监控的目标

我国是一个水资源严重短缺的国家，而且，由于水资源时空分布不均，与人口、耕地资源分布以及经济发展的格局不匹配，加剧了水资源的紧缺和供需矛盾，因此，很有必要加强对水资源的监控。水资源实时监控管理就是利用先进的技术手段，对水资源的数量、质量及其空间分布进行实时监测、调控和管理，实现对水资源的实时监测、评价、预测预报和调度管理，为水资源的合理配置和动态调控提供决策支持。

2. 水资源实时监控系统功能概要

（1）功能概要。流域水资源实时监控系统是一个动态的交互式计算机辅助支持系统，系统的主要内容包括水资源实时监测、水资源实时评价、水资源实时预报、水资源实时管理和实时调度，如图 7.8 所示。

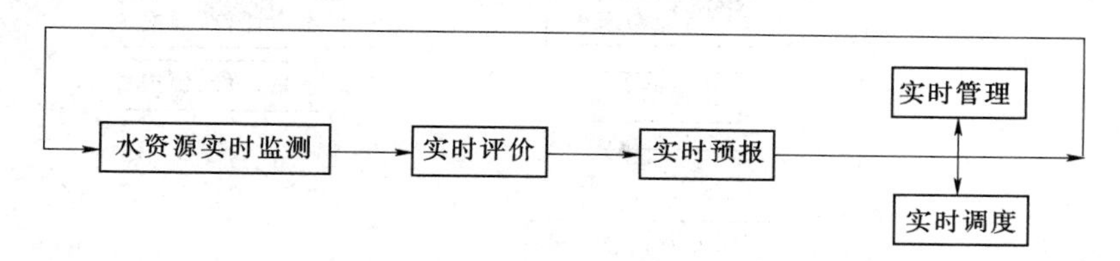

图 7.8　水资源实时监控系统功能概要

水资源实时监测内容主要包括水情、水质、墒情和其他信息的采集。系统需建立和完善统一的水资源监测站网和监测系统，以及进行各取水口水量、开采机井抽水量的监测等。各监测站网为水资源实时监控系统快速、准确地提供监测数据资料。

水资源实时评价主要指对上一时段的水资源数量、质量及其时空分布和水资源开发利用状况进行实时分析和评价，确定水资源及其开发利用形势和存在的问题。

水资源实时预报主要包括来水预报和需水预报两部分，来水预报又分为水量预报和水质预报，水量预报包括地表水资源预报和地下水资源预报。需水预报分为工业、农业、生活和生态环境需水预报。

利用水资源实时评价和实时预报结果，通过水资源实时管理模型计算，结合专家或决策者的知识、经验，同时应用分水协议、水价政策等经济调节作用，最后提出水资源的实时管理方案，确定水资源优化调度规则，根据各时段水资源的丰枯情况和污染态势，通过建立水资源优化调度模型，确定水资源实时调度方案。

(2) 结构流程。“区域水资源实时监控管理系统”是一个以计算机、通信、网络、数据库、RS、GIS 等高新技术为支撑的对区域水资源进行实时监控和综合管理的决策支持系统，系统包括水资源实时信息的采集、传输、处理、分析，同时应用数学模型和专家知识进行水资源的合理配置，整个系统的结构流程如图 7.9 所示。

水资源信息采集提供区域内相关水资源监测数据的采集和数据处理，其重点是对地表水和地下水动态监测，包括监测数据的采集、可靠性分析等。信息管理是指存储和管理各种监测项目的数据信息，提供数据输入、存储、整编、查询与传输等功能。分析与决策支持功能对数据信息进行综合分析处理，运用相应模型对监测数据资料进行综合分析，形成水资源动态状况的分析成果，生成辅助决策报告。数据库是整个系统的基础，目的是准确高效地采集并实时处理大量监测信息。应用模型模块提供分析模型和计算方法，包括水量评价模型、预测模型和水质评价、预测模型以及需水模型、水资源调度管理模型等。

3. GIS 在水资源实时监控系统中的应用

(1) 空间数据的集成环境。在水资源实时监控系统中不仅包含非空间信息，还包含大量空间信息以及和空间信息相互关联的信息，如地理背景信息、各类测站位置信息、水资源分析单元（行政单元、流域单元等)、水利工程分布、各类用水单元等。这些实体均应采用空间数据模型（如点、线、多边形、网络等）来描述。GIS 提供管理空间数据的强大工具，应用 GIS 技术，对实时监控系统中的空间数据进行存储、处理和组织。

(2) 空间分析的工具。采用 GIS 空间叠加方法可以方便地构造水资源分析单元，将各

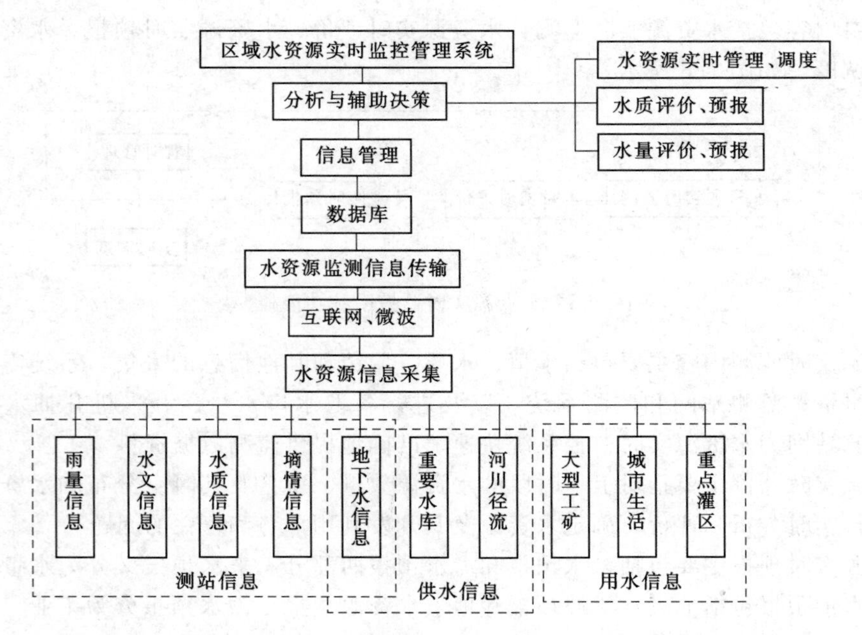

图 7.9　水资源实时监控系统结构流程

个要素层在空间上联系起来。同时，GIS 的空间分析功能还可以进行流域内各类供用水对象的空间关系分析，建立在流域地形信息、遥感影像数据支持下的流域三维虚拟系统，配置各类基础背景信息、水资源实时监控信息，实现流域的可视化管理。

（3）构建集成系统的应用。GIS 强大的系统集成能力，是构成水资源实时监控系统集成的理想环境。GIS 强大的图形显示能力，可以实现电子地图显示、放大、缩小、漫游。很多 GIS 软件都采用组件化技术、数据库技术和网络技术，使 GIS 与水资源应用模型、水资源综合数据库以及现有的其他系统集成起来，因此，应用 GIS 构建水资源实时监控系统可以增强系统的表现力，拓展系统的功能。

思考题与习题

1. 解释下列专业术语：信息，地理信息，空间数据，属性数据，地理信息系统，基础信息系统，专题信息系统，栅格数据结构，矢量数据结构。

2. 地理信息系统由哪些部分构成？有哪些特征？

3. 地理空间数据有哪些特点？比较矢量数据结构和栅格数据结构的优缺点。

4. 地理信息系统与其他学科的关系如何？

5. 地理信息系统的基本功能有哪些？

6. 地理信息系统的应用范围如何？举例说明 GIS 在某一领域的应用。

第8章　现代测绘技术在工程建设中的应用

8.1　工程建设测量概述

8.1.1　工程建设测量的内容

按照工程建设中测量工作进行的次序以及所用的测量理论和作业方法的性质，并根据一般工程建设的3个阶段，工程建设测量的内容可概括如下：

（1）工程规划设计阶段的测量工作。工程规划设计阶段的测量工作包括为工程的规划和设计提供各种比例尺的地形图和地形数据资料，以及为工程勘查等进行的测量。地形图比例尺视工程建设的性质、范围和设计要求的不同而不同，一般来说，小比例尺地形图用于规划设计，如总体规划、方案比较及工程建设项目地址选择等；中比例尺地形图用于初步设计；大比例尺地形图多用于施工设计或详细设计。

（2）工程施工阶段的测量工作。工程施工阶段的测量工作包括建立施工控制网，为施工放样提供控制基础；按施工要求，采用各种不同的放样方法，将设计在图纸上的建筑物在现场标定出来（也称施工放样），作为实地施工的依据；此外，还要进行一些竣工测量、变形观测以及设备的安装测量等。对于工业企业建设项目，应在工程总体完工后，测绘1∶500比例尺的工业场地现状图，俗称竣工图，它能反映场地边界和实地现有的全部建（构）筑物的平面位置和高程，是工业建设项目竣工验收、企业改（扩）建设计和运营的重要技术档案资料。

（3）工程运营管理阶段的测量工作。工程运营管理阶段的测量工作为监测工程建筑物安全而进行的变形观测以及大型设备的检测调校等，其目的：一是验证设计是否合理；二是保证工程建筑物和设备按设计安全运行。

8.1.2　工程建设测量的精度要求

工程建设测量是直接为建设工程项目服务的，其基本任务是：从定点定位方面依一定的精度要求为工程建设项目的设计、施工和工程建筑物的安全运营提供技术保障，确保建设工程各阶段的质量。

在规划设计阶段，工程建设测量的基本任务是为工程的规划和设计提供各种比例尺的地形图，因此，地形图的质量是建设工程设计质量的基础。地形图质量取决于测图比例尺、等高距和综合取舍。一般，手工测图的精度为图面的0.3～0.4mm，而数字测图因为不存在绘图误差，所以精度要高得多。

工程施工测量的精度应使各个建（构）筑物的平面位置和高程严格满足设计要求。一般来说，施工放样的精度随工程性质、建筑结构和材料、施工方法等因素而改变，如按精度要求由高到低排列为：钢结构→钢筋混凝土结构→毛石混凝土结构→土石方工程。如按施工方法确定，则预制件装配式施工比现场浇灌施工的精度要求要高，钢结构组件采用高强度螺栓连接比用电焊连接的精度要求要高。目前，多数土建工程是以水泥为主要建筑材料，其混凝土柱、梁、墙的施工总误差随施工方法的不同而不同，允许误差在 1～8mm 之间。土石方的施工误差一般允许达 10cm。

建（构）筑物的放样是根据施工控制网来进行的，其精度要求可根据测设对象的定位精度及施工现场的面积大小参照有关测量规范加以规定。由于各类工程的性质、生产工艺差异很大，对测量定位精度的要求也不相同。因此，除了涉及各行业的“工程测量规范”外，许多行业主管部门都组织制订了相应的行业测量规范、标准，如“水利水电工程施工测量规范”“房屋建筑测量规范”“公路勘测规范”“公路桥梁测量规范”等。

针对具体工程的施工测量精度要求，如果规范中有规定则参照执行，如果没有规定则考虑测量、施工以及构件制作等多种误差影响确定测量精度。先在测量、施工、加工制造几方面之间进行误差分配，而后据此得出测量工作应保证的具体精度。

设：设计允许偏差（即建筑物竣工时实际尺寸相对于设计尺寸的允许偏差，亦称建筑限差）为 μ_0，测量工作的允许偏差为 μ_1，施工允许偏差为 μ_2，构件加工制造偏差为 μ_3，按误差传播定律可写出：

$$\mu_0^2=\mu_1^2+\mu_2^2+\mu_3^2 \tag{8.1}$$

式（8.1）中，只有 μ_0 是已知的，而 μ_1、μ_2、μ_3 都是待定的未知数。

因未知数个数大于方程个数，式（8.1）具有不定解，一般采用假定各未知数的影响相等，即等影响原则进行计算，然后把计算结果与实际作业对照，必要时作适度调整（即不等影响）后再计算，如此反复直到误差分配比较合理为止。

设
$$\mu_1=\mu_2=\mu_3$$

则
$$\mu_1=\mu_2=\mu_3=\frac{\mu_0}{\sqrt{3}} \tag{8.2}$$

由式（8.2）求得的 μ_1 是分配给测量工作的最大允许偏差，为安全起见，需把它缩小 k 倍才得到中误差 M_F，M_F 可作为制定测量方案的精度依据。实际工程中 μ_1、μ_2、μ_3 3 种偏差不一定按偶然误差规律出现，所以在计算中误差 M_F 时，宜把 k 值取得稍大一些，如 $k=2\sim3$，则

$$M_F\approx\left(\frac{1}{6}\sim\frac{1}{5}\right)\mu_0 \tag{8.3}$$

土建工程施工测量部分允许偏差值参见表 8.1。

表 8.1　　土建工程施工测量部分允许偏差值

<table>
<tr><th>序号</th><th colspan="3">项　目</th><th>允许偏差/mm</th></tr>
<tr><td>1</td><td colspan="3">基础面标高</td><td>±10</td></tr>
<tr><td rowspan="3">2</td><td colspan="2" rowspan="3">砌砖房屋的大角倾斜量
（或称垂直度偏差）</td><td>每一层</td><td>±5</td></tr>
<tr><td>10m 以下</td><td>±10</td></tr>
<tr><td>10m 以上</td><td>±20</td></tr>
<tr><td rowspan="2">3</td><td rowspan="2">现浇钢筋混凝土</td><td>柱子倾斜量</td><td>50m 以下</td><td>±5</td></tr>
<tr><td>墙倾斜量</td><td>5m 以上</td><td>±15</td></tr>
</table>

续表

序号	项目		允许偏差/mm
4	基础轴线中心偏移	独立基础	±10
		其他形式	±15
5	设备基础坐标偏移		±20
6	设备基础面上标高		±20
7	设备基础预留螺孔中心位移		±10
8	吊装钢筋混凝土柱子的中心线相对轴线的位移		±5
9	柱子吊装后倾斜量	50m 以下	±5
		5m 以上	±10
		10m 以上及多节柱	标高的 1/1000，但不大于 25
10	柱子±0 标高		±3
11	柱子牛腿上表面标高	50m 以下	±5
		5m 以上	±8
12	吊装梁中心线相对轴线位移		±8
13	吊车轨面标高		±2
14	吊车轨道跨距		±5
15	烟囱基础中心位置相对设计坐标的位移		±15
16	烟囱筒身中心线的倾斜量	高 100m 以内	高度的 1.5/1000，但不大于 110
		高 100m 以上	高度的 1/1000
17	管道中心线相对轴线的位移		±30
18	管道标高（排水管）		±30

8.2 测绘新技术在工程建设测量中的应用

工程建设测量的任务是为各种工程建设进行精确的定位或提供精确的定位数据和图件，以保障工程建设按设计要求竣工和安全有效地运营。随着微电子学、光电技术、计算机技术、空间技术和信息技术的发展导致测绘新技术的发展，而测绘新技术被广泛应用于工程建设测量中，大大促进了工程建设测量的飞跃发展。

8.2.1 全站仪在工程建设测量中的应用

全站仪的发展，使地面测绘技术实现内外业一体化和自动化成为可能。全站仪除了用于作一维、二维、三维的控制测量外，还广泛应用于大比例尺地形图、地籍图和房产图测绘以及工业场地现状图的测绘。另外，使用全站仪进行施工测量，可以实时显示实测距离与设计距离（或实测坐标与设计坐标）之差值，给施工放样带来很大的方便。

目前，各种品牌的全站仪都具有三维坐标测量、后方交会测量、对边测量、悬高测量、施工放样测量、面积测量等功能，充分运用这些功能使得工程建设测量变得快速高效。

8.2.2　卫星定位技术在工程建设测量中的应用

卫星定位技术的应用是测绘科学的一项革命性变革，它具有精度高、观测时间短、测站间不需通视和全天候作业等优点，使三维坐标测量变得简单。目前，卫星定位测量的静态模式可以提供毫米级的相对定位精度，已被广泛应用于控制测量和变形观测等工程测量中。多年来，在控制网的新建、扩建、改建和众多的桥梁、铁路（含城市地铁）、隧道、水电工程以及一些大型工业企业场地的施工控制测量中，无一例外地都运用了卫星定位测量技术，极大地提高了工作效率。

卫星定位实时动态定位测量技术（RTK）被普遍应用于工程测量的碎部点采集和放样。目前，各种品牌和型号的 GPS 接收机体积越来越小，重量越来越轻，便于野外携带和观测。

卫星定位 RTK 测量的 CORS 技术，使得工程测量变得更加快速、高效。CORS 系统摆脱了常规 RTK 测量数据链的束缚，采用因特网、GPRS 或 CDMA 作为差分信号传输的载体，借用成熟的网络和移动通讯技术，使差分信号的传输不受距离的限制，充分发挥出 RTK 技术的效能。

8.2.3　数字化测图技术的应用

基于全站仪和卫星定位测量的地面数字测图技术，使大比例尺测图以远高于模拟测图（白纸测图）的精度实现了自动化和数字化，可以自动记录、解算和成图，自动提取点位坐标、点间距离、方位以及地块面积，实现计算机辅助设计。目前，以全站仪测量和卫星定位 RTK 测量为主体的地面数字测图技术已经成熟并广泛应用于城乡和工程建设的大比例尺测图和地籍图、房产图的测绘中。近年来快速发展的基于无人机航摄系统进行大比例尺地形图测绘，更是极大地减轻了测绘工作者的劳动强度和提高了工作效率。目前，各种形式的数字地图已在城乡规划、工业与民用建筑工程设计、交通工程设计、水利工程设计、园林工程设计以及资源开发、环境保护等各个方面得到广泛应用。

8.2.4　激光技术的应用

激光准直仪、激光水平扫描仪应用于各种工程放样中不仅可以节约时间，提高工效，也更好地保证了轴线定线和平面放样的精度，并为施工测量自动化创造了条件。

三维激光扫描技术可以密集地大量获取目标对象的数据点，提供被扫描物体表面的三维点云数据，是从单点测量进化到面测量的革命性技术突破，特别是在面向高精度逆向三维建模及重构方面具有实际意义。

1. 激光铅垂仪及其使用

激光铅垂仪是一种供竖直定位用的专用仪器，适用于高层建（构）筑物的竖直定位，它主要由氦氖激光器、竖轴、发射望远镜、水准器和基座等部件组成。

激光器由两组固定螺钉固定在套筒内，仪器的竖轴是一个空心筒轴，两端有螺丝扣连接，激光器安装在筒轴的下（或上）端，发射望远镜安装在上（或下）端，即构成向上（或向下）发射的激光铅垂仪。仪器上设有两个互成 90°的水准器，其分划值一般为 20″/2mm，并配有专用激光电源。使用时，通过使水准管气泡居中整平仪器，利用激光器底端（全反射棱镜端）所发射的激光束严格对中，接通激光电源起辉激光器，即可发射垂直激光束。激光铅垂仪的基本构造如图 8.1 所示。

激光铅垂仪的应用，多在一些高大规模建筑物的滑模施工中，可在其底部的中央设置仪器井，将激光铅垂仪固定安置在井中。进行投点时，在工作平台中央安置接收靶，仪器操作员打开激光电源，使激光束向上射出，并调节望远镜调焦螺旋，使接收靶得到清晰的接收光斑，然后整平仪器，使竖轴垂直。此时，当仪器绕竖轴旋转时，光斑中心始终在同一点或画出一个小圆。在接收靶处的观测员，记录激光光斑中心在接收靶上的位置，并随着铅垂仪绕竖轴的旋转，记录下光斑中心的移动轨迹，其轨迹一般为一个小圆，小圆的中心即为铅垂仪的投射位置，如图 8.2 所示。根据这一中心位置可直接测出滑模中心的偏离值，供施工人员调整滑模位置。

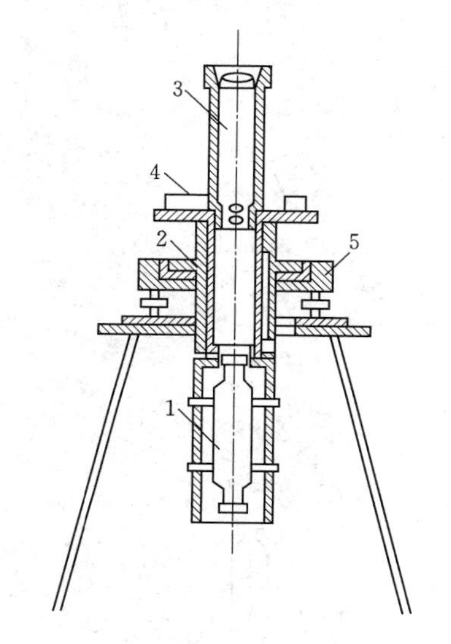

图 8.1 激光铅垂仪基本构造

1—氦氖激光器；2—竖轴；3—发射望远镜；4—水准管；5—基座

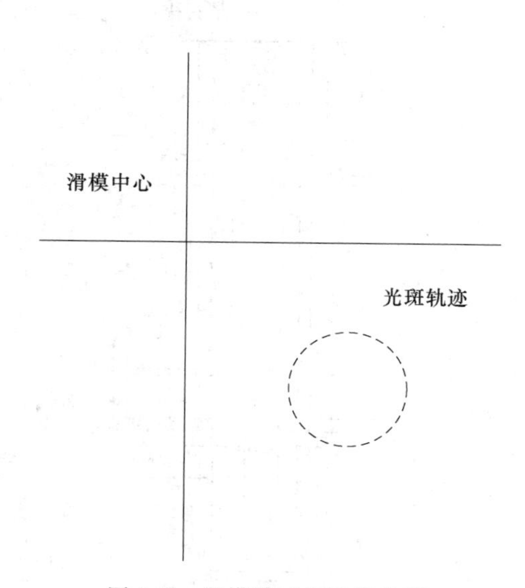

图 8.2 滑模施工与激光光斑

在实际投点过程中，仪器经检校后，在 150m 高处，光斑中心所画出的小圆直径能控制在 10mm 以内。某大厦总高度为 159.45m，采用激光铅垂仪观测铅垂度，最大垂直偏差为 25mm，约为总高度的 1/6000，其铅垂精度高于规范要求。

2. 激光扫平仪及其应用

图 8.3 为 HN-B 型多用途激光铅垂仪，该仪器在旋转部和发射镜上各装有一个分划值为 30″/2mm 的管水准器。旋转部的水准器用于整平仪器，使竖轴与水平面垂直，发射的激光光束为铅垂线。利用支架上的制动和微动螺旋，将发射镜上的管水准器调平，此时的激光束变成水平光束，当仪器围绕竖轴旋转时，即可给出一个激光扫描水平面。仪器在垂直和水平两个方向的精度均高于 1/5000。

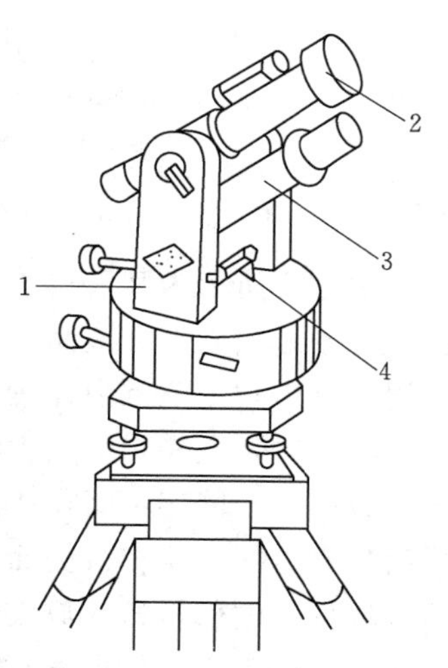

图 8.3 多用途激光铅垂仪

1—照准部；2—望远镜；3—激光器；4—管水准器

为使仪器能快速地给出一个水平基准面，可在激光仪上增设一个转动机构，也可利用激光铅垂仪配置一个转动的光学转向设备。图 8.4 为某体育馆网架吊装时所采用的激光水平扫描仪，它由激光器发射出一束激光，经调制盘（机械斩波器）调制后从发射镜（定焦望远镜）射出，仪器采用重锤式自稳装置，使发射的激光保持铅垂。激光束通过棱镜折转 90°，使铅垂入射的光束折射成水平光束。在电机的带动下，棱镜不断旋转，于是就将铅垂的激光束转变成一个水平扫描面。仪器的光路图如图 8.5 所示。

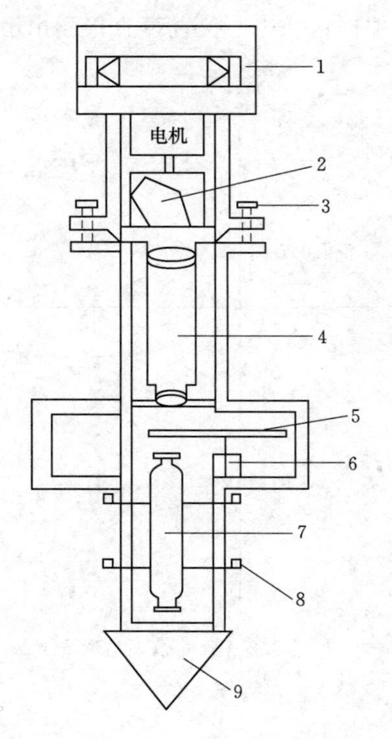

图 8.4　激光水平扫描仪结构图

1—万向连接结构；2—五角棱镜；3—调整螺旋；4—发射镜；5—调制盘；6—调制盘电机；7—激光器；8—弹顶器；9—重锤

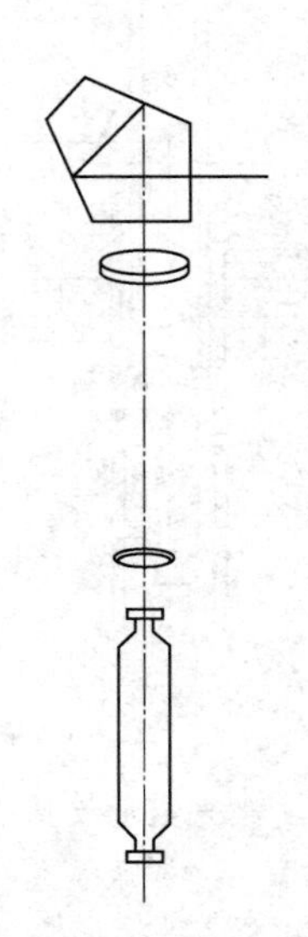

图 8.5　仪器光路图

图 8.6 所示为某公司生产的 LP3A 型自动安平激光扫平仪及其附件光电接收靶，接收靶上有条形受光板、液晶显示屏和光灵敏度选择钮，将接收靶卡在水准尺上或测量杆上，可用以测定扫描范围内任意点的高程或检测水平面。

施工时，激光扫平仪主机悬挂在网架中间或三脚架上，接收靶卡在水准尺上或测量杆上，或吊挂于网架中间，或固定在各吊点上，如图 8.7 所示。使用时，主机发射激光扫描平面，光电接收靶在待测面上下移动。接收靶装置通过硅光电池把接收到的调制激光交流信号转变为电信号送入放大器放大，经单稳电路输出推动晶体管导通，带动继电器使指示灯发亮。施工人员根据发亮指示灯的位置（上或下）即可对吊点高低进行调整，若接收的光电信号处在预选的灵敏度范围内，液晶显示屏则显示出一条水平面位置指示线，即可将此指示线在待测面上绘出。

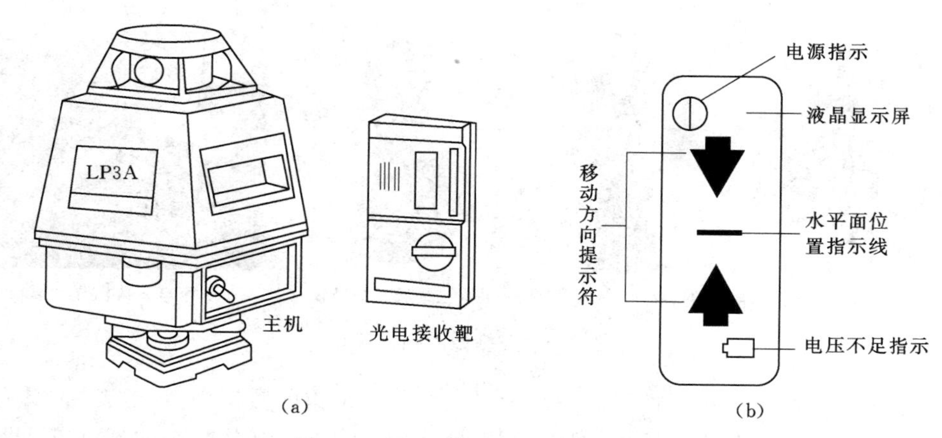

图 8.6 LP3A 激光扫平仪及其附件

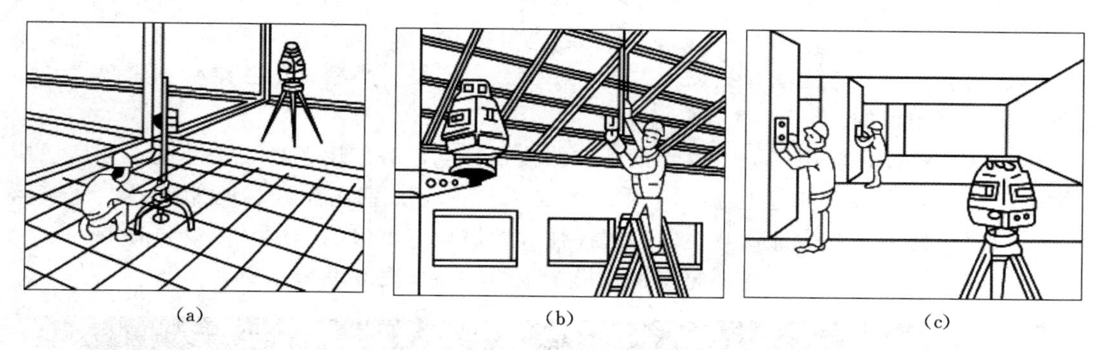

图 8.7 激光扫平仪施工示意图

激光扫平仪除能扫平水平面外，还能扫描铅垂面以及倾斜面，能在瞬间建立起大范围的平面、立面和倾斜面，作为施工和装修的基准面，被广泛应用于机场、广场、体育场（馆）等施工时的大面积土方施工、基础扫平、地坪平整度检测、墙裙水平线测设、大型场（馆）网架吊装定位等。

3. 三维激光扫描仪及其应用

三维激光扫描技术又被称为实景复制技术，是测绘领域继卫星定位测量之后的又一次技术革命。它突破了传统的单点测量方法，通过记录被测物体表面大量的密集的点的三维坐标、反射率和纹理等信息，可快速复建出被测目标的三维模型及线、面、体等各种图件数据，具有高效率、高精度的独特优势。

三维激光扫描系统包含数据采集的硬件部分和数据处理的软件部分。按照载体的不同，三维激光扫描系统分为机载、车载、地面和手持型几类，如图 8.8 所示。

与其他测量技术，如全站仪测量、卫星定位测量、摄影测量等比较，三维激光扫描具有以下一些特点：

（1）非接触测量。三维激光扫描采用非接触式高速激光测量方式，不需反射棱镜，直接采集目标体表面点的维坐标信息。在目标危险、环境恶劣、人员无法到达的情况下，三维激光扫描技术具有明显优势。

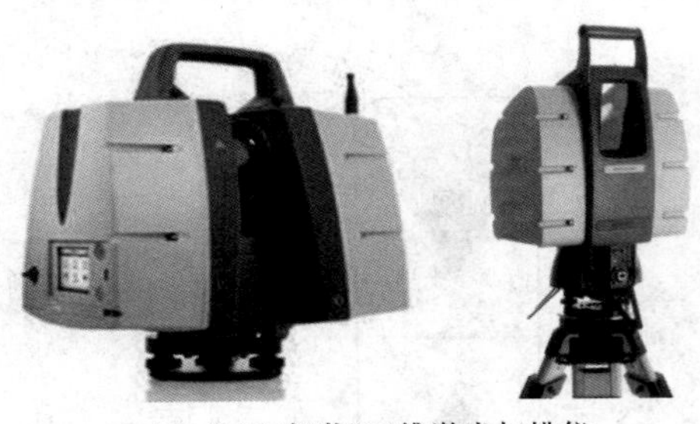

(a) 地面(架载)三维激光扫描仪　(b) 手持三维激光扫描仪　(c) 车载三维激光扫描仪

图 8.8　三维激光扫描仪

(2) 数字化程度高、扩展性强。三维激光扫描系统采集的数据为数字信号，具有全数字的特征，易于处理、分析、输出、显示，后处理软件能够与其他常用软件进行数据交换及共享，可与外接数码相机、卫星定位测量设备配合使用，拓宽其应用范围，具有较好的扩展性。

(3) 高分辨率。三维激光扫描可以进行快捷、高质量、高密度的三维数据采集，从而达到高分辨率的目的。

(4) 适应性强、应用广泛。由于其良好的技术特点，对使用条件要求不高，环境适应能力强，该技术在文物古迹保护、土木工程、工厂改造、室内设计、船舶设计、建筑监测、交通事故处理、法律证据收集、灾害评估等领域均有很多的尝试、探索和应用。

基于三维激光扫描技术的逆向三维建模及重构效果如图 8.9 所示。

图 8.9　基于三维激光扫描技术的逆向三维建模及重构效果

8.2.5　测绘新技术在水下地形测量中的应用

8.2.5.1　水下地形测量概述

水下地形测量与陆上地形测量不同，看不见水下地形的状况，不能像陆上地形测量那样可以选择地形特征点进行测绘。因此，进行水下地形测量，只能利用船只均匀地测定水下地面的三维坐标，进而绘制出水下地形图。由于水上无法建立控制点，船只必须在岸上测量仪器的指导下才能获得均匀的测点。当水域较大时，用岸上测量仪器给船只定位就非常困难。随着卫星定位技术尤其是实时动态定位（RTK）技术的发展，水下地形测量方法取得了很大进步。目前，水下地形测量技术基本已定型于采用卫星定位获取平面位置和水面高程、测深仪获取水深数据的模式，通过软件，可以迅速获得各种比例尺的水下地形图、DTM数字高程图，还可制作分色立体三维图。这种模式不仅自动化程度高，可以全天候作业，大大提高效率，而且由于卫星定位数据的采集及水深测量均为连续的，改变了盲目测点的作业模式，大大提高了水下地形图的精度。

8.2.5.2 回声测深仪

1. 回声测深仪的主要结构和工作原理

(1) 回声测深仪的结构组成。如图8.10所示，回声测深仪主要由发射机（激发器）、接收机（接收放大器）、发射换能器、接收换能器、显示设备、电源等部分组成。

1) 发射机由振荡电路、脉冲产生电路、功放电路所组成。在中央控制器的控制下，周期性地产生一定频率、一定脉冲宽度、一定电功率的电振荡脉冲，由发射换能器按一定周期向水中发射。

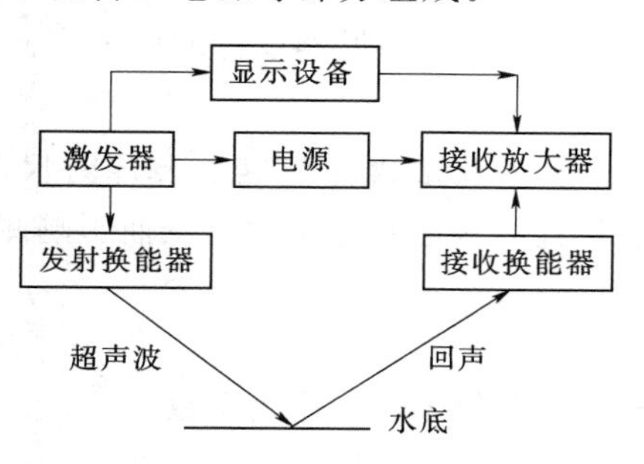

图8.10 回声测深仪组成

2) 接收机是将换能器接收的微弱回波信号进行检测放大，经处理后送入显示设备。在接收机电路中，采用了现代相关检测技术和归一化技术，并用回波信号自动鉴别电路、回波水深抗干扰电路、自动增益电路、时控放大电路，使放大后的回波信号能满足各种显示设备的需要。

3) 发射换能器是将电能转换成机械能，再由机械能通过弹性介质转换成声能的电-声转换装置。它将发射机每隔一定时间间隔送来的有一定脉冲宽度、一定振荡频率和一定功率的电振荡脉冲，转换成机械振动，并推动水介质以一定的波束角向水中辐射声波脉冲。

4) 接收换能器是将声能转换成电能的声-电转换装置。它可以将接收的声波回波信号转变为电信号，然后再送到接收机进行信号放大处理。现在许多水深仪器都采用发射与接收合一的换能器。为防止发射时产生的大功率电脉冲信号损坏接收机，通常在发射机、接收机和换能器之间设置一个自动转换电路。发射时，将换能器与发射机接通，供发射声波用；接收时，将换能器与接收机接通，切断与发射机的联系，供接收声波用。

5) 显示设备，其功能是直观地显示所测得的水深值，常用的显示设备有指示器式、记录器式、数字显示式、数字打印式等。显示设备的另一功能是产生周期性的同步控制信号，控制与协调整机的工作。

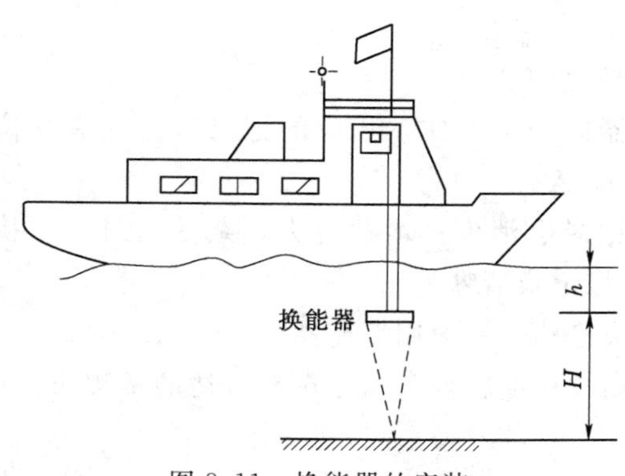

图8.11 换能器的安装

6) 电源部分提供全套仪器所需的电源。

(2) 回声测深仪的工作原理。回声测深的基本原理是利用声波在同一介质中匀速传播的特性，测量声波由水面至水底往返的时间间隔，从而推算出水深。测深仪记录的水深值，还需要对其进行改正，包括换能器吃水改正、声速改正和转速改正。

换能器吃水改正数ΔZ_b即换能器盒的入水深度，如图8.11所示的h，一般在换能器安装好后用钢卷尺量取。

声速改正数 ΔZ_c 是由于水温和水质的不同，声波的传播速度不等于设计值，使测得水深与实际水深不符，所需改正的值为

$$\Delta Z_c = S\left(\frac{C_n}{C_o} - 1\right) \tag{8.4}$$

式中　ΔZ_c——声速改正数；

S——测得的水深；

C_n——测时实际声速，m/s；

C_o——仪器设计的标准声速，一般为 1500m/s；

t——温度，℃。

转速改正数 ΔZ_n 是指测深时仪器电机转速不等于设计转速，使电机所带动的显示记录装置的转速发生变化，从而影响测深的尺度，需要进行转速改正的值为

$$\Delta Z_n = S\left(\frac{V_o}{V_n} - 1\right) \tag{8.5}$$

式中　ΔZ_n——转速改正数；

V_o——仪器的设计转速；

V_n——电机实际转速。

2. 测深仪的安装与使用

(1) 换能器的安装。把换能器盒与一适当长度的钢管相连，电线从管内穿过，把钢管固定在船舷外，离船首约 1/3～1/2 船身长的地方，以避开船首处水流冲击船壳产生的杂音干扰，同时避开船首水中气泡对声波传播速度的影响，此外还须避开船机产生的杂音干扰。换能器应入水 0.5m 以上，并记录下入水深度。换能器盒的长轴要平行于船的轴线。

操作仪应放稳妥，要既便于操作观测，又便于与驾驶员联系。宜离机舵远些，免受振动和电磁场的干扰，也要避开浪花溅湿仪器。外接电源一般用 12V 直流电瓶。

(2) 测深仪的使用。测深仪的型号很多，且随技术的进步而不断更新，不同型号仪器的具体操作方法会有些不同，但一般都有下述几个步骤：

1) 联接换能器。把换能器盒的插头插入插孔。注意，如果未接上换能器而接通电源，会因空载而烧坏仪器元件。

2) 接通电源。合上电源开关，若电源接反指示红灯亮，说明正负极接错，马上调过来即可，一般仪器都有电源接反保护装置。

3) 检查电源电压。电源电压要求在 12～13V 之间。

4) 试测。换能器放入水中，合上电源，仪器即开始工作，相应的记录纸上应有基位线及深度线，或者在显示盘上应有基位显示和深度显示。

5) 调节。增益过小，回波信号过弱，深度记录会消失；增益过大，杂乱信号会干扰记录，所以在工作时要调节增益旋扭，使回波信号记录清晰为止。

6) 调节纸速。船速快，水下地形复杂时用快速挡，一般用慢速挡。

7) 深度转换。工作时根据实际深度及时拨动“深度转换”钮，选择合适的量程段。

8.2.5.3　多波速测深仪

多波束测深仪，也称多波束测深系统或声呐阵列测深系统。如图 8.12 所示，多波束

测深仪能实现测区全范围无遗漏扫测，在与航向垂直的平面内每秒发数十拍、每次上百个深度点，获得一定宽度的全覆盖水深条带，相邻条带之间有一半的重叠，对水下地形地貌进行大范围全覆盖的测量及实时声呐图象显示，可现场直观地看出水下细微的地形变化。

多波束测深的作业原理是利用波束形成，根据一系列已知角度测量声波的来回时间差，算出每个角度对应的斜距，再根据斜距和每个波束的固定角度计算出该点的水深，如图 8.13 所示。

图 8.12 多波束测深仪

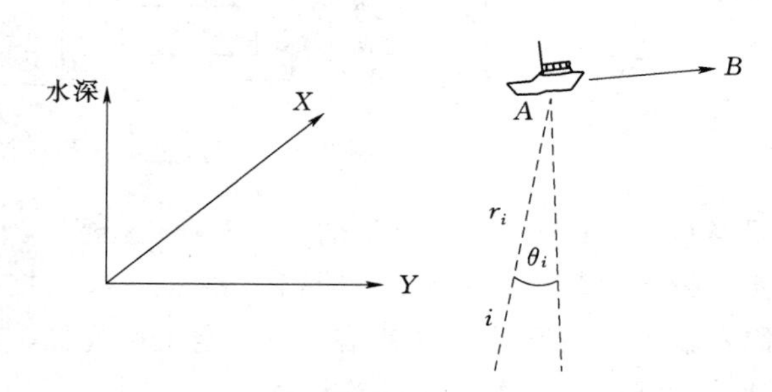

图 8.13 多波束测深的作业原理

对第 i 号波束，测距和测深公式为

$$\begin{cases} r_i = ct_i \\ h_i = ct_i \cos\theta_i \end{cases} \tag{8.6}$$

式中 r_i——第 i 号波束对应的斜距；

c——声速，与水温、水的含盐量等有关，可用声学剖面仪测得；

h_i——第 i 号波束对应的水深；

t_i——声波单程传播时间；

θ_i——第 i 号波束与多波速的夹角。

对 i 号波束，i 点坐标公式为

$$\begin{cases} X_i = X_A + r_i \sin\theta_i \cos\alpha_{AB} \\ Y_i = Y_A + r_i \sin\theta_i \sin\alpha_{AB} \end{cases} \tag{8.7}$$

图 8.13 和式（8.7）中，A 点为多波束测深探头坐标，$A \rightarrow B$ 为船的运行方向，α_{AB} 为 A 到 B 的方位角。

8.2.5.4 卫星定位+测深仪进行水下地形测量的实施

1. 系统组成

卫星定位（RTD 或 RTK）+测深仪系统组成，2 台或 2 台以上的卫星定位接收机、数据通讯电台、测量控制器或便携机、测深仪、陆地测量的便携工具、水上测量相应的设备以及动态测量软件、水下地形测量软件等。整个系统分为基准站和移动站两部分。基准站由卫星定位接收机、数传电台和天线及电源设备等组成；移动站（测量船）由卫星定位接收机、数据链和天线、控制器、测深仪以及电源设备等组成，如图 8.14 所示。

2. 准备工作

在测区或测区附近选取至少 3 个有当地已知坐标的控制点，用静态或快速静态方式获

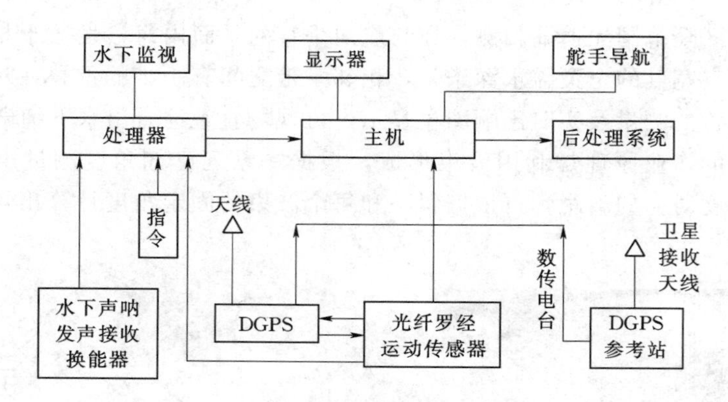

图 8.14　卫星定位+测深仪水下地形测量系统

得 WGS-84 坐标，由测得的 WGS-84 坐标与当地坐标推求转换参数，把转换参数和地球椭球投影参数等设置到控制器上。再把基准站控制点的点号和坐标输入控制器或者通过控制器输入到基准站（参考站）卫星定位接收机，把规划好的断面线端点点号、坐标值输入到移动站的控制器中或计算机中。

3. 观测

根据现场具体情况规划好测量日程和任务分工。基准站仪器尽量减少迁移，以提高工作效率。基准站接收机天线设置在规划好的已知坐标点上，连接好设备电缆，通过控制器启动基准站接收机。用控制器启动时，在控制器上调出基站点号和相应信息。设置好基站，数据链开始工作，发射载波相位差分信号。

在移动站（测量船，图 8.15 和图 8.16）上，首先对测深仪进行调节，包括以下内容。

图 8.15　在简易船只上进行水下地形测量作业

（1）脉冲宽度调节。改变声波能量大小，增加脉冲宽度可以增加声波能量，抵偿沿程损失。

（2）增益调节。调整声波的识别度，分电平增益和时间增益，放大信号，拉开信号与噪声之间的幅度提高识别度，根据时间对远场信号进行增益补偿与控制。

（3）门限调节。筛选声信号的阈值，可以分上限、下限或范围；集成信号，有的测深仪可集成姿态仪、GPS 等信号，重新组成新的数据串，使得可以采用一个通讯端口；输出格式，按协议输出某种格式的数据信号。

图 8.16 在专用测量船上进行水下地形测量作业

(4) 测深仪校正。采用校准板或已知水深场所进行校正。

(5) 声速改正。设置正确的水声速度，可以通过淡水声速表或者采用声速剖面计获得的声速值。

调节好测深仪，根据水上测量软件提示的界面操作。软件很多，测量部分大同小异，基本功能都有：坐标转换，水深、姿态、定位数据的接入，卫星信号的判断和控制，测线的规划和设置，测线操作，水深、坐标、姿态和导航信息的显示，警告设置，数据输出设置，文件操作设置，双频信号处理等。

通常的数据操作方式是采取水深、定位保留记录的密采方式（以往也有采取逻辑选取方式）。

计算处理可以自动计算水位资料，也可以人工确定水位改正值。对于无验潮方式（卫星定位同时提供高程数据）可以直接进行三维坐标处理。

数据输出可以根据需要设置输出间隔。有的软件具有数据筛选功能，可以自动剔除偏航超出要求的数据，不予计算或输出。

卫星信息包括大地坐标、平面直角坐标、定位数据质量类别、卫星几何因子、时间。卫星数据格式通常采用 GPGGA，也有 GPGLL 以及其他格式。

数据采集一般采用固定时间间隔方式，控制器上可以显示偏离断面线的距离误差和测量点坐标及误差值。测量数据被保存在控制器内或相应的存储卡上。

4. 水下地形图

对观测采集的水深数据进行水位改正、声速改正和动态吃水改正，以满足成图的要求。将处理后的水深（或水底高程）调入图中，进行必要的筛选整理，由软件生成等深线或等高线，加入必要的注记和地形、地物符号以及图框，形成完整、规范的水下地形图。

水下地形图可以是等深线（或等高线）图，如图 8.17 所示，也可用专门的软件制作水下立体地形图，如图 8.18 所示。

8.2.6 遥感技术在河势监测和水库库容动态变化监测中的应用

8.2.6.1 河势遥感监测

1. 河势及其监测的基本内容

河势是指河道在水流的作用下形成的主河槽走向及发展趋势，归顺的河势形态，有利于河道的行洪排沙，不归顺的河势形态，将严重影响河道整治工程及堤防安全，甚至在汛期遭遇大洪水时发生堤防决溢。

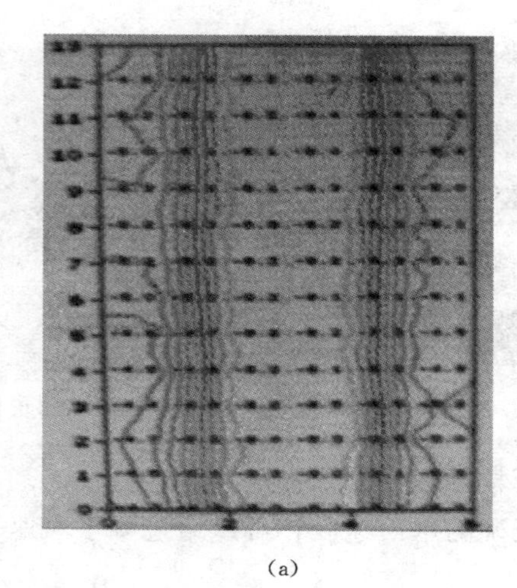

(a)

(b)

图 8.17　水下地形图（等深线）

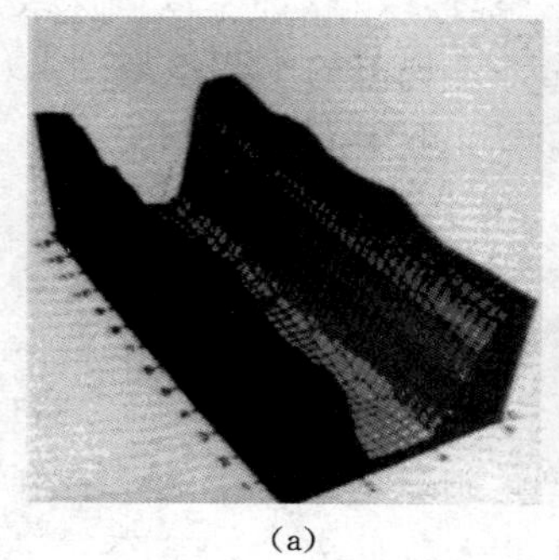

(a)

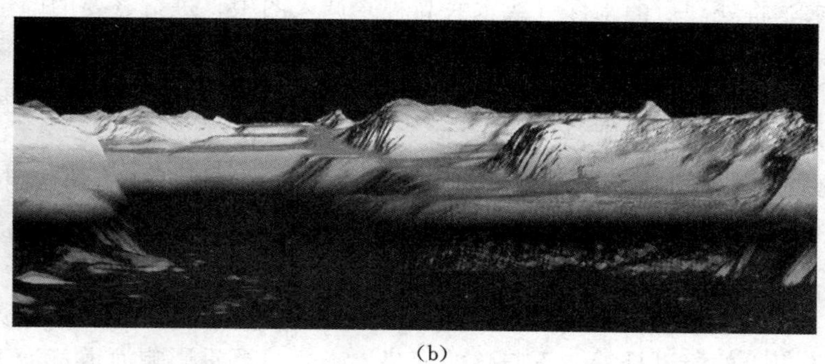

(b)

图 8.18　水下地形图（立体图）

河道形态一般有自然和人工控制两种表现形式，相应的河势表现则较为复杂。对于窄深形河道，多数情况下相对比降大，在水流的长期冲刷下所形成的主河槽比较稳定，在发生较大洪水时，河势仅有微小的变化甚至不发生改变。对于宽浅型的河道，特别是平原河道，由于河道比降较小，水体流速缓慢，上游水流携带的粗泥沙长期落淤而形成“U”形河道，河道宽、浅、散、乱，河势极不稳定，需要构筑堤防加以控制，这在我国众多的河流中十分普遍。

河势监测的基本内容包括主河槽的平面走向，主溜带的分布，主流线的位置，水体边界线、工程及其坝垛靠溜情况，主溜在控导工程及险工段与前期河势相比较，河道汊流、串沟、沙洲的分布及规模等。在纵向位置上，还要探测主流的深度和堤坝、工程根基的偎水情况。

以上的有关概念解释如下：主溜带是河槽主流内具有较大深度和较大流速的带状过水面，往往伴有高含沙水流；主流线是具备最大深度（个别情况例外）和最大流速的过水条件，通常用一条线来表征。

2. 遥感监测河势的方法

（1）监测河段及时段的选择。大多数情况下，具备复杂河势的河流段主要分布在平原区，河流由工程所控制，一次中常洪水过程就可能改变河势走向。因此，应注意选择合适的监测河段及时段。监测时段的选择，以汛前和汛后作为两个控制性监测阶段，若汛期遭遇洪水，河势发生较大变化，还应实时加测。

（2）数据源的选用。利用遥感技术监测河势，宜选用正在运行的商业化星载卫星遥感图像数据，其原数据重复周期短，运行成本低，特别适用于宽长型河道。对于首次实施遥感河势监测的河段，宜选择高分辨率的图像数据，建立详细的本底河势信息数据库，为以后的对比观测奠定基础。

3. 河势遥感监测的技术路线

河势遥感监测的技术路线就是通过对获得的数据经图像处理，在专业图像处理系统的支持下，人机交互式地标绘、提取河势信息，结合一定的外业调查，修正并确定解译结果，然后通过矢量转出功能，将河势矢量信息交换为GIS系统能够读入的数据格式，在GIS系统下添加属性数据，供进一步的分析应用，流程如图8.19所示。

4. 图像处理

图像综合处理是河势遥感监测的关键内容之一，处理结果的好坏，直接影响河势信息的识别和提取，主要的处理项目包括：影像合成，河道及水体信息的增强，几何校正及投影变换，不同分辨率图像的融合，图像的镶嵌及裁剪。

5. 河势信息的判别提取

（1）解译提取的基本内容。遥感影像所要提取的是水边线、主溜带、串沟、汊流、沙洲、洪水上滩及其淹没面积等内容。在高分辨率图像上能够表现出的坝垛靠溜及其程度，也是解译的重要内容之一，另外还有一些特殊用户所感兴趣的目标。

1）主流水边线。由于汊流、串沟和沙洲的影响，主流水边线的提取会受到一定干扰，在部分散乱的河道内尤甚。提取时，首先区分出主流，可以与既往河势资料比较分析，也可以通过实地勘查得到确认，再通过图像放大窗口沿水边线逐点标绘形成矢量线文件。

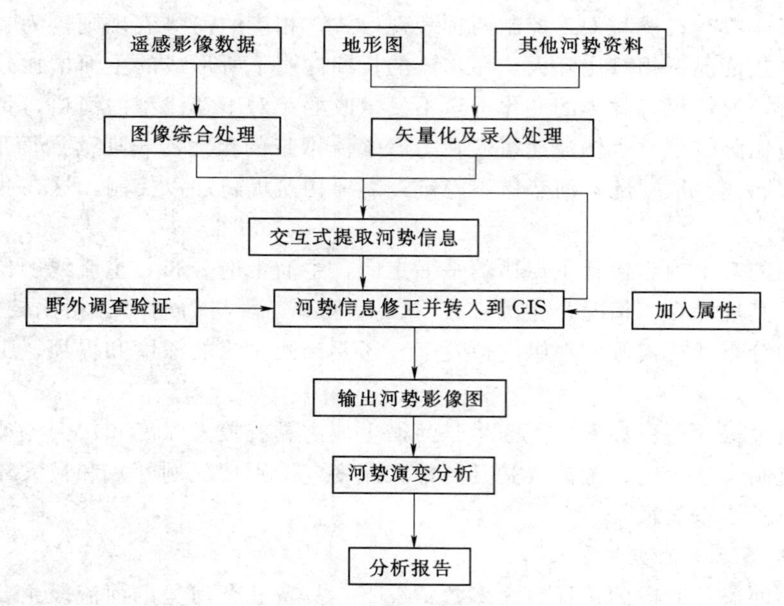

图 8.19　河势遥感监测技术路线

2）主溜带。主溜带是河槽主流内具有较大深度和较大流速的带状过水面，往往伴有高含沙水流，大水时在图像上易于识别。

3）主流线。主流线具备最大深度（个别情况例外）和最大流速的过水条件，通常用一条线来表征。主流线并非一定位于主流带的中央，它受制于河势走向和水下地形，在遥感影像上准确定论比较困难，可通过河势查勘获取。

4）汊流、串沟。汊流、串沟在影像上特征明显，标绘时视其宽度用双线或单线勾画。

5）沙洲。沙洲分布于主流与汊流、汊流与汊流之间，可一次完成一个闭合图斑的勾绘。

6）工程靠溜信息。各种工程是否靠溜，在遥感影像上易于识别，但具体到个体坝、垛的靠溜和程度则较难判定，可通过河势查勘获取。这部分内容无需在图上标绘，仅在同性数据库中加以描述。

以上信息应分层存放，以利后期的编辑。

(2) 野外综合调查及验证。野外作业是对遥感解译的补充和验证，特别是补充因分辨率低而造成的坝、垛靠溜信息的严重不足，但野外作业并非全面铺开，而是对不利河势的河段展开调查，获取重要信息。

(3) 信息编码及转存。河势信息编码，目的在于数据管理、查询和分析的方便，做法上虽不尽相同，但均应与本区域的防汛信息系统尽可能保持一致，最少应包含信息码、名称及相应属性等字段。若信息提取是在图像处理系统下作业的，还应对数据进行转换，以便能被 GIS 所引用。

8.2.6.2　水库库容动态变化的遥感监测

1. 遥感技术用于水库库容动态变化监测的优点

修建水库能调节天然径流以满足防洪、水力发电、灌溉、水产养殖等综合利用的需求，而水库的调水性能又与水库的面积和库容等特征有着直接关系，因此，水库的面积曲线和容积曲线常被称为水库的特性曲线，是水库的重要资料。

水库的面积曲线和库容曲线在水库规划、设计时就已做出，但水库建成蓄水后，因淤积等原因，库区会发生明显的地形变化。因此，在运行一定时间后，必须重新复核水库的特性曲线。以往常规做法都是由人工进行实地重新测定，这种方法费时、耗资、野外工作量大、更新慢。应用卫星提供的遥感资料进行水库库容动态变化监测具有许多优点。

(1) 视野宽。卫星是从高空拍摄地面情况，好比把人眼提高到空间来俯视地面，一下子就完整地反映出整个水库库区和流域的全貌，其他各种常规方法，根本无法做到这一点。

(2) 周期短。以 Landast 为例，同一地区的卫星资料每隔 16 天就可重复获取一张。自 1972 年至今，各地区都积累了大量卫星资料，从中可选取不同条件下（如不同水位等）的水库动态变化资料系列。

(3) 资料新。卫星过境后，即可从地面站获得资料，加上资料转绘、处理、制作的周期，1～2 个月就能到达用户手中，这不但能及时得到最新的资料，而且可以全面快速地反映出当前全流域和水库的概貌，以及各种人为影响的变化。

(4) 约束少。卫星不受地理条件与区域条件的限制，即使对于边远地区和无人地区也同样能获取理想的资料。

(5) 用途广。卫星成像时，不但使用可见光波段，同时还将人眼无法可见的近红外、中红外和热红外波段信息也记录下来，并转换成人眼可见的图像，扩大了人眼的识别范围，提供了更多的判别条件。因而，可以充分发挥卫星遥感图像这种多信息多用途资料的优势，不仅可以用它复测水库特征曲线，还可以根据用户不同的需要，提取各种不同的信息，如制作集水区流域图、植被图、土地利用图等。

2. 遥感技术复测水库库容工作原理及方法

应用卫星遥感技术复测水库库容曲线，关键在于水位与水面面积关系的推求。由于水体在近红外波段上是充分吸收，图像上反应为黑色，而陆地、植被等地物是强漫射反射物体，都程度不同地反射近红外波段，图像上的反应与黑色有差异，通过对比就可识别水体面积。因此，只要收集到不同水位条件下的卫星资料及同步的实测库水位资料，用计算机分别求出各水位时的水面实际面积，根据这些对应关系，即可绘出水位-面积曲线，从而推算水位-库容曲线。

(1) 资料收集。根据水库出现过的最高、最低水位，按用户所需精度从卫星地面接收站购买合适的遥感卫星资料。

(2) 图像预处理。为了使相片资料能有效地进入计算机进行处理，必须将其置于高密度扫描仪下，进行高分辨率扫描，使其转化为数字化格式，便于计算机处理。由于卫星拍摄地物是以灰度成像，而各图像拍摄时的天气、日照等条件又不一样，因而存在着灰度不一致的问题，首先需要进行灰度一致化处理，使得各图像都拥有统一的灰度基础。尽管遥感卫星地面接收站在卫星数据接收后已进行了常规校正，但对高精度的地形测量和面积量算而言，仍嫌不足，必须进行几何精校正，即地理位置纠正，将卫星图像纠正到统一的大地坐标网格上，使得各图像拥有统一的地理坐标系统。

(3) 图像处理。利用遥感图像的目的是获取精确的各级水位时的水库面积，故识别图像中的水体是一个重要环节。为了突出水体，采用图像增强技术，突出水陆界线，在此基础上，利用计算机程序来识别水体。

(4) 水库面积曲线和库容曲线。计算机依据计算出的不同卫星资料上的水体面积和相应的实测库水位资料可以绘制出水库的特性曲线。

3. 精度问题

卫星遥感技术复测水库库容的精度问题主要体现在水体面积的量算和图幅取用的多少。

关于图幅的取用，对相同的水位高差，卫星图像收集的越多，即相邻两幅图像之间的水位差越小，库容曲线的精度也就越高。

对于水体面积量算问题，一般来讲，卫星图像经过地理位置精校正后，完全可以保证其量测误差保持在一个像元之内，因而，在这样的图像上统计水体面积，误差也应在一个像元之内。

可以采取各种措施进行精确度验证，如：选择 1～2 个样区，针对某个特征水位，将卫星图像上计算的水面面积，与尽可能同期且尽可能大比例尺的地形图上量算的面积进行比较；采用人工测定的水库高水位段面积曲线和库容曲线接轨的方式进行比较；选择一个地形基本不发生变化的样区，进行人工测定，以此验证遥感方法的精度等。

8.3 变形测量

8.3.1 变形测量概述

变形测量或变形观测是指测定建（构）筑物及地基在建（构）筑物荷重等各种因素的外力作用下随时间而变形的工作。它是对建筑物上的一些观测点进行重复观测，从这些观测点位置的变化中了解建筑物几何变形的空间分布和随时间等因素变化的情况。

1. 建筑物变形的产生原因

了解建筑物产生变形的原因是变形观测过程中非常重要的工作。一般来说，建筑物产生变形的原因包括客观原因和主观原因，客观原因主要有两个方面：

(1) 自然条件及其变化，包括建筑物地基的工程地质、水文地质、土壤的物理性质、大气温度等。

(2) 与建筑物本身相联系的原因，如建筑物本身的荷重、建筑物的结构、形式及动荷载（如风力、震动等）的作用。

主观上的原因主要有：地质勘察不充分、未发现不良地质条件、设计模式和计算不正确、地基承载力计算和结构验算有误、材料选取与配置不当、施工质量差、施工方法不当等。这些主观上的原因会引起建筑物产生额外的变形。

产生这些变形的原因是互相联系的。随着工程建筑物的兴建，地面原有的形态发生了变化，对建筑物的地基施加了一定的外力，这就必然会引起地基及其周围地层的变形。而建筑物本身及其基础，也受地基的变形及其外部荷载与内部应力的作用而产生变形。

建筑物的变形若在一定的限度以内，应认为是正常的现象，但如果超过了规定的限度（一般称为允许变形值），就会影响建筑物的正常使用，甚至会危及建筑物的安全，因此，在工程建筑物的施工和运营期间，必须不间断地对它们进行变形状态监测。由于这种观测的目的是为了保证建筑物的安全运营，故亦称为安全监测。

2. 建筑物变形的分类

工程建筑物的变形按其类别可划分为静态变形和动态变形。静态变形通常是指变形观测的结果只表示在某一期间内的变形值，它只是时间的函数。动态变形是指在外力影响下所产生的变形，它是以外力为函数来表示的动态系统对于时间的变化，其观测结果是表示建筑物在某个时刻的瞬时变形。

3. 变形观测的特点

与一般测量工作相比，变形观测具有如下特点：

（1）观测时间长。在正常原因下，建筑物变形的发生与发展有一个较长的时间过程，对工业与民用建筑而言，除施工期外，一般需在竣工后3～5年才趋于稳定；对于水坝而言，由于水力的作用和变化，则需永久观测。

（2）精度要求高。变形观测的目的是为了监测建筑物的安全，其成果直接影响到变形特征、变形规律的正确分析和安全状态的准确判断。同时，变形速度在一般情况下也是比较缓慢的，因此，必须以较高的精度进行变形观测，才能准确地反映变形状态。一般而言，变形观测的精度要求达到毫米级。

（3）需重复观测。变形观测的基本方法是在不同时刻观测建筑物上一系列代表性的点的坐标和高程变化量，因此必须重复观测才能掌握建筑物变形随时间变化的情况。在重复观测过程中，为了消除或削弱系统误差对成果的影响，应尽量保证观测的仪器、方法、精度、网形以及环境等观测条件相一致。

（4）数据处理方法严密。变形值一般较小，有时甚至与观测误差大小相当，要从成果中精确地反映变形信息，需采用严密的数据处理方法，以尽量削弱观测误差的影响。

4. 变形观测的基本方法

变形观测的基本方法分为3类。

（1）大地测量法。大地测量法可分为常规大地测量法和空间大地测量法。常规大地测量法包括几何水准测量、三角高程测量、导线测量法、交会法、视准线法等，具有精度高、应用灵活的优点，但野外工作量大，受外界环境影响大，不易实现自动化连续观测或实时观测。空间大地测量法主要是利用卫星定位测量技术，与计算机连接后可以组成自动化实时监测系统，适用于需提供大面积变形信息的地壳形变与地表下沉等变形观测。

（2）摄影测量法。此法以近景摄影测量法为主，主要特点是信息量丰富，外业工作简单，但精度较低，可作大面积复测，适用于动态观测。

（3）专用设备法。专用设备包括各种准直仪、倾斜仪、液体静力水准仪、微水准器和应力计等，其最大特点是相对精度高，容易实现自动化连测和遥测，但测量范围较小，适用于提供局部的变形信息。

选择哪一类变形观测方法，应依据建筑物的性质、精度要求、工作环境及作业条件综合考虑。一个建筑物的变形观测也可采取多种观测方法组合。

5. 变形观测点的设置

如上所述，变形观测是对建筑物上一系列代表性的点进行重复观测，以比较其点位的变化量。因此，既要在建筑物上设点，也要设置一些参照点以便于比较，这些点通过一定的几何图形和关系相连，共同构成变形观测系统。

变形观测系统的点由基准点、工作基点和监测点所构成。

（1）基准点。基准点即稳定的固定点，是工作基点和监测点的依据点。基准点一般要求布设在建筑物及其变形区域范围以外，或将基准点标志深埋至基岩上。

（2）工作基点。当基准点离观测点较远时，由基准点到观测点的测量线路随即加长，致使观测工作量加大和测量误差积累增大，所测位移值的可靠程度就较小，因此，可在基准点与观测点之间设置一些较稳定的过渡点，用以直接测量监测点。该过渡点称为工作基点，一般埋设在所观测对象的附近，要求在进行观测时的期间内保持稳定。

（3）监测点。位于建筑物上，能准确反映建筑物变形的具有代表性的点。监测点上一般需要安置照准用的专门观测标志，并须与建筑物牢固地结合。

8.3.2　变形观测精度和周期的确定

8.3.2.1　变形观测精度的确定

在制定变形观测方案时，首先要确定精度要求。工程建筑物变形观测的精度问题是一个较难统一的复杂问题，原因是工程建设项目种类繁多、结构各异，难于定出统一的工程变形允许值。一般来说，变形观测精度取决于变形值的大小、速率和仪器所能达到的精度，以及变形观测的目的等。最好是指定每项工程的允许变形值，据此再定出必要的观测精度。结合过去对这个问题的研究成果，给出确定精度的一般原则，工作中可以结合实际变形观测数据和经验，确定参考精度指标。

1. 按照允许变形值确定观测精度

如果变形观测是为了确保建筑物的安全，使变形值不超过某一允许的数值，则其观测值的误差应小于允许变形值的1/20～1/10；如果是为了研究变形的过程，则其误差应尽可能的小，甚至应采用目前测量手段和仪器所能达到的最高精度。

在实际工作中，应结合工程设计部门对建筑物的允许偏差要求或有关规范的规定，根据变形观测的目的及工作者的经验，确定合理的观测精度。

根据《工程地质手册》，工业与民用建筑相邻柱基间允许沉降差 $\delta_{允}$ 可参考表 8.2。

表 8.2　工业与民用建筑相邻柱基间沉降差允许值与观测等级

建筑物结构类型	砂土及中低压缩性黏性土地基			高压缩性黏性土地基		
	允许值 $\delta_{允}$ /mm	m_Δ /mm	观测等级	允许值 $\delta_{允}$ /mm	m_Δ /mm	观测等级
框架结构	$0.002L$	0.60	二等水准	$0.003L$	0.90	二等水准
砖石墙填充的边排柱	$0.007L$	0.21	一等水准	$0.001L$	0.30	一等水准
基础不均匀沉降时不产生附加应力的结构	$0.005L$	1.50	四等水准	0.005L	1.50	四等水准

一般工业与民用建筑，其柱间距 $L=6\sim8\text{m}$，以沉降量观测中误差 $m_\Delta=\delta_{允}/20$ 为原则计算，应选用的观测等级参见对应栏。

对高大建筑物倾斜变形观测的精度，应根据设计规定的横向总体倾斜允许值，按上述原则确定。若设高大建筑物的基础宽度为 B，高度为 H，则一般规定，其总体倾斜的允许值可按式（8.8）计算：

$$\alpha=\frac{1}{100}\frac{B}{H} \tag{8.8}$$

若以允许的总体倾斜横向位移表示，则有

$$\Delta=\alpha H \tag{8.9}$$

如果是为了监测建筑物的安全并取允许值的1/20，则倾斜观测的精度（相当于观测点的位置中误差）应为

$$m_P=\frac{1}{20}\Delta=\frac{\alpha H}{20} \tag{8.10}$$

按以上公式计算，不同高度的建筑物倾斜观测精度见表8.3。

表8.3　　按允许值计算高大建筑的倾斜观测精度

建筑类型	层数	宽度 B	高度 H	倾斜允许值		观测精度
				$\alpha=\frac{B}{100H}$	$\Delta=\alpha H$	$m_P=\frac{\alpha H}{20}$
多层建筑	5～8	10m左右	15～30m	3.3‰	99mm	±5.0mm
高层建筑	5～8	10m左右	30～60m	2.5‰	150mm	±7.5mm
超高层建筑	＞20	10m左右	60～120m	1.7‰	204mm	±10.2mm
高耸建筑			100m左右	1.5‰	150mm	±7.50mm

2. 按变形观测实测数据的统计分析确定观测精度

由于不同类型工程建筑物变形观测的精度要求差别较大，为了统一变形观测的技术要求，保证成果质量，《工程测量规范》将变形观测统一划分为4个等级，现将有关技术指标摘录于表8.4中。

表8.4　　变形观测精度指标

等级	沉降观测				位移观测		适用范围
	变形点高程中误差/mm	使用仪器	视距/m	允许闭合差/mm	变形点位置中误差/mm	使用仪器	
一等	±0.3	不低于0.5mm/km	≤15	$0.15\sqrt{n}$	±2.0	不低于0.7″/方向	变形特别敏感的高层建筑、高耸建筑、重要古建筑、精密工程设施
二等	±0.5	不低于1mm/km	≤35	$0.30\sqrt{n}$	±5.0	不低于1″/方向	变形比较敏感的高层建筑、高耸建筑、重要古建筑、精密工程设施
三等	±1.0	不低于1mm/km	≤50	$0.60\sqrt{n}$	±10.0	不低于2″/方向	一般性高层建筑、高耸建筑、工业建筑及滑坡监测
四等	±2.0	不低于1mm/km	≤100	$1.40\sqrt{n}$	±20.0	不低于2″/方向	精度要求不高的物建筑及滑坡监测

与此同时，一些行业主管部门，根据对各类工程多年变形观测资料的统计分析，确定出相应工程的变形观测精度，例如：

（1）特殊精密工程变形观测，其平面位移的测量中误差要求在（±0.1～±0.5）mm，沉降观测的精度（±0.05～±0.2）mm。这类工程主要有高能粒子加速器、大型抛物面天

线、特种军事工程等。

（2）大型工程建筑变形观测，如对于有连续生产线的大型车间（钢结构、钢筋混凝土结构的建筑物）的变形观测，通常要求观测工作能反映出1mm的沉降量，一般厂房要求能反映出2mm的沉降量，因此，观测点高程的精度为（±0.5～±1)mm，平面位移观测精度一般（±1～±3)mm。

（3）大坝变形观测，混凝土坝的沉降量和水平位移观测的精度均为（±1～±2)mm，土石坝为（±3～±5)mm。

8.3.2.2 重复观测频率和观测时间的确定

重复观测频率是指一定时间内重复观测的次数，也可用两期观测的时间间隔表示。因建筑物变形是一个逐渐变化的过程，是时间的函数，而且变形速度是不均匀的，而进行变形观测的次数又是有限的，所以，合理地选择重复观测频率和观测时间，对正确分析变形结果尤为重要。

一般情况下，重复观测频率取决于变形的大小、速度及观测的目的，在建筑物刚刚建成时，变形值较大且速度较快，因此，观测的频率相对要大一些；经过一段时间之后，建筑物逐步趋于稳定，观测次数也可随之逐渐减少，但仍要坚持一段时间的定期观测，这是因为有些建筑物往往正常运营若干年后才会出现异常，定期观测可以发现这些异常，避免可能发生的灾害。

对于安全监测来说，设计重复观测频率应以在一定精度条件下，“能反映出变形”为准，可用式（8.11）计算：

$$\Delta t \geqslant \frac{\sqrt{2}\,km}{v} \tag{8.11}$$

式中 m——变形量观测中误差；

v——变形速度；

k——正整数，一般取6～10。

例如基础沉降中，因受荷载的影响，基础下土壤的压缩是逐渐形成的。一般认为在砂土类地层上构筑的建筑物，其基础沉降在施工期间已大部分完成，而在黏土层上构筑的建筑物的基础，其沉降在施工期间只能完成一部分。图8.20所示为两类土层在荷载影响下的沉降过程曲线。

从图8.20中可以看出，土层上基础沉降过程可分为4个阶段：

（1）在施工期间随着基础上的压力增加，沉降速度很大，年沉降值达20～70mm。

（2）缓慢下沉期，沉降显著变慢，年沉降量约为20mm。

（3）平稳下沉期，年沉降量约为2mm。

（4）沉降趋于停止期，沉降曲线趋于水平。

可见沉降观测的周期也应随阶段变化而变化。施工期观测频率要大，一般分为3天、7天和15天等几种周期；竣工后则可分为1个月、2个月、3个月、6个月及1年等不同的周期。在施工期间也可按荷载增加的过程进行变形观测，例如，当荷载增加到25%时开始观测，以后增加到40%、55%、70%、85%及100%时各观测一次。

重大工程建筑物的变形是连续产生的，某些建筑物使用到某个时期，可能会因动荷载

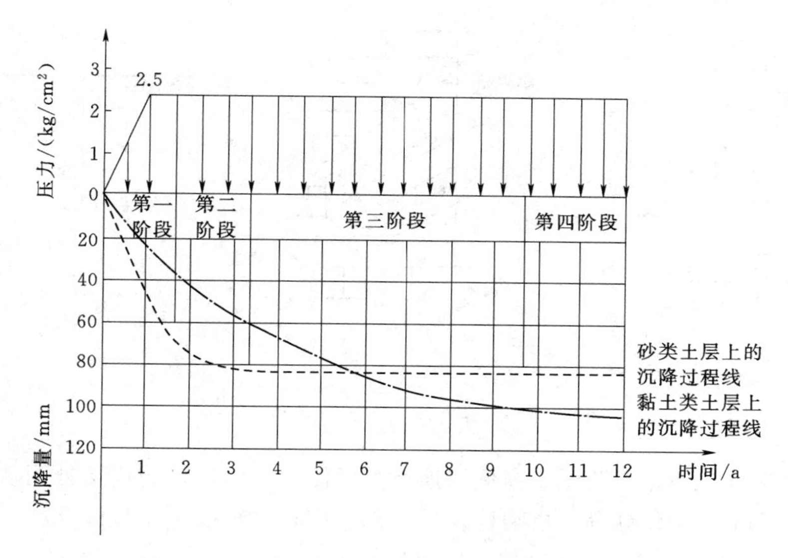

图 8.20 两类土层在荷载影响下的沉降过程曲线

变化而发生突然变形，如大坝在洪水季节，桥梁在过火车时等。因此，其变形观测应坚持长期进行，不要随意间断和停止，且观测时间间隔不宜过大，这样才能从观测数据的累积和分析中，得到变形大小和变形趋势的准确预报。

8.3.3 变形观测的实施

变形观测的主要内容有沉降观测、位移观测、倾斜观测、挠度观测和裂缝观测等。选择哪些变形观测内容，应以建筑物的性质和地基情况为依据。

常见建筑类型的建筑观测内容可参考表 8.5。

表 8.5 常见建筑类型的建筑观测内容参考表

建 筑 类 型	主 要 观 测 内 容
工业与民用建筑	基础的均匀沉降或不均匀沉降、建筑体的倾斜与裂缝、工艺设备的位移与沉降，塔式建筑和高层建筑另加瞬时变形观测
桥梁建筑	墩顶垂直位移和纵向位移、拱式的拱顶垂直位移、斜拉桥的塔柱倾斜
混凝土重力坝和拱坝	坝基、坝体的垂直位移，坝顶、坝体的水平位移
地下采矿区、地下施工区、城市地表	地表沉降观测

8.3.3.1 沉降观测

沉降观测是根据基准点测定建（构）筑物上监测点随时间的高程变化量的工作。沉降点设置在能反映沉降特征的建筑物上，基点设置在沉降影响范围之外，用水准测量方法或其他精度满足要求的高程测量方法定期测量沉降点相对于基点的高差，然后从各个沉降点高程的变化中分析建（构）筑物上升或下降的情况。

1. 沉降观测点的设置

沉降观测点的测量标志一般埋没在建筑物结构的基础、墙和柱体上，如图 8.21 所示。

沉降点的位置和数量可视建筑物的结构、大小、荷载、基础形式和地质条件而定，一般在建筑物四周角点及每隔 6～12m 设一点。在容易产生沉降的部位必须设观测点，如设

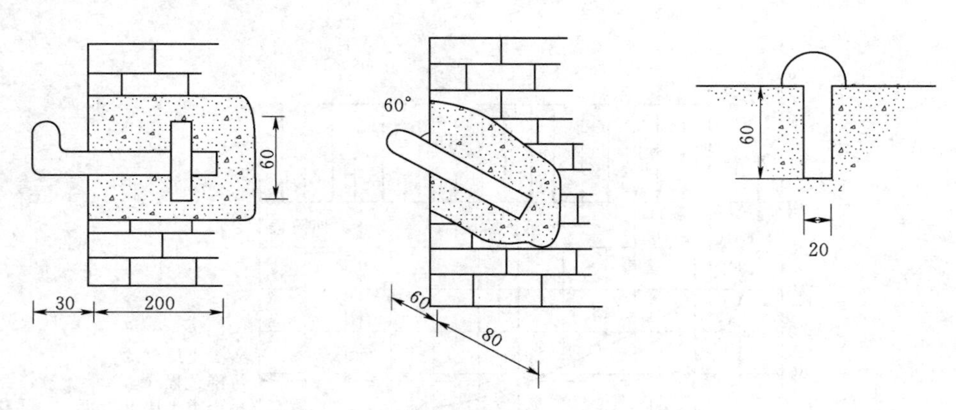

图 8.21　沉降观测点布置（单位：mm）

备基础、柱子基础、伸缩缝两侧、高低层连接处两侧、新旧建筑物连接处两侧、纵横承载墙连接处及地质条件变化处等。塔型建筑的基础，应在其轴线两端对称设点。

2. 沉降观测基本要求

大型及高层建（构）筑物的沉降观测应采用不低于二等水准测量精度的方法，而中、小型建（构）筑物可采用不低于三、四等水准测量精度的方法。测量路线应布设成闭（附）合型。沉降观测的观测周期可参考表 8.6，观测时间一般选在增加荷重之后以及竣工之后，观测次数应按“施工密，生产疏”的原则确定。每个观测点至少有 6 次以上的观测成果。

表 8.6　观测周期与沉降量关系

月均沉降量/mm	观测周期	月均沉降量/mm	观测周期
15 以上	10～20 天	1～5	2～5 个月
1～15	20～30 天	1～3	6 个月～1 年
5～10	1～2 个月		

8.3.3.2　位移观测

位移观测是根据平面控制点测定建（构）筑物上观测点随时间产生的平面位置变化量的工作，有时要求只测定建（构）筑物在某特定方向上的位移量，例如大坝在水压力方向上的位移量。进行位移观测的方法有多种，如直角坐标法、极坐标法、导线法、交会法等，测定观测点的坐标，根据各期测得的坐标计算观测点位移量。观测特定方向的位移量时，也可在其垂直方向上建立一条基准线，在建（构）筑物上埋设一些观测标志，然后定期测量各标志偏离基准线的距离，就可了解建（构）筑物随时间位移的情况，这种方法称为视准线法。利用精密测角仪器，测量仪器至观测点方向与基线之间的角度变化，进而计算观测点的位移，这种方法称为水平角法或小角度法，下面介绍这种方法的实施。

如图 8.22 所示，A、B 为平面控制点，应埋设稳定标志，且 A、B 两点间的距离应大于 30m。M 为在建筑物上设立的观测标志，当建筑物产生位移时，M 点移至M'，用全站仪或经纬仪观测不同时期的水平角$\angle BAM=\beta_1$ 和$\angle BAM'=\beta_2$，其差值为 $\Delta\beta=\beta_2-\beta_1$，则位移量 δ 为

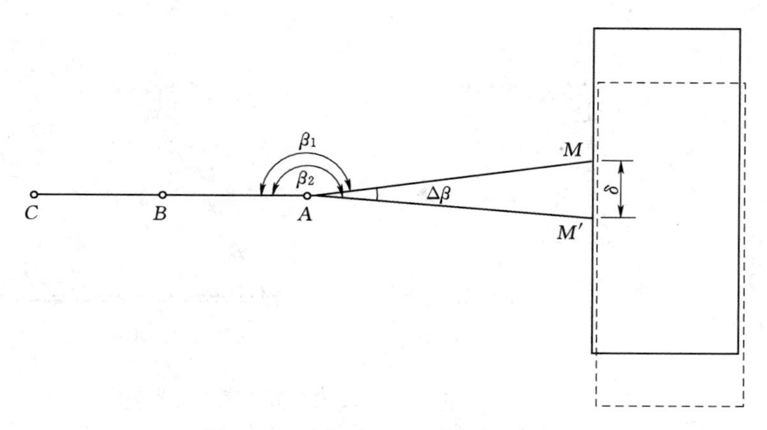

图 8.22 小角度法监测建筑物位移

$$\delta = D_{AM}\frac{\Delta\beta''}{\rho} \tag{8.12}$$

式中 D_{AM}——仪器（测站）至观测点之间的距离；

ρ——弧度与秒的换算关系，$\rho=180°/\pi=206265''$。

位移量的测定精度取决于角度的测量角度，若测角精度 $m_{\beta1}=m_{\beta2}=m_{\beta}$，则位移量 δ 的精度为

$$m_{\delta}=\sqrt{2}D_{AM}\frac{m_{\beta}}{\rho} \tag{8.13}$$

位移量 δ 的精度必须满足一定的要求，以此计算测角需要的精度，计算公式为

$$m_{\beta}=\frac{m_{\delta}}{\sqrt{2}D_{AM}}\rho \tag{8.14}$$

8.3.3.3 倾斜观测

倾斜观测是用全站仪、水准仪或其他专用仪器测量建（构）筑物倾斜度的工作，通常是针对高大建筑物铅垂方向的倾斜和承载建筑物基础的水平方向的倾斜两种情况。

1. 塔式建筑物倾斜变形观测

塔身倾斜可采取测定塔顶标志的水平位移来确定。如图 8.23 所示，A、B 为在地面建立的平面控制点（控制点标志应稳定，并确保不被碰撞、碾压等），M 为塔架顶部的标志，N 为塔架底部的中心位置。

假设 A 点坐标和 AB 的方位角，测出 A、B 之间的距离，进而推算出点 B 的坐标。观测水平角 α、β，则 M 点的坐标用前方交会公式计算为

$$\begin{cases} x_M=\dfrac{x_A\cot\beta+x_B\cot\alpha+y_B-y_A}{\cot\alpha+\cot\beta} \\ y_M=\dfrac{y_A\cot\beta+y_B\cot\alpha+x_A-x_B}{\cot\alpha+\cot\beta} \end{cases} \tag{8.15}$$

设两期测量 M 点的坐标分别为（x'_M，y'_M）和（x''_M，y''_M），则 M 点的水平位移即为

$$\delta=\sqrt{(x''_M-x'_M)^2+(y''_M-y'_M)^2} \tag{8.16}$$

设塔身高度为 H，塔高可以通过查找建塔资料、悬挂钢尺量取等方式得到，也可通过

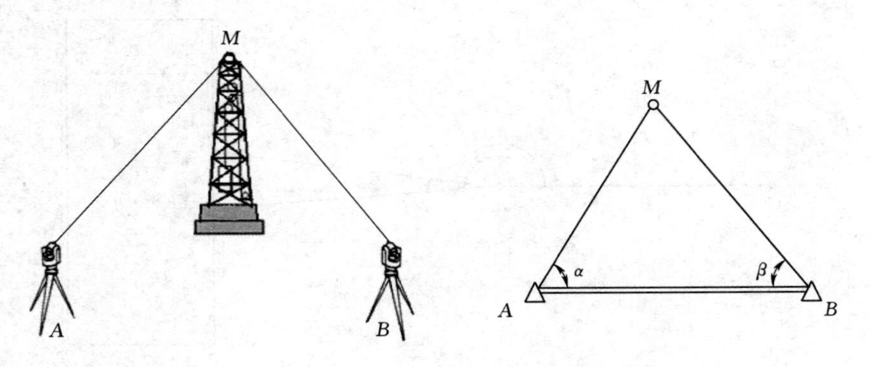

图 8.23 前方交会法测定倾斜值

全站仪（或经纬仪）测量竖直角后进行计算，具体方法为：在 A 点（或在 B 点），瞄准 M 点和 N 点，测出竖直角 α_M 和 α_N，则塔高 H 为

$$H = D_{AM}(\tan\alpha_M - \tan\alpha_N) \tag{8.17}$$

其中

$$D_{AM} = \sqrt{(x_M - x_A)^2 + (y_M - y_A)^2}$$

将塔身倾斜度记为 i，倾角记为 φ，i 和 φ 的计算式为

$$i = \frac{\delta}{H} \tag{8.18}$$

$$\varphi = \arctan\frac{\delta}{H} \tag{8.19}$$

2. 建筑物基础倾斜变形观测

对基础整体刚度较好的建筑物，可用精密水准、液体静力水准或各种类型的倾斜仪测得基础两端点的差异沉降量 Δh，计算基础的倾斜度 i，如图 8.24（a）所示，然后根据 Δh 及建筑物高度 H 推算建筑物的倾斜值 ΔD，如图 8.24（b）所示。

$$i = \frac{\Delta h}{L} \tag{8.20}$$

$$\Delta D = \frac{\Delta h}{L}H \tag{8.21}$$

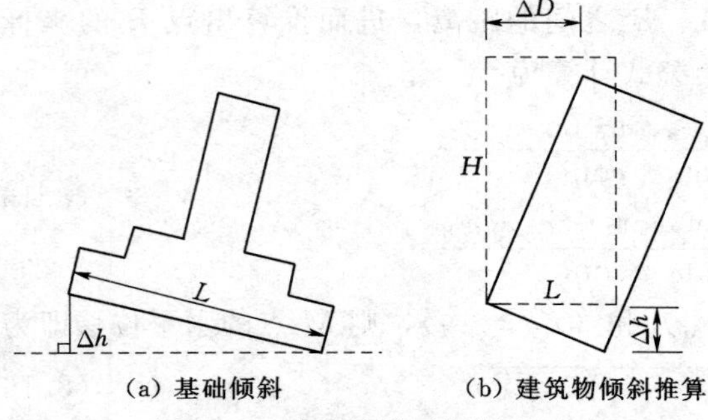

图 8.24 建筑物基础倾斜观测

8.3.3.4 裂缝观测

裂缝观测是测定建（构）筑物上裂缝发展情况的观测工作。在建筑物裂缝的两侧埋设两个观测标志“◢◣”，两标志的连线与裂缝走向大致垂直。用直尺、游标卡尺或其他量测工具定期测量两标志（三角形底边）间的距离，其增量即为裂缝宽度的增量。图 8.25 所示是一种常用的观测裂缝的标志，它由两片薄铁片制成，其中一片约 150mm×150mm，固定在裂缝

的一侧，其一边与裂缝边缘齐平；另一片约 50mm×200mm，固定在裂缝的另一侧，并使其一部分紧贴在正方形的一片上，两片的边缘彼此平行。标志固定好后，在两片外露的表面上涂上白油漆，裂缝扩展时，两片将被拉开，露出正方形铁片上未涂白漆部分，就是裂缝扩展的宽度，可用尺子直接量出。

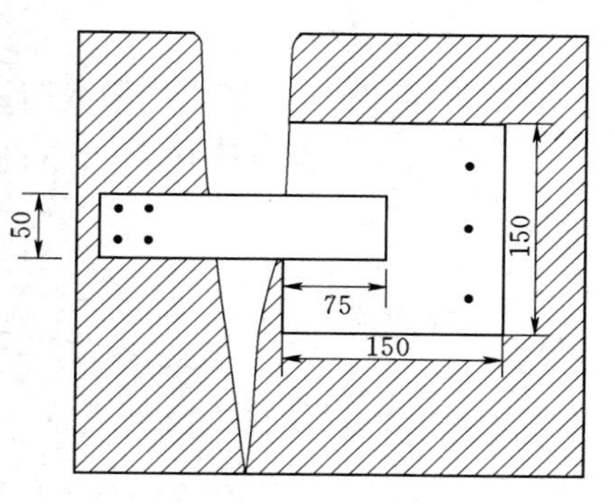

图 8.25　裂缝观测标志（单位：mm）

8.3.4　变形观测成果的整理与分析

变形观测不仅只是采集变形数据，还须对采集到的原始数据进行整理与分析，以便存档和进一步利用。当资料积累到一定数量以后，要对它们进行分析以研究变形的规律和特征，并做出建筑物安全状态的判断，此过程称变形观测成果的整理与分析。

8.3.4.1　列表汇总

变形观测的原始资料包括网图、记录手簿等，数据量很大。在每期复测之后，应将经检核确认可靠的计算结果列表汇总，以利于进一步分析，这是基础性的整理工作。表 8.7 是常用的沉降观测成果汇总。

表 8.7　沉降观测成果汇总表

工程名称：×××　楼　　工程编号：×××　　观测仪器：N_3　No.：×××

点号	首次成果（2018 年 5 月 10 日）	第二次成果（2018 年 6 月 10 日）			第三次成果（2018 年 7 月 10 日）			……
	H_0/m	H/m	s/mm	$\sum s$/mm				……
1	17.595	17.590	5	5	17.588	2	7	……
2	17.555	17.549	6	6	17.546	3	9	……
3	17.571	17.565	6	6	17.563	2	8	……
4	17.604	17.601	3	3	17.600	1	4	……
5	17.597	17.591	6	6	17.587	4	10	……
……	……	……	……	……	……	……	……	……
静荷载 p/kPa	30	46			80			……
平均沉降/mm		5.0			3.2			……
平均速度/(mm/d)		0.17			0.11			……

了解观测点随时间的变化过程是变形观测的任务之一，因此表中主要内容应为观测日期、观测点号及变形量（表 8.7 中 s 和 $\sum s$）。汇总表的首页一般绘有观测点布置图，即在建筑物的平面（或立面）图标明各观测点的位置。对施工期间所进行的变形观测，则在每次成果的列下登记“施工情况”。对于建成后的变形观测，也宜在相应列的空白行注明一些观测时情况，如大风、暴雨、高温等。另外还应列入一些对分析有用的重要指标，如荷载、平均沉降、平均速度等。

8.3.4.2　绘图

为了对变形作定性分析，变形观测成果整理通常需作以下几种图。

1. 变形过程曲线图

如图 8.26 所示，横坐标为时间 T，一般以 10 天、1 个月或 100 天为单位，纵坐标向下为沉降量 s，向上为荷载 p。

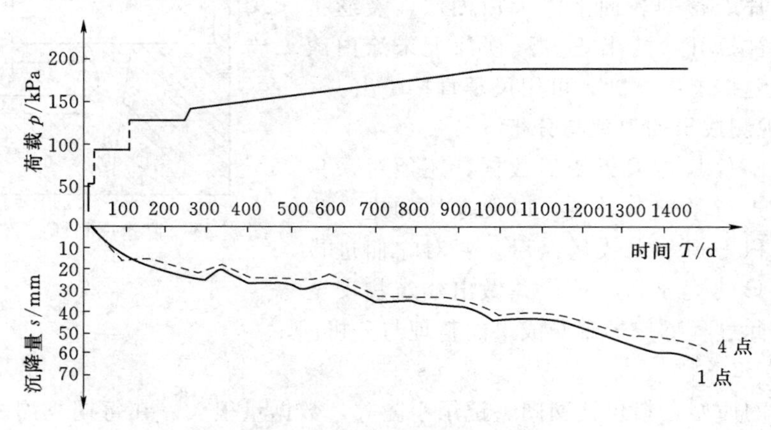

图 8.26　变形过程曲线图

如图 8.26 所示，横坐标轴下面是沉降随时间发展的变形过程曲线，上面是荷载随时间增加的曲线。荷载曲线在施工结束后即成为一水平横线。变形过程曲线图能直观地反映一个观测点的变形趋势、规律以及与其他因素之间的内在联系。对于大坝变形观测数据，纵坐标线向下可以表示横向位移值，向上可以表示水位或气温等数据。

2. 变形等值线图

图 8.27 所示是一幢建筑物的变形等值线图，它能较好地反映变形在某一时刻的空间分布情况。

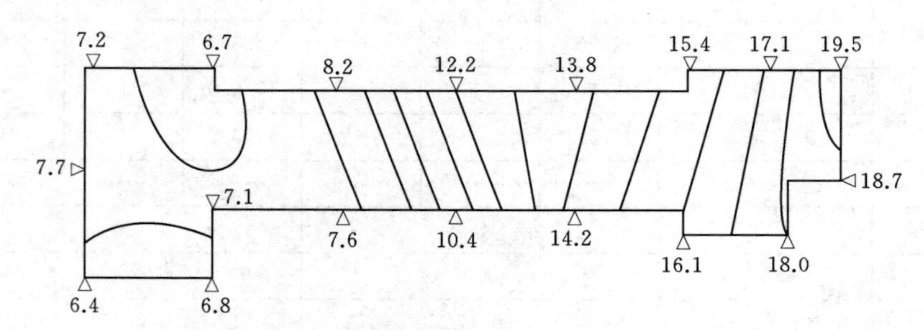

图 8.27　变形等值线图，沉降值（单位：mm）

许多地区在分析地面沉降的原因时，就是利用绘制的地面沉降等值线图来清晰地表明地面沉降大小分布的情况。在图 8.27 中，可直观地看出沉降特别大的地区（沉降漏斗），正好是抽取地下水的深井集中地区，为地面下沉定性为“抽取地下水是地面下沉的主要原因”提供了有力的证明。

8.3.4.3　统计分析

变形观测数据的统计分析是指把一大批变形观测数据结合某种具体物理模型进行统计归纳，获得一些简明的参数供定量分析使用。

1. 平均变形量

对一幢建筑物，可由 n 个沉降点的沉降量计算出它的平均沉降量。

$$s_{均}=\frac{\sum_{i=1}^{n}s_i}{n} \tag{8.22}$$

2. 差异沉降与沉降速度

为了更完善地描述沉降随时间而变化的特征，常利用差异沉降 Δs_{ij}、沉降速度 v_i 和沉降加速度 a_i 来说明，相应的计算公式为

$$\Delta s_{ij}=s_j-s_i \tag{8.23}$$

$$v_i=\Delta s_i/\Delta t \tag{8.24}$$

$$a_i=v_i/\Delta t \tag{8.25}$$

式（8.23）中 i 和 j 为同一建筑体上的两个沉降观测点，式（8.24）中的 Δs_i 为 i 点在两次观测间的沉降差，式（8.24）和式（8.25）中的 Δt 为两次观测间的时间间隔。

3. 基础倾斜

设某基础面上有 i、j 两个沉降观测点，其间距为 L，它们在某时刻的沉降量为 s_i 和 s_j，则基础的为（倾斜量通常用百分比或千分比表示）

$$\tau_{ij}=\frac{s_j-s_i}{L} \tag{8.26}$$

4. 回归分析

在数理统计中，常用回归分析处理变量与变量之间的统计关系。这里仅介绍一下线性回归分析方法。

若变形量 Y_1，Y_2，…，Y_n 与变形因素量 X_1，X_2，…，X_n 有一定关联，设它们之间近似有直线关系：

$$Y=a+bX \tag{8.27}$$

由于各种随机因素的影响，实际观测值存有误差而不符合式（8.27），即

$$\varepsilon_i=Y_i-a-bX_i \tag{8.28}$$

按最小二乘原理，即在 $\sum\varepsilon_i^2=\min$ 条件下可求得 a、b 的估值为

$$\hat{b}=\frac{\sum(X-\overline{X})(Y-\overline{Y})}{\sum(X-\overline{X})^2} \tag{8.29}$$

$$\hat{a}=\overline{Y}-\hat{b}\overline{X} \tag{8.30}$$

式中 $\hat{a}$、$\hat{b}$——回归直线方程式中的两个常数；

$\overline{X}$、$\overline{Y}$——平均值。

判断变量 Y 与变量 X 之间是否存在线性关系，用数理统计原理中线性相关系数 γ 来判别，γ 的计算式为

$$\gamma=\frac{\sum(X-\overline{X})(Y-\overline{Y})}{\sqrt{\sum(X-\overline{X})^2\sum(Y-\overline{Y})^2}} \tag{8.31}$$

$|\gamma|$值愈接近 1，表明 Y 与 X 相关愈密切。为了判断 Y 与 X 是否相关，可根据置信水平 α 及自由度（$n-2$）查取相关系数 γ 与临界值 γ_α 表（见有关数理统计书籍），如果$|\gamma|\geqslant$

γ_α 则认为在 α 水平上相关显著。

【例 8.1】 表 8.8 为某建筑物沉降观测数据实例。

表 8.8　　某建筑物沉降观测数据表

序号	时间 t /d	沉降量 /mm	Δt /d	Δs /mm	$\Delta s/\Delta t$ $/\times 10^{-2}$	$Y=\lg\frac{\Delta s}{\Delta t}$	$X=t_m/d$
1	0						
2	14	4	14	4	28.57	−0.5441	7
3	90	16	76	12	15.38	−0.8130	52
4	127	22	37	6	16.22	−0.7899	108
5	170	29	43	7	16.28	−0.7883	148
6	189	35	19	6	31.58	−0.5006	179
7	221	38	32	3	9.38	−1.0278	205
8	243	42	22	4	18.18	−0.7404	232
9	262	45	19	3	15.79	−0.8016	252
10	293	50	31	5	16.13	−0.7923	277
11	365	63	72	13	18.06	−0.7433	329
12	404	74	39	11	28.21	−0.5496	384
13	460	83	56	9	16.07	−0.7940	432
14	532	93.1	72	10.1	14.03	−0.8529	496
15	581	97	49	3.9	7.96	−1.0991	556
16	642	102	61	5	8.20	−1.0861	611
17	694	104.2	52	2.2	4.23	−1.3737	668
18	756	110.9	62	6.7	10.81	−0.9662	725
19	832	115.2	76	4.3	5.66	−1.2472	794
20	916	119.7	84	4.5	5.36	−1.2708	874
21	1029	127.4	113	7.7	6.81	−1.1668	973
22	1165	132	136	4.6	3.38	−1.4711	1097
23	1643	135.2	478	3.3	0.69	−2.1612	1404
24	1694	138.5	51	3.2	6.27	−1.2027	1668
25	2004	139.8	310	1.3	0.42	−2.3768	1849

注　t_m 为两次观测时间 t 的中间值。

经统计计算得

$$\overline{X}=5.986\times10^{2},\overline{Y}=-104.83\times10^{-2}$$

由式（8.29）和式（8.30）得

$$\hat{b}=\frac{\sum(X-\overline{X})(Y-\overline{Y})}{\sum(X-\overline{X})^{2}}=-7.7832\times10^{-4}$$

$$\hat{a}=\overline{Y}-\hat{b}\overline{X}=-58.3847\times10^{-2}$$

因此，可得其线性关系式为

$$Y=\lg\frac{\Delta s}{\Delta t}=-58.3847\times10^{-2}+(-7.7832\times10^{-4})t_m$$

由式（8.31）计算 Y 与 t_m 的相关系数为

$$\gamma=\frac{\sum(X-\overline{X})(Y-\overline{Y})}{\sqrt{\sum(X-\overline{X})^2\sum(Y-\overline{Y})^2}}=-0.8537$$

思 考 题 与 习 题

1. 工程建设测量的内容有哪些？

2. 综述现代测绘技术在工程建设测量中的应用。

3. 设某建筑物上特征点的容许建筑偏差为 20mm，若仅考虑测量放样偏差和施工偏差，按等影响原则分析测量放样的最大容许偏差？若以测量放样容许偏差的一半作为制定测量放样的精度（中误差），则测量放样的中误差应不超过多少？

4. 建筑物产生变形的原因是什么？

5. 变形测量的目的、特点是什么？

6. 变形观测的内容有哪些？

7. 变形观测的方法主要有哪几种？各适合什么情况下使用？

8. 变形观测系统中，基准点、工作基点和监测点的设置要求有哪些？

9. 图 8.28 所示 A、B 为平面控制点，M 是设在建筑物上的观测点，A 至 M 的水平距离为 58.300m。为了监测 M 点位移，两期测量出 AB 与 AM 的水平角 β_1 和 β_2，$\beta_1=170°41'15''$，$\beta_2=170°41'51''$，两次测量水平角的观测精度是相同的，即 $m_{\beta1}=m_{\beta2}=m_\beta$。试计算：

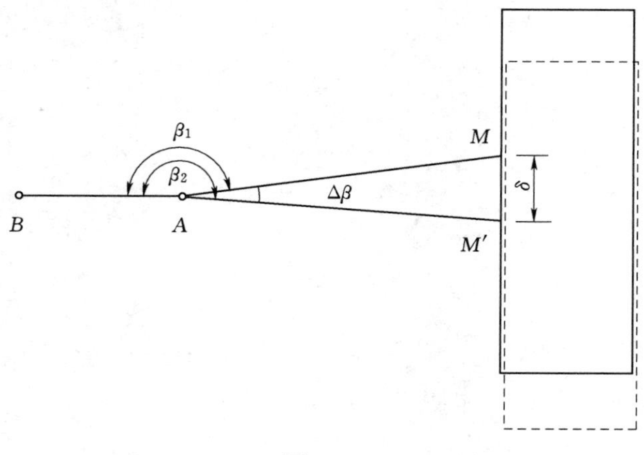

图 8.28

（1）M 点的位移量 δ；

（2）若测角精度 $m_\beta=\pm7.5''$，计算 M 点位移量 δ 的精度 m_δ；

（3）若要求位移量 δ 的精度 m_δ 不超过±2mm，则水平角 β_1 和 β_2 的观测精度 m_β 应至少达到多少？

10. A 和 B 是某建筑物基础轴线上的两个点，距离为 20.000m。对 A、B 两点进行了四期沉降观测，观测结果见表 8.9。试完成表中的计算，并计算 A、B 的沉降速度（平均每天沉降量）及基础倾斜量（以%表示）。

表 8.9　　A、B 四期沉降观测结果

点号	首次成果（2019 年 5 月 1 日）	第二次成果（2019 年 5 月 11 日）			第三次成果（2019 年 5 月 21 日）			第四次成果（2019 年 5 月 31 日）		
	H_0/m	H/m	s/mm	$\sum s$/mm	H/m	s/mm	$\sum s$/mm	H/m	s/mm	$\sum s$/mm
A	10.251	10.245			10.242			10.241		
B	10.250	10.242			10.237			10.235		

参 考 文 献

[1] 宁津生，陈俊勇，李德仁，等. 测绘学概论［M］. 武汉：武汉大学出版社，2004.

[2] 陈永奇，张正禄. 高等应用测量［M］. 武汉：武汉测绘科技大学出版社，1996.

[3] 张正禄. 工程测量学［M］. 武汉：武汉大学出版社，2002.

[4] 林文介. 测绘工程学［M］. 广州：华南理工大学出版社，2006.

[5] 李天文. 现代测量学［M］. 北京：科学出版社，2007.

[6] 孔祥元，郭际明. 控制测量学（上册）［M］. 武汉：武汉大学出版社，2006.

[7] 覃辉，伍鑫，唐平英，等. 土木工程测量［M］. 上海：同济大学出版社，2008.

[8] 杨俊志. 全站仪原理及其检定［M］. 北京：测绘出版社，2004.

[9] 徐绍铨，张华海，杨志强，等. GPS测量原理及应用［M］. 武汉：武汉测绘科技大学出版社，1998.

[10] 李天文. GPS原理及应用［M］. 北京：科学出版社，2003.

[11] 潘正风，杨正尧，程效军. 数字测图原理与方法［M］. 武汉：武汉大学出版社，2004.

[12] 杨晓明，王军德，时东玉. 数字测图（内外业一体化）［M］. 北京：测绘出版社，2001.

[13] 李纪人，黄诗峰. “3S”技术水利应用指南［M］. 北京：中国水利水电出版社，2003.

[14] 陈述彭，鲁学军，周成虎. 地理信息系统导论［M］. 北京：科学出版社，2000.

[15] 梅安新，彭望琭，秦其明，等. 遥感导论［M］. 北京：高等教育出版社，2001.

[16] 孙家柄. 遥感原理与应用［M］. 武汉：武汉大学出版社，2003.

[17] 梁开龙. 水下地形测量［M］. 北京：测绘出版社，1995.

[18] 张良培，杜博，张乐飞. 高光谱遥感影像处理［M］. 北京：科学出版社，2014.

[19] 龚健雅. 地理信息系统基础［M］. 北京：科学出版社有限责任公司，2016.

[20] 谭良，全小龙，张黎明. 多波速测深系统及其在水下工程监测中的应用［J］. 全球定位系统，2009（1）：38-42.

[21] 杜洪涛，郭敏，魏国芳，等. 基于无人机倾斜摄影技术的大比例尺地形图测绘方法［J］. 城市勘测，2018（6）：63-66，81.

[22] 南方测绘仪器有限公司. DL系列数字水准仪使用手册.

[23] 南方测绘仪器有限公司. 数字化地形地籍成图系统用户手册.

[24] 南方测绘仪器有限公司. 南方全站仪NTS系列操作手册.

[25] 苏州一光仪器有限公司. RTS系列全站仪操作手册.

[26] 北京山维科技股份有限公司. EPS软件操作说明.